关键信息基础设施安全保护丛书

网络安全评估标准
实用手册

邹来龙　编著

电子工业出版社
Publishing House of Electronics Industry
北京·BEIJING

内 容 简 介

本书借鉴了国际核安全管理常用的同行评估体系和方法论，以总体国家安全观为根本遵循，基于《中华人民网络安全法》《中华人民共和国密码法》《中华人民共和国数据安全法》《中华人民共和国个人信息保护法》等法律法规和网络安全等级保护 2.0 标准体系，以及金融、电力和广电等行业和大数据、密码应用测评等专业近年来的应用实践，系统全面地设计和构建了网络安全评估标准体系。

本书面向政府、企业、行业协会、科研院所、高等院校和网络安全专业测评咨询服务机构的领导者、管理者和技术从业者，是网络安全领导者和管理者的履责指引，是网络安全测评咨询服务从业者的实战手册，也适合作为各类院校网络空间安全专业师生的教材或参考书。

未经许可，不得以任何方式复制或抄袭本书之部分或全部内容。
版权所有，侵权必究。

图书在版编目（CIP）数据

网络安全评估标准实用手册 / 邹来龙编著 . —北京：电子工业出版社，2022.8
（关键信息基础设施安全保护丛书）
ISBN 978-7-121-43945-2

Ⅰ . ①网… Ⅱ . ①邹… Ⅲ. ①计算机网络－安全技术－技术评估－手册 Ⅳ . ①TP393.08-62

中国版本图书馆 CIP 数据核字（2022）第 119270 号

责任编辑：李　冰　　　　　特约编辑：田学清
印　　刷：北京捷迅佳彩印刷有限公司
装　　订：北京捷迅佳彩印刷有限公司
出版发行：电子工业出版社
　　　　　北京市海淀区万寿路 173 信箱　　　　邮编：100036
开　　本：787×1092　　1/16　　印张：16.75　　字数：338 千字
版　　次：2022 年 8 月第 1 版
印　　次：2024 年 3 月第 2 次印刷
定　　价：89.00 元

凡所购买电子工业出版社图书有缺损问题，请向购买书店调换。若书店售缺，请与本社发行部联系，联系及邮购电话：（010）88254888，88258888。

质量投诉请发邮件至 zlts@phei.com.cn，盗版侵权举报请发邮件至 dbqq@phei. com.cn。

本书咨询联系方式：libing@phei.com.cn。

推荐序

构建和使用安全可信主动免疫的网络安全评估标准

当前，网络空间已经成为继陆、海、空、天之后的第五大主权领域空间。没有网络安全就没有国家安全，安全是发展的前提。《中华人民共和国网络安全法》第十六条规定，国务院和省、自治区、直辖市人民政府应当统筹规划，加大投入，扶持重点网络安全技术产业和项目，支持网络安全技术的研究开发和应用，推广安全可信的网络产品和服务，保护网络技术知识产权，支持企业、研究机构和高等学校等参与国家网络安全技术创新项目。《国家网络空间安全战略》提出"夯实网络安全基础"，强调"尽快在核心技术上取得突破，加快安全可信的产品推广应用"。《关键信息基础设施安全保护条例》第十九条明确要求"运营者应当优先采购安全可信的网络产品和服务；采购网络产品和服务可能影响国家安全的，应当按照国家网络安全规定通过安全审查"。

为什么要特别强调使用安全可信的网络产品和服务？大家都知道，我一直强调，网络安全风险源于图灵机模型原理少攻防理念、冯·诺依曼结构缺防护部件和工程应用无安全服务等先天脆弱性缺陷。再加上人们对认知逻辑的局限性，在设计网络和信息系统时，不能穷尽所有逻辑组合，必定存在大量未处理的逻辑缺陷，从而形成了难以应对人为利用逻辑缺陷进行攻击的风险，保障网络安全也成为永远的课题。通常采用的"封堵查杀"的安全防护模式难以应对利用逻辑缺陷的攻击，反而增加了自身的脆弱性。因此，我们要使用安全可信的网络产品和服务，其特征就是采用"在计算运算的同时进行全方位动态安全防护"的创新计算模式，即以密码为基因产生抗体，实现身份识别、状态度量、保密存储等功能，及时识别自己和非己成分，从而破坏和排斥进入机体的有害入侵，确保计算任务的逻辑组合不被利用，同时能完成预期的计算目标。这与人体免疫是类似的。这就是我一直提倡的具备安全可信主动免疫能力的可信计算技术。

《中华人民共和国网络安全法》确定了网络安全等级保护是国家网络安全保障的基本制度、基本策略和基本方法。等级保护 2.0 标准从当前安全形势出发，将可信计算列为其核心防御技术，并在此基础上提出了"一个中心，三重防护"的体系设计总体思路，更加注重全方位的主动防御、动态防御、精准防护和整体防控。在等级保护 2.0 标准体系中，根据不同等级的安全要求，从第一级到第四级的等级保护要求中均在"安全通信网络""安全区域边界""安全计算环境"中增加了"可信验证"控制点，针对访问控制的主体、客体、操作和执行环境进行不同完备程度的可信验证，并对三级、四级网络中的安全管理中心中提出了"可信验证策略配置"的功能要求。从本体安全的角度看，要将可信计算技术要求植入基础软硬件和网络。例如，把可信验证要求植入芯片、CPU、服务器、操作系统、数据库等基础软硬件；植入网络设备、网络安全产品，解决底层安全问题；植入安全管理中心、安全通信网络、安全区域边界和安全计算环境，实现对网络要素全覆盖；植入整机、云计算平台、物联网、工控系统、移动互联网。也就是说，所有的芯片、CPU、服务器、操作系统、数据库等基础软硬件厂商及安全产品、安全集成、安全建设厂商，都要将可信计算融入相应产品和工程服务的设计、研发、实施和交付过程。特别是重要行业和企业，都要把可信计算融入网络系统的规划、设计、建设和运营的生命周期全过程管理。

由此可见，可信计算是等级保护的关键支撑技术，对落实网络安全等级保护制度发挥着重要作用。等级保护 2.0 标准体系全面采用了具备主动免疫的可信计算 3.0 技术架构，针对不同等级的安全要求，在计算环境、区域边界、通信网络、安全管理中心的各计算节点上实现不同完备程度的信任传递，既符合等级保护的"适度安全"原则，又提升了工程的可实施性，落实了"常态化、体系化、实战化"的管理要求，实现了对国家关键信息基础设施、重要网络、重要数据的"动态防御、主动防御、纵深防御、精准防护、联防联控、整体防控"措施要求，将国家网络安全等级保护防御体系提升到了一个新的科学高度。

本书作者借鉴了国际核能领域在核安全领域的同行评估理念、标准、方法和成功实践，以国家网络安全等级保护 2.0 系列标准为基准，全面融入了金融、电力和广播电视等行业在实施等级保护 2.0 标准和应用可信计算技术 3.0 等方面的成功实践，包括金融和广电等行业的网络安全等级保护基本要求和测评要求，电力行业的电力监控系统网络安全防护评估准则和评估指南，面向政府和企事业单位的各级领导者、管理者、技术从业者、用户、产品研发和技术支持专业机构履职尽责和能力提升需求，将网络安全"三同步"原则、"三化六防"措施、基于"安全可信主动免疫"和"信创体系"的本体安全、基于"聚焦管理改进"和"打造网络安全文化"的本质安全等理念和要求，从安全领导力、安全物理环境、安全通信网络、安全区域边界、安全计算环境、安全建设管理、安全运维管理、安全监测防护和安全管理保障等九个维度进行了全面梳理、系统设计和归类编排，构建了符合等级保护 2.0 标准体系与可信计算 3.0 技术架构要求的网络安全评估标准，这是网络安全管理方式和社会化服务体系的一种创新探索和有益实践。本书的专业性、易用性和权威性很强，值得在各单位开展网络安全测评、评估和整改提升等工作中推广使用。

沈昌祥

中国工程院院士

中央网信办专家咨询委员会顾问

国家集成电路产业发展咨询委员会委员

国家三网融合专家组成员

推荐序 2

开展网络安全同行评估

提升关键信息基础设施防护能力

2017 年 6 月 1 日《中华人民共和国网络安全法》正式颁布，首次在法律层面明确关键信息基础设施概念，明确要求保护关键信息基础设施免受攻击、侵入、干扰和破坏，依法惩治网络违法犯罪活动，维护网络空间安全和秩序。2021 年 9 月 1 日，《关键信息基础设施网络安全保护条例》正式施行，旨在建立专门保护制度，明确各方责任，提出保障促进措施，保障关键信息基础设施安全及维护网络安全。条例第四条规定，关键信息基础设施安全保护坚持综合协调、分工负责、依法保护，强化和落实关键信息基础设施运营者主体责任，充分发挥政府及社会各方的作用，共同保护关键信息基础设施安全。

金融、能源、电力、通信、交通等领域的关键信息基础设施和重要信息系统同其领域的管理模式、生产方式等紧密相关，专业性强、技术性强。怎样通过"检测评估"又快又好地发现设施和系统存在的问题和风险，并采取有效措施，是上级部门、运营者及第三方机构等需要共同应对的挑战。同行评估是国际核电领域比较独特的、成熟的行业经验反馈与共享机制，同行评估是指受评方在组织单位的统一协调下，由受评方之外的同行专家组成的评估队，对受评方指定的评估领域，实施综合或专项评估，找出管理强项和待改进项，强项供行业共享，待改进项提交受评方作为其制定实施改进行动的输入，并根据受评方的要求对待改进领域的整改活动进行跟踪回访，从而促使受评方开展以持续改进和追求卓越为目的的行业自律管理活动。同行评估的理念、目标、方法等同样非常适用于网络安全的评估，特别是重要领域的网络安全评估，并极具领域"专业性"的突出特点。

始于 2016 年，中国核能行业协会网络与信息安全专题工作组在充分调研和总结的基础上，依据《中华人民共和国网络安全法》及网络安全等级保护 2.0 标准体系等的要求，创新性的将"同行评估"引入到国内网络安全领域。经充分准备，2018年11月，中国核能行业协会信息化专业委员会与核电运行分会率先针对核电厂网络安全进行了首次同行评估，评估工作从总体安全、管理安全、技术安全、运维安全和监督检查等领域开展。2019年至2021年，又先后组织开展了多次网络安全专项同行评估，效果明显、成果突出，均得到受评方的一致好评。我作为特邀专家和观察员，全程参与了2019年的同行评估，深感同行评估有六大突出特点：一是评估单位的选择系"自觉自愿"，同行评估由被评估单位自愿提出，经组织方协商确定；二是整个评估过程氛围"友好开放"，被评估单位主管领导、领域接口负责人等，畅谈业绩目标、实施的措施、痛点、难点等；三是评估过程自然有序，不搞"突然袭击"，所有观察意见都由评估队的相关人员充分与受评方沟通并确认；四是评估结果不针对个人的"绩效表现"，而是针对组织进行评审，聚焦管理改进；五是评估实施是一种帮助和经验分享，而不是检查和督查；六是所有人员将"负责保密，履行保密承诺"作为同行评估的一种文化共识。

开展网络安全同行评估暨通过业内同行评估，帮助被评运营者提升网络安全保护能力，识别待改进领域，发现强项以供其他运营者共享，待改进项提交受评运营者作为其制定实施改进行动的输入，促使评估队员和受评运营者了解同行网络安全工作的不同实践并增进沟通、交流，实现提升被评估运营者乃至整个行业的网络安全保护水平，营造共享、共治、共赢的良好局面。《关键信息基础设施条例》要求运营者设置专门的安全管理机构，并应当履行"组织推动网络安全防护能力建设，开展网络安全监测、检测和风险评估"的工作职责，网络安全同行评估恰恰是落实这一要求的有效措施，并以此指导运营者履行好条例要求，促进网络安全保护措施与关键信息基础设施同步规划、同步建设、同步使用，建立健全网络安全保护制度和责任制度，保障人力、财力、物力投入等相关工作的开展。

开展网络安全同行评估是一项政策性、技术性、规范性要求很强的工作。为更好地做好网络安全同行评估工作，作者基于其长期从事网络安全领域的研究与实践成果，结合作者亲自参加网络安全同行评估和攻防实战体会编写了本书，本书内容详实全面，专业性、实用性和可操作性都很强，为从事网络安全同行评估研究、实践的人员提供了一本实战型的教科书。在此我郑重的向广大读者推荐这本书，也希望广大网络安全工作者不忘初心、砥砺前行。

李冰

国家信息技术安全研究中心原副主任

工业控制系统产业联盟网络安全专业委员会主任委员

前言

　　近些年来，全球范围内网络安全事件频发，现实的挑战日益严峻。没有网络安全就没有国家安全，就没有经济社会稳定运行，广大人民群众利益也难以得到保障。网络安全作为国家安全的重要组成部分，已经受到党和国家以及社会各界的高度重视。从2017年6月1日起《中华人民共和国网络安全法》施行以来，《中华人民共和国密码法》《中华人民共和国数据安全法》《中华人民共和国个人信息保护法》《关键信息基础设施安全保护条例》《网络安全审查办法》《党委（党组）网络安全工作责任制实施办法》《中央企业负责人经营业绩考核办法》等法律法规和条例要求陆续颁布施行。

　　从2018年开始，贯彻落实以上网络安全法律法规和条例要求的一系列网络安全标准也相继发布。其中，《信息安全技术　网络安全等级保护基本要求》（GB/T 22239—2019）和《信息安全技术　网络安全等级保护测评要求》（GB/T 28448—2019）形成了国家网络安全等级保护2.0标准体系的核心，成为促进和支撑政府部门和各行各业有效开展网络安全等级保护定级、测评、整改和持续提升网络安全保障能力的基础标准，成为贯彻落实"网络安全三同步""提升网络系统本体安全水平""构建常态化实战化网络安全综合防御体系"的工作依据。当前，无论是政府各部门，还是企事业各单位，无论是"一把手""分管领导""网络安全部门负责人""网络安全从业人员"，还是"单位内部IT用户""数字化产品和网络安全产品的研发者、供应商和服务商""网络安全咨询和技术服务的专业机构"，面对日新月异的新技术应用和新安全挑战，如何站在国家安全、社会安全、企业安全和人民利益安全的高度，全面掌握和有效应用等级保护2.0系列标准及重要行业或新技术领域中的有效实践，尽到"谁主管谁负责、谁建设谁负责、谁供货谁负责、谁使用谁负责"的网络安全防护责任和义务，构建各司其职、有效协同的网络安全生态，已经变得十分必要和重要。

　　在长期的网络安全管理和工作实践中，笔者深切感受到"依法治网""依标强网"和落实"网络安全三同步"原则以及"三化六防"措施的必要性和紧迫性。当前，"网络安全领导力不足、网络安全管理体系不完善、技术体系和措施执行不到位、重技术轻管理、重投产后修补加固轻本体安全源头设计、重当前头痛医头轻持续能力提升、重数字化建设轻网络安全建设和常态化监测运营"等，已经成为"持续守住打赢"的共性顽症。笔者借鉴国际核能领域开展核安全同行评估的最佳实践，结合网络安全工作的特点和规律，这些年一直坚持在实战中学习磨炼，不断探索总结，提出了网络安全同行评估的工作体系、标准、流程、工具和方法，并作为评估队的领队或队长，完成了多次评估实战，获得了受评方以及业界专家的充分肯定。其中，最核心的实战成果就是基于业绩目标导向的网络安全评估标准及其使用指引。

基于业绩目标导向的网络安全评估标准，应该明确网络安全领域所追求的管理绩效目标，符合国家法律法规和条例要求，满足网络安全核心技术标准，融合领先行业最佳管理实践，具有权威性、专业性和易用性。本书以总体国家安全观为根本遵循，以贯彻落实《中华人民共和国网络安全法》《中华人民共和国密码法》《中华人民共和国数据安全法》《中华人民共和国个人信息保护法》等法律法规为基本要求，以《关键信息基础设施安全保护条例》和行业主管部门相关指导意见为基本指引，针对网络安全领域存在的共性顽症，提出了网络安全领导力、网络安全分级业绩目标与责任制、从"止于合规"到"持续守住打赢"的网络安全工作目标及实战化驱动的网络安全能力评估等新理念、新方法和新措施。以《信息安全技术 网络安全等级保护基本要求》（GB/T 22239—2019）第四级基本要求为主体架构，集成应用《信息安全技术 网络安全等级保护测评要求》《信息安全技术 信息系统密码应用基本要求》《信息安全技术 网络安全等级保护大数据基本要求》和相关高风险判定指引，充分融合国内金融、电力和广电等行业及大数据、密码应用测评等专业在网络安全领域的领先实践，面向领导者、管理者、技术从业者、用户、产品研发和技术支持专业机构的责任与能力要求，进行了全面梳理、系统设计和归类编排，构建权威、专业、有效且易于使用的网络安全评估标准体系。

本书内容框架

《网络安全评估标准实用手册》

- 第1章 网络安全评估标准设计和使用说明
- 第2章 网络安全领导力评估准则及使用指引
- 第3章 安全物理环境评估准则及使用指引
- 第4章 安全通信网络评估准则及使用指引
- 第5章 安全区域边界评估准则及使用指引
- 第6章 安全计算环境评估准则及使用指引
- 第7章 安全建设管理评估准则及使用指引
- 第8章 安全运维管理评估准则及使用指引
- 第9章 安全监测防护评估准则及使用指引
- 第10章 安全管理保障评估准则及使用指引

　　笔者发自内心地期望本书的探索、实践和总结，能够为政府各部门和企事业单位的网络安全与数字化转型工作领导者、管理者和网络安全技术从业者，各行业协会学会、咨询公司和专业机构从事网络安全规划、咨询、测评、评估等相关从业者，高等院校网络空间安全专业的教师、研究生和本专科学生，以及其他涉及或关注网络安全工作的所有同行者，提供一套更系统地认识、更有效地评估和更从容地应对网络安全挑战的思维方式、业绩目标、评估准则和使用指引。由于作者水平有限，恳请各位同行积极反馈您的宝贵意见，以便再版时充实补正，在此深表感谢。

邹来龙

2022 年 5 月于上海

目录

第1章 网络安全评估标准设计和使用说明

2017年6月1日起《中华人民共和国网络安全法》施行，维护网络安全终于有法可依；2017年8月中共中央出台《党委（党组）网络安全工作责任制实施办法》，明确提出班子主要负责人是网络安全的第一负责人，承担主要领导责任，主管网络安全的领导班子成员是直接负责人，承担重要领导责任；2019年4月国务院国资委在《中央企业负责人经营业绩考核办法》中首次将网络安全事件与生产安全责任事故并重调查和考核；2020年1月1日起《中华人民共和国密码法》施行；2021年9月1日起《中华人民共和国数据安全法》《关键信息基础设施安全保护条例》施行；2021年11月1日起《中华人民共和国个人信息保护法》施行；2022年2月15日起《网络安全审查办法》施行。这一系列法律法规的颁布和施行，标志着"依法治网"的态势和基础已经夯实。

从2018年开始，贯彻落实相关法律法规的一系列网络安全标准也陆续颁布。其中，《信息安全技术 网络安全等级保护基本要求》（GB/T 22239—2019）和《信息安全技术 网络安全等级保护测评要求》（GB/T 28448—2019），构成了国家网络安全等级保护2.0标准体系的核心，成为促进和支撑政府部门和各行各业有效开展网络安全等级保护定级、测评、整改和持续提升网络安全保障能力的基础标准，成为贯彻落实"网络安全三同步""提升网络系统本体安全水平""构建常态化实战化网络安全综合防御体系"的工作依据。其他配套的国家或行业级的网络安全等级保护基本要求和实施指南、信息系统密码应用基本要求、网络安全等级保护大数据基本要求、各领域的高风险判定指引，金融和广电等行业的网络安全等级保护基本要求、测评要求，工业控制系统的安全控制和安全检查指南，电力行业的《电力监控系统网络安全防护评估导则》和《电力监控系统网络安全评估指南》，也相继发布实施，为政府和各行各业网络安全工作的开展提供了更加专业、翔实和有效的技术指引。

然而，在实际工作实践中，由于这些法律法规和技术标准从文本结构上自成体系，无论是网络安全的领导者或管理者，还是一线的网络安全从业人员，要想快速了解和全面掌握与自身履职尽责密切相关的法律条款、条例规定或技术标准、规范要求，却是一件十分不容易的事情。这对于有效贯彻落实国家网络安全法律法规和条例的相关要求，从规划设计的源头有效落实一系列网络安全国家标准和行业最佳实践，是非常不利的。因此，对网络安全法律法规和主要技术标准进行全面梳理、系统设计和重新归类编排，以满足政府和各行各业网络安全的领导者、管理者，以及各类网络安全从业者的使用需求，是十分必要的。

实践证明，国际核能行业在核安全管理和工程建设管理等领域开展同行评估，对于提升全球核电厂核安全管理水平，发挥了积极和重要的作用，得到了全球核能界的广泛认同。结合笔者在核能企业网络安全管理和一线工作中的实践和经验反馈，本书将国际核能领域开展核安全同行评估的理念、体系、方法和最佳实践，引入网络安全领域，尝试在网络安全领域进行一种工作模式的新探索，与网络安全等级保护和等级测评等技术标准及日常工作有机结合，形成互补优势。

同行评估（Peer Review）是指在组织单位的统一协调下，由受评方之外的同行专家组成评估团队，对受评方指定的评估领域，如运行安全与管理、工程建设与管理等功能及交叉领域，实施综合或专项评估，找出管理强项和待改进项，强项供行业共享，待改进项提交受评方作为实施改进行动的输入，并根据受评方的要求对待改进领域的纠正行动进行跟踪回访，以实现受评方在该评估领域中开展持续改进和以追求卓越为目标的行业自律管理活动。

同行评估提倡的"聚焦管理""追求卓越""持续提升各级管理者业绩目标"的评估理念和工作目标，可谓切中当前"网络安全领导力不足、网络安全管理体系不完善、技术体系和措施执行不到位、重技术轻管理、重投产后修补加固轻本体安全源头设计、重当前头痛医头轻持续能力提升、重数字化建设轻网络安全建设和运维监测"等许多共性顽症，对于积极促进、务实指导网络安全等级保护和关键信息基础设施保护工作，有效落实国家相关法规、条例和技术标准，提升网络本体安全水平和管理本质安全水平，有效应对实战化和常态化的网络安全挑战，具有很好的现实意义和实际价值。

为有效实现网络安全同行评估的工作目标，聚焦发现网络安全管理缺陷，全面反映网络安全领域最新和最佳行业业务实践，为各级管理者不断追求卓越而设立具有挑战性的管理绩效目标，网络安全评估标准的设计是非常核心和基础性的工作。网络安全评估标准的设计，应充分借鉴国内外在核能行业开展同行评估的成功实践，着力于网络安全业绩目标与准则的设计，以便真正体现同行评估这种方法的优势，与受评方网络安全自评估、网络安全等级保护测评和行业主管部门监督检查等方式方法形成互补优势，以便更有效地系统支撑、推进各行业和企业网络安全保障能力的持续提升。

在国际核能领域开展同行评估,领域业绩目标与准则是相关人员进行同行评估时使用的最核心的评估标准。领域业绩目标与准则应凝聚相应行业在该评估领域中的最佳管理实践,全面系统地明确待评估领域及其子领域所追求的管理绩效目标,作为有效开展现场评估工作的指导性文件。受评方也可以此评估标准为基础,开展自评估,指导整改提升计划的编制与实施。为此,参考国际核能行业同行评估业绩目标与准则的设计思路和方法,同时本着便于读者快速了解和全面掌握与自身履职尽责密切相关的有关法律条款、条例规定或技术标准规范要求的目的,本章着重介绍网络安全评估标准的设计原则、基本思路、设计依据和总体结构。

1.1　网络安全评估标准设计原则

网络安全成为国家安全的重要组成部分,"没有网络安全,就没有国家安全"的理念,已经开始深入人心。2020 年 7 月,中华人民共和国公安部研究制定并发布了《贯彻落实网络安全等级保护制度和关键信息基础设施安全保护制度的指导意见》,把深入贯彻实施网络安全等级保护制度作为首要工作目标,明确要求相关单位和组织要有效落实"实战化、体系化、常态化"和"动态防御、主动防御、纵深防御、精准防护、整体防控、联防联控"的"三化六防"网络安全保护措施,建立、完善网络安全保护良好生态,显著提升国家网络安全综合防护能力和水平。2021 年 8 月 2 日国务院办公厅正式印发《关键信息基础设施安全保护条例》,进一步明确了国家关键信息基础设施保护工作的条例要求。上述所有法律法规和条例要求,都是网络安全评估标准设计的基本依据和重要输入。

国际核能领域在开展同行评估标准设计时,一般遵循以下原则。

① 科学规范:评估标准须符合待评估领域的科学规律,客观、真实、准确地提出行业期望。

② 全面覆盖:评估标准须覆盖待评估领域各主要环节,同时兼顾业务上下游和内外部其他领域的接口需求。

③ 追求卓越:评估标准须体现行业不断追求卓越绩效的使命与愿景。

④ 聚焦管理:通过绩效与标准偏差的分析,识别影响待评估领域的潜在管理问题,促进管理绩效的持续改进。

结合以上网络安全大背景、国家顶层设计要求及国际核能领域同行评估标准设计原则，笔者提出"合法合规、系统全面、集成应用和务实有效"网络安全评估标准设计原则，在设计评估标准时，相关人员须全面考虑和落实以下设计要点。

① 贯彻落实总体国家安全观。

② 贯彻落实《中华人民共和国网络安全法》《中华人民共和国密码法》和《中华人民共和国数据安全法》等法律的相关要求。

③ 落实国家和行业主管部门相关法规条例和指导意见的相关要求。

④ 集成应用和有效落实网络安全等级保护等最新系列标准。

⑤ 充分借鉴国内金融、电力等行业在网络安全领域的良好实践。

⑥ 有效落实"三化六防"网络安全防护措施。

⑦ 与网络安全等级保护和关键信息基础设施安全保护在技术标准和评估方法方面形成动态支撑和优势互补。

⑧ 充分借鉴国际核能领域同行评估的成功实践。

1.2 网络安全评估标准设计要点

1.2.1 以总体国家安全观为指导，树立正确的网络安全观

《中共中央关于坚持和完善中国特色社会主义制度 推进国家治理体系和治理能力现代化若干重大问题的决定》指出，要完善国家安全体系，就要坚持总体国家安全观，统筹发展和安全，坚持人民安全、政治安全、国家利益至上有机统一。总体国家安全观，强调以人民安全为宗旨，以政治安全为根本，以经济安全为基础，以军事、文化、社会安全为保障，以促进国际安全为依托，统筹发展和安全、外部安全和内部安全、国土安全和国民安全、传统安全和非传统安全、自身安全和共同安全，维护各领域国家安全，构建国家安全体系，走中国特色国家安全道路。

近些年来，党中央对网络安全作出了一系列重要指示精神和决策部署，以总体国家安全观为基础，构建并形成了中国特色的网络安全观。从网络安全的定位看，没有网络安全就没有国家安全，就没有经济社会稳定运行，广大人民群众的切身利益也难以得到保障，网络安全为人民、网络安全靠人民；从安全和发展的关系看，网络安全和信息化是一体之两翼、驱动之双轮，以安全保发展、以发展促安全；从网络安全防御看，网络

安全的本质在对抗，对抗的本质在攻防两端的能力较量；从数据安全看，要强化国家关键数据资源保护能力，增强数据安全预警和溯源能力；从网络安全法治看，要秉持互联网不是法外之地，坚持依法治网、依法办网、依法上网的原则；从网络安全技术能力看，要大力发展核心技术，加强关键信息基础设施安全保障，供应链的"命门"不能掌握在别人手里，最关键、最核心的技术要立足自主创新、自立自强；从网络安全人才建设看，要认识到"网络空间的竞争，归根结底是人才的竞争"，要形成人才培养、技术创新、产业发展的良性生态；从互联网国际治理看，要尊重网络主权，维护和平安全，促进开放合作，构建良好秩序，构建网络空间命运共同体。

随着经济社会的快速发展和人民物质生活水平的稳步提升，互联网（包括工业互联网）已经成为现代社会和经济发展的重要基础设施。作为虚拟的人造空间，互联网的独特性在于它的开放性、全球互联、非中心化及架构层（设施层、协议层和信息层）之间的相互关联。因此，维护网络安全，必须是整体的、开放的、动态的、相对的和共同的，而不是割裂的、静态的、封闭的、绝对的和孤立的。

只有树立了正确的网络安全观，才能准确把握网络安全形势、内容、条件和态势变化的新特点、新趋势和新要求，系统回应各种网络安全挑战，探索具有中国特色的网络安全道路。其中，各级组织的领导和管理层的网络安全观，直接决定了该组织对网络安全工作的认识、对相关规律的把握、责任的压实、资源的投入、措施的制定及落实的有效性。因此，同行评估标准的设计，必须以总体国家安全观为指导，促进、指导和引导各类各级组织的网络安全主体责任承担者，不断树立和强化正确的网络安全观。

1.2.2　切实履行法律责任和义务，有效落实《网络安全法》《密码法》《数据安全法》和《个人信息保护法》等[①]法律要求

1.《中华人民共和国网络安全法》明确了网络安全支持与促进、网络运行安全、网络信息安全、监测预警与应急处置及法律责任等

① 国家建立和完善网络安全标准体系，推进网络安全社会化服务体系建设，支持创新网络安全管理方式，开展经常性网络安全宣传教育与培训，采取多种方式培养网络安全人才。

② 《中华人民共和国网络安全法》明确要求网络运营者应当按照网络安全等级保护制度的要求，制定内部安全管理制度和操作规程，确定网络安全负责人，落实网络安

---

① 《中华人民共和国网络安全法》简称《网络安全法》；《中华人民共和国密码法》简称《密码法》；《中华人民共和国数据安全法》简称《数据安全法》；《中华人民共和国个人信息保护法》简称《个人信息保护法》。

全保护责任；采取防范计算机病毒和网络攻击、网络侵入等危害网络安全行为的技术措施；采取监测、记录网络运行状态、网络安全事件的技术措施，并按照规定留存相关的网络日志不少于六个月；采取数据分类、重要数据备份和加密等措施；最终保障网络免受干扰、破坏或者未经授权的访问，防止网络数据泄露或者被窃取、篡改。

③ 国家对公共通信和信息服务、能源、交通、水利、金融、公共服务、电子政务等重要行业和领域，以及其他一旦遭到破坏、丧失功能或者数据泄露，可能严重危害国家安全、国计民生、公共利益的关键信息基础设施，在网络安全等级保护制度的基础上，实行重点保护。

④ 关键信息基础设施的运营者还应当设置专门的安全管理机构和安全管理负责人，并对该负责人和关键岗位的人员进行安全背景审查；定期对从业人员进行网络安全教育、技术培训和技能考核；对重要系统和数据库进行容灾备份；制定网络安全事件应急预案，并定期进行演练。

⑤ 建设关键信息基础设施，同时应当确保其具有支持业务稳定、持续运行的性能，并保证安全技术措施同步规划、同步建设、同步使用。

⑥ 关键信息基础设施的运营者采购网络产品和服务，可能影响国家安全的，应当通过国家网信部门会同国务院有关部门组织的国家安全审查，应当按照规定与提供者签订安全保密协议，明确安全和保密义务与责任。相关单位应当自行或者委托网络安全服务机构对其网络的安全性和可能存在的风险每年至少进行一次检测评估。

⑦ 国家建立网络安全监测预警和信息通报制度。负责关键信息基础设施安全保护工作的部门，应当建立健全本行业、本领域的网络安全监测预警和信息通报制度，并按照规定报送网络安全监测预警信息。相关单位应建立健全网络安全风险评估和应急工作机制，制定网络安全事件应急预案，并定期组织演练。

网络安全同行评估，是网络安全管理方式和社会化服务体系的一种创新实践。网络安全评估标准的设计，应该有利于将《中华人民共和国网络安全法》中的上述要求，落实到受评方网络安全保障各项日常工作中。从评估的角度看，就是要能够有效识别受评方在遵循《中华人民共和国网络安全法》方面存在的不足或管理缺陷，及时制定和有效实施整改措施。

2.《中华人民共和国密码法》规定：密码工作坚持总体国家安全观，遵循统一领导、分级负责，创新发展、服务大局，依法管理、保障安全的原则

① 国家对密码实行分类管理。核心密码、普通密码用于保护国家秘密信息，核心

密码保护信息的最高密级为绝密级，普通密码保护信息的最高密级为机密级。商用密码用于保护不属于国家秘密的信息。

② 公民、法人和其他组织可以依法使用商用密码保护网络与信息安全。在有线、无线通信中传递的国家秘密信息，以及存储、处理国家秘密信息的信息系统，应当依照法律、行政法规和国家有关规定使用核心密码、普通密码进行加密保护、安全认证。

③ 法律、行政法规和国家有关规定要求使用商用密码进行保护的关键信息基础设施，其运营者应当使用商用密码进行保护，自行或者委托商用密码检测机构开展商用密码应用安全性评估。关键信息基础设施的运营者采购涉及商用密码的网络产品和服务，可能影响国家安全的，应当按照《中华人民共和国网络安全法》的规定，通过国家网信部门会同国家密码管理部门等有关部门组织的国家安全审查。

网络安全评估标准的设计，应该贯彻落实《中华人民共和国密码法》中的相关要求，具体贯彻执行《信息安全技术　信息系统密码应用基本要求》（GB/T 39786—2021）等技术标准，在关键信息基础设施规划、设计、建设、使用和运行维护过程中，有效落实商用密码的网络产品和服务及应用安全性评估要求。

3.《中华人民共和国数据安全法》规定：维护数据安全，应当坚持总体国家安全观，建立健全数据安全治理体系，提高数据安全保障能力

① 维护数据安全是维护国家安全的必然要求。数据是国家基础性战略资源，没有数据安全就没有国家安全。《中华人民共和国数据安全法》贯彻落实总体国家安全观，聚焦数据安全领域中的风险隐患，加强国家数据安全工作的统筹协调，确立了数据分类分级管理、数据安全审查、数据安全风险评估、监测预警和应急处置等基本制度。通过建立健全各项制度措施，提升国家数据安全保障能力，有效应对数据这一非传统领域的国家安全风险与挑战，切实维护国家主权、安全和发展利益。

② 维护数据安全是维护人民群众合法权益的客观需要。数字经济为人民群众生产生活提供了很多便利，同时各类数据的拥有主体更加多样，处理活动更加复杂，一些企业、机构忽视数据安全保护、利用数据侵害人民群众合法权益的问题也十分突出，社会反映强烈。《中华人民共和国数据安全法》明确了相关主体依法依规开展数据活动，建立健全数据安全管理制度，加强风险监测和及时处置数据安全事件等义务和责任，通过严格规范数据处理活动，切实加强数据安全保护，让广大人民群众在数字化发展中获得更多的幸福感、安全感。

③ 维护数据安全是促进数字经济健康发展的重要举措。近年来，国家不断推进网

络强国、数字中国、智慧社会建设，以数据为新生产要素的数字经济蓬勃发展，数据的竞争已成为国际竞争的重要领域。《中华人民共和国数据安全法》坚持安全与发展并重，在规范数据活动的同时，对支持促进数据安全与发展的措施、推进政务数据开放利用等做出相应规定，通过促进数据依法合理有效利用，充分发挥数据的基础资源作用和创新引擎作用，加快形成以创新为主要引领和支撑的数字经济，更好地服务国家经济社会发展。

④ 维护数据安全是要求相关行业组织按照章程，依法制定数据安全行为规范和团体标准，加强行业自律，指导会员加强数据安全保护，提高数据安全保护水平，促进行业健康发展；开展数据处理活动应当依照法律、法规的相关规定，建立健全全流程数据安全管理制度，组织开展数据安全教育培训，采取相应的技术措施和其他必要措施，保障数据安全。利用互联网等信息网络开展数据处理活动的相关人员，应当在网络安全等级保护制度的基础上，履行数据安全保护义务；重要数据的处理应当明确数据安全负责人和管理机构，落实数据安全保护责任。

网络安全评估标准的设计，必须贯彻落实《中华人民共和国数据安全法》的有关要求，通过采取必要措施，促进数据处于有效保护和合法利用的状态，切实为受评方数据安全能力提升提供指导和帮助。

4.《中华人民共和国个人信息保护法》细化、完善了个人信息保护应遵循的原则和个人信息处理规则，明确了个人信息处理活动中的权利义务边界

① 确立了个人信息保护原则。在处理个人信息时应当遵循合法、正当、必要和诚信的原则，具有明确、合理的目的并与处理目的直接相关，采取对个人权益影响最小的方式，限于实现处理目的的最小范围，公开处理规则，保证信息质量，对个人信息采取安全保护措施等。

② 规范了处理活动保障权益。紧紧围绕规范个人信息处理活动、保障个人信息权益，构建了以"告知-同意"为核心的个人信息处理规则。相关单位或组织在处理个人信息时应当在事先充分告知的前提下取得个人同意，在个人信息处理的重要事项发生变更时，相关单位或组织应当重新向个人告知并取得其同意。

③ 禁止"大数据杀熟"，规范自动化决策。个人信息处理者在利用个人信息进行自动化决策时，应当保证决策透明和结果公平、公正，不得对个人在交易价格等交易条件方面实行不合理的差别待遇。

④ 严格保护敏感个人信息。敏感个人信息包括生物识别、宗教信仰、特定身份、医疗健康、金融账户、行踪轨迹等信息。《中华人民共和国个人信息保护法》规定，只有在具有特定的目的和充分的必要性，相关单位和组织并采取严格保护措施的情形下，

方可处理敏感个人信息，同时应当事前进行影响评估，并向个人告知处理的必要性及对个人权益的影响。

⑤ 强化了个人信息处理者的义务。个人信息处理者应当对其个人信息处理活动负责，并采取必要措施保障所处理的个人信息的安全。《中华人民共和国个人信息保护法》规定，个人信息处理者应按照相关规定，制定内部管理制度和操作规程；采取相应的安全技术措施，指定负责人对其个人信息处理活动进行监督，定期对其个人信息处理活动进行合规审计，对处理敏感个人信息、利用个人信息进行自动化决策、对外提供或公开个人信息等高风险处理活动进行事前影响评估；履行个人信息泄露通知和补救义务等。

⑥ 赋予大型网络平台特别的义务。《中华人民共和国个人信息保护法》对大型互联网平台设定了特别的个人信息保护义务，包括按照国家规定建立健全个人信息保护合规制度体系，成立主要由外部成员组成的独立机构对个人信息保护情况进行监督；遵循公开、公平、公正的原则，制定平台规则；对严重违法处理个人信息的平台内产品或者服务提供者，禁止其继续提供服务；定期发布个人信息保护社会责任报告，接受社会监督。

同行评估标准的设计，必须贯彻落实《中华人民共和国个人信息保护法》的有关要求，通过采取必要措施，促进个人信息处于有效保护和合法利用的状态，切实为受评方个人信息管理安全能力提升提供指导和帮助。

1.2.3　落实国家和行业主管部门相关法规、条例和指导意见要求

2021 年 9 月 1 日起施行的《关键信息基础设施安全保护条例》，明确规定了国家关键信息基础设施覆盖范围和认定规则，详细规定了国家网信部门、公安部门、保护工作部门及关键信息基础设施的运营者和网络安全服务机构等主体的责任、义务和保障促进措施，明确要求"安全保护措施应当与关键信息基础设施同步规划、同步建设、同步使用"，明确要求"依照本条例和有关法律、行政法规的规定以及国家标准的强制性要求，在网络安全等级保护的基础上，采取技术保护措施和其他必要措施，应对网络安全事件，防范网络攻击和违法犯罪活动，保障关键信息基础设施安全稳定运行，维护数据的完整性、保密性和可用性"。

2021 年 8 月《党委（党组）网络安全工作责任制实施办法》公开发布，明确提出，按谁主管谁负责，属地管理的原则，班子主要负责人是网络安全的第一负责人，承担主要领导责任，主管网络安全的领导班子成员是直接负责人，承担重要领导责任；建立和落实网络安全责任制，把网络安全纳入重要议事日程，明确网络安全工作机构，加大人力、财力、物力的支持与保障；统一组织网络安全保护和重大事件处置；组织开展经常

性网络安全宣传教育，支持安全技术产业发展；各级网络安全和信息化领导小组应当加强和规范本部门信息汇集、分析和研判工作；组织信息通报，统筹协调网络安全检查；应建立网络安全责任制考核制度，将考核结果作为领导干部综合考核评价的重要内容；审计部门将网络安全建设和绩效纳入审计范畴。

2019年4月1日起施行的《中央企业负责人经营业绩考核办法》(国资委令第40号)，首次将网络安全事件与生产安全责任事故并列。在《中央企业负责人经营业绩考核办法》第三十四条中明确，"建立重大事项报告制度。企业发生较大及以上生产安全责任事故和网络安全事件、重大及以上突发环境事件、重大及以上质量事故、重大资产损失、重大法律纠纷案件、重大投融资和资产重组等，对经营业绩产生重大影响的，应及时向国资委报告。"在《中央企业负责人经营业绩考核办法》第四十八条中明确，"企业法定代表人及相关负责人……，违反国家法律法规和规定，导致发生较大及以上网络安全事件，将受到扣分、调整、降职、责任追究或司法查处"。

2020年7月公安部发布《贯彻落实网络安全等级保护制度和关键信息基础设施安全保护制度的指导意见》，提出了四大工作目标，包括深入贯彻实施网络安全等级保护制度，建立并实施关键信息基础设施安全保护制度，网络安全监测预警和应急处置能力显著提升，网络安全综合防控体系基本形成。同时提出了四方面的具体要求：①深入贯彻实施国家网络安全等级保护制度，包括深化网络定级备案工作，定期开展网络安全等级测评，科学开展安全建设整改，强化安全责任落实，加强供应链安全管理，落实密码安全防护要求；②建立并实施关键信息基础设施安全保护制度，包括组织认定关键信息基础设施，明确关键信息基础设施安全保护工作职能分工，落实关键信息基础设施重点防护措施，加强重要数据和个人信息保护，强化核心岗位人员和产品服务的安全管理；③加强网络安全保护工作协作配合，包括加强网络安全立体化监测体系建设，加强网络安全信息共享和通报预警，加强网络安全应急处置机制建设，加强网络安全事件处置和案件侦办，加强网络安全问题隐患整改督办；④加强网络安全工作各项保障，包括加强组织领导、加强经费政策保障、加强考核评价、加强技术攻关、加强人才培养。

中华人民共和国国家发展和改革委员会、国家能源局、中华人民共和国生态环境部和国家国防科技工业局在2018年5月发布的《关于进一步加强核电运行安全管理的指导意见》中，专门就"加强核电厂网络安全管理"提出了明确要求，相关要求包括将网络安全纳入核电安全管理体系，加强能力建设，保障核电厂网络安全。①开展网络安全能力建设。核电厂要建立健全电力监控系统安全防护管理制度，对网络威胁进行评估和风险分析，合理配置网络安全监控工具，建立防范网络攻击、数据操纵或篡改的能力，定期开展网络安全检查。核电集团和核电厂要加强网络安全能力建设，研究建立核电厂网络安全实验室、工业控制系统测试平台等基础设施。②做好网络等级保护测评。核电厂要制定生产控制大区、管理信息大区安全防护总体方案，完成等级保护对象的定级、备案，并定期进行等级测评，制定网络安全事件应急响应预案并定期进行演练。③开展网络安全培训及评估工作。支持行业组织开展网络安全相关人员的技术培训，建立网络安全保护规范和协作机制，开展核电厂网络安全同行评估。

网络安全同行评估首次以政府主管部门指导意见的形式，被确定为网络安全能力的一种提升模式和服务方式。其他行业如交通、金融、证券、电信、水利等政府主管部门，也都提出了本行业网络安全保障工作相关指导意见和政策要求。网络安全评估标准的设计应该便于指导受评方有效贯彻落实国家和行业主管部门相关法规、条例和指导意见要求。

1.2.4　集成应用和有效落实网络安全等级保护等最新系列标准

近几年来，国家加快了网络安全相关技术标准的建设。网络安全等级保护 2.0 标准体系中的主要标准陆续发布实施，包括《信息安全技术　网络安全等级保护基本要求》（GB/T 22239—2019）、《信息安全技术　网络安全等级保护测评要求》（GB/T 28448—2019）、《信息安全技术　网络安全等级保护安全设计技术要求》（GB/T 25070—2019）、《信息安全技术　网络安全等级保护安全管理中心技术要求》（GB/T 36958—2018）、《信息安全技术　网络安全等级保护测试评估技术指南》（GB/T 36627—2018）、《信息安全技术　网络安全等级保护测评过程指南》（GB/T 28449—2018）、《信息安全技术　网络安全等级保护定级指南》（GB/T 22240—2020）等。图 1-1 为网络安全等级保护 2.0 标准体系构成示意图。

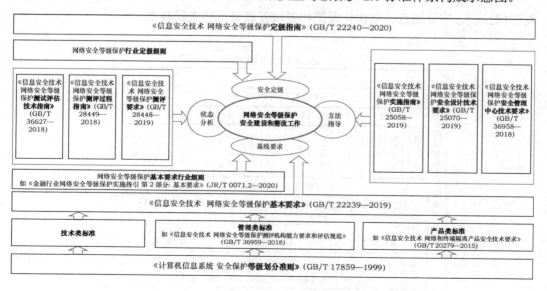

图 1-1　网络安全等级保护 2.0 标准体系构成示意图

按照《中华人民共和国网络安全法》"三同步"的基本要求,有效贯彻落实网络安全等级保护 2.0 系列标准,提升网络的本体安全和本质安全综合防护能力和水平,也是网络安全同行评估工作的重要出发点和最终落脚点。

在网络安全等级保护基本要求的规范性附录中,特别给出了网络安全等级保护安全框架(如图 1-2),对开展网络安全等级保护工作,提出了五点总体要求。

① 应首先明确等级保护对象,等级保护对象包括通信网络设施、信息系统(包含采用移动互联等技术的系统)、云计算平台/系统、大数据平台/系统、物联网、工业控制系统等。应按照《信息安全技术 网络安全等级保护定级指南》(GB/T 22240—2020),确定等级保护对象的安全保护等级。

② 应根据不同等级保护对象的安全保护等级,按照《信息安全技术 网络安全等级保护基本要求》(GB/T 22239—2019)及相关技术标准等要求,完成网络安全建设或安全整改工作。

③ 应针对等级保护对象的特点建立安全技术体系和安全管理体系,构建具备相应等级安全保护能力的网络安全综合防御体系。

④ 应依据国家网络安全等级保护政策和标准,开展组织管理、机制建设、安全规划、安全监测、通报预警、应急处置、态势感知、能力建设、监督检查、技术检测、安全可控、队伍建设、教育培训和经费保障等工作。

⑤ 应在较高级别等级保护对象的安全建设和安全整改中,注重使用可信计算、强制访问控制、审计追查、结构化保护和多级互联等一些关键技术。

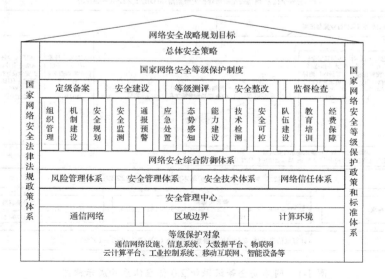

图 1-2　网络安全等级保护安全框架

网络安全等级保护安全框架，以及上述五点总体要求，是网络安全评估标准架构设计的重要依据。

1.2.5 充分借鉴国内金融电力等行业在网络安全领域的良好实践

国内电力和金融等行业，在贯彻落实国家网络安全等级保护制度、构建"三化六防"综合安全保障体系和能力建设等方面，走在了国内前列。其中，最主要的良好实践体现为几个主要标准，包括《电力监控系统网络安全防护导则》（GB/T 36572—2018）、《电力监控系统网络安全评估指南》（GB/T 38318—2019）、《工业控制系统安全检查指南》（GB/T 37980—2019）、《金融行业网络安全等级保护实施指引》（JR/T 0071—2020）、《金融行业网络安全等级保护测评指南》（JR/T 0072-2020）等。

电力行业的相关组织提出并严格奉行"安全分区、网络专用、横向隔离、纵向认证"的原则，构建网络安全纵深防御技术和管理综合防护体系。该防护体系从安全防护技术、应急备用措施、全面安全管理三个方面形成立体结构，三个方面互为支撑、相互融合、动态关联，形成动态的三维立体结构，如图1-3所示。

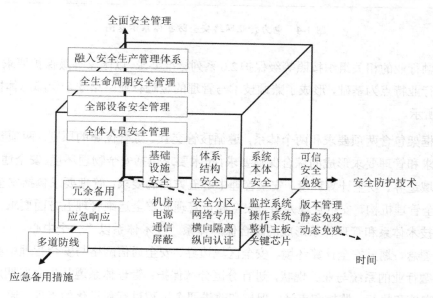

图 1-3 电力行业网络安全防护体系三维立体结构示意图

其中，安全防护技术维度主要包括基础设施安全、体系结构安全、系统本体安全、可信安全免疫等；应急备用措施维度主要包括冗余备用、应急响应、多道防线等；全面安全管理维度主要包括全体人员安全管理、全部设备安全管理、全生命周期安全管理、融入安全生产管理体系，如图1-4所示。电力行业网络安全防护体系运行时涵盖了网络和工业控制系统的规划设计、研究开发、施工建设、安装调试、系统改造、运行管理、退役报废等各个阶段，且电力行业网络安全防护体系应随计算机技术、网络通信技术、安全防护技术、工业控制技术的发展而不断完善。

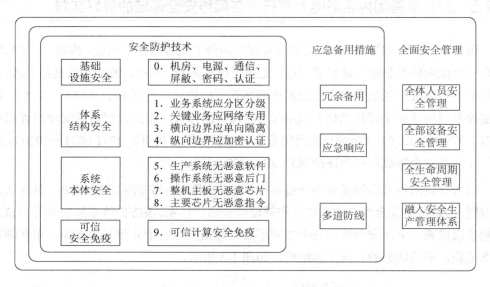

图 1-4 电力行业网络安全防护体系示意图

金融行业的相关组织按照等级保护2.0系列标准要求，以国家等级保护要求为原则，以金融行业特点为基础，形成了兼顾技术与管理的金融行业网络安全保障总体框架，如图 1-5 所示。

该框架包含两项要求和两个体系，遵循技管交互、综合保障的原则。两项要求指由技术要求和管理要求形成的综合保障要求，技术要求包括安全物理环境、安全通信网络、安全区域边界、安全计算环境、安全管理中心五方面的要求；管理要求包括安全管理制度、安全管理机构、安全管理人员、安全建设管理和安全运维管理五方面要求。两个体系指由技术体系和管理体系形成的综合保障体系。技术体系以"一个中心，三重防护"为核心理念，划分安全计算环境、安全区域边界、安全通信网络与安全管理中心，并且结合金融行业的系统与业务现状，进行分区分域保护；管理体系遵从生命周期原理，对建立、实施和执行、监控和审计、保持和改进四个过程进行科学化的管理，通过循环改进的思路形成"生命环"的管理方法。

技管交互指技术要求与管理要求的交融及技术体系与管理体系互补，从安全保障要求和安全保障方法两方面体现技术与管理并重的基本思想。综合保障指该框架通过对保障要求和保障方法的综合考虑，通过技术与管理的有效结合，在遵循国家等级保护要求的前提下，满足金融行业的业务特殊性要求。

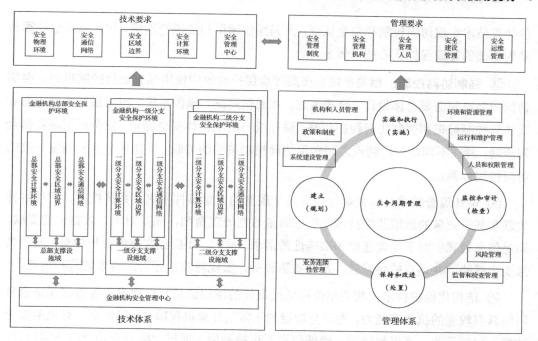

图 1-5　金融行业网络安全保障总体框架

综合参考和应用电力、金融等行业的新标准和良好实践，是开展网络安全评估标准设计的一个重要特点。

1.2.6　有效落实"三化六防"网络安全防护措施，推动关键技术的应用

经过近些年的实网实战演练和各方面的经验反馈，为有效提升网络安全综合防护能力和水平，建立网络安全保护的良好生态，落实网络安全保护"实战化、体系化、常态化"和"动态防御、主动防御、纵深防御、精准防护、整体防控、联防联控"的"三化六防"措施，已经变得十分重要和必要。网络安全评估标准的设计，应按照"三化六防"的基本思路，侧重构建能够有效应对实战化和常态化网络安全挑战的新型活化网络安全综合防护体系，建立使之常态化有效执行的责任压实机制和运维工作机制，做实网络安全资产管理、策略管理、账户管理、权限管理、漏洞补丁升级等基础性工作及专业规范的日常运维工作。

网络安全技术能力建设非常关键。网络安全评估标准设计，应引导和指导受评方充分重视和持续加强网络安全技术能力建设。安全建设和安全整改涉及一些关键技术，其有效应用是网络安全防护的重要保障。

① 可信计算技术：相关单位应针对计算资源构建保护环境，以可信计算基（TCB）为基础，实现软件和硬件的计算资源可信，针对信息资源构建业务流程控制链，基于可

15

信计算技术实现访问控制和安全认证，密码操作调用和资源管理等，构建以可信计算技术为基础的等级保护核心技术体系。

② **强制访问控制**：相关单位应在高等级保护对象中使用强制访问控制机制，强制访问控制机制需要总体设计、全局考虑。在通信网络、操作系统、应用系统各个方面实现访问控制标记和强制访问控制策略，进行统一的主客体安全标记，安全标记随数据全程流动，并在不同访问控制点之间实现访问控制策略的关联，构建各个层面强度一致的访问控制体系。

③ **审计追查技术**：相关单位应立足于现有的大量事件采集、数据挖掘、智能事件关联和基于业务的运维监控技术，突破海量数据处理瓶颈，通过对审计数据快速提取，满足信息处理中对于检索速度和准确性的需求。同时，还应建立事件分析模型，发现高级安全威胁，并追查威胁路径、定位威胁源头，实现对攻击行为的有效防范和追查。

④ **结构化保护技术**：相关单位应通过良好的模块结构与层次设计等方法保证自身网络具有较强的抗渗透能力，为安全功能的正常运行提供保障。高等级保护对象的安全功能不可被篡改、不可被绕转，隐蔽信道不可被利用，通过保障安全功能的正常运行，使系统具备源于自身结构的、主动性的防御能力，利用可信计算技术实现结构化保护。

⑤ **多级互联技术**：相关单位应在保证各等级保护对象自治和安全的前提下，有效控制异构等级保护对象间的安全互操作，从而实现分布式资源的共享和交互。随着对结构网络化、业务应用分布化和动态性要求越来越高，多级互联技术应在不破坏原有等级保护对象正常运行和安全的前提下，实现不同级别之间的多级安全互联、互通和数据交换。

以上设计要点及其简要分析，是网络安全评估标准设计和关键技术应用的基本要求，应贯穿于评估标准文件设计的全过程和全要素。同时，网络安全评估标准，应该与网络安全等级保护和关键信息基础设施安全保护在标准和方法上形成支撑和优势互补，在充分借鉴国际核能领域同行评估成功实践的基础上，一方面切实满足"合法合规、系统全面、集成应用和务实有效"的网络安全评估标准设计原则，另一方面能够按照"聚焦管理改进""持续追求卓越"的网络安全工作理念，常态化地发现缺陷和隐患并及时完成有效整改，持续提升网络安全整体防护能力。

1.3　网络安全评估标准总体结构

基于以上设计原则、设计要点和设计依据，网络安全评估标准设计输入和同行评估主体文件构成如图 1-6 所示。

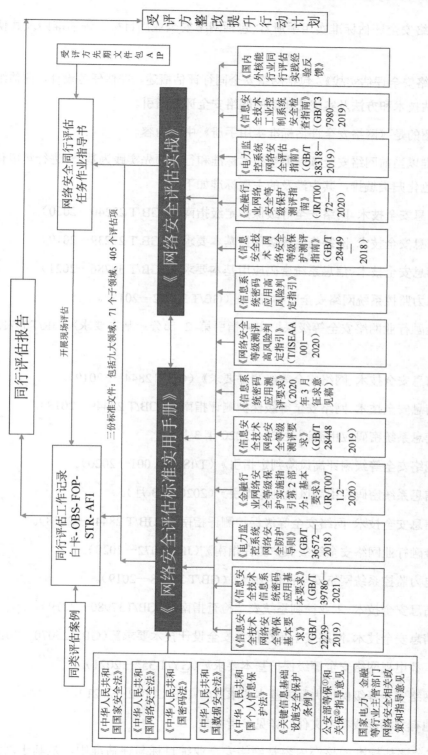

图 1-6 网络安全评估标准设计输入和同行评估主体文件构成示意图

① 网络安全等级保护，简称 "等保"。

② 关键信息基础设施安全保护，简称 "关保"。

① 《网络安全评估标准实用手册》，包括网络安全业绩目标、评估准则及其使用指引。

② 《网络安全评估实战》，包括网络安全同行评估概述、评估任务设计、评估组织和流程、评估技术和方法及实战化驱动的网络安全评估指引。

本书介绍的是《网络安全评估标准实用手册》中的内容。

评估标准以当前网络安全领域最新技术标准和行业领先实践为基准，进行集成化应用设计和角色化归类编排，其中涉及的主要标准如下。

① 《信息安全技术 网络安全等级保护定级指南》（GB/T 22240—2020）。

② 《信息安全技术 网络安全等级保护基本要求》（GB/T 22239—2019）。

③ 《信息安全技术 信息系统密码应用基本要求》（GB/T 39786—2021）。

④ 《电力监控系统网络安全防护导则》（GB/T 36572—2018）。

⑤ 《金融行业网络安全等级保护实施指引第 2 部分：基本要求》（JR/T0071.2—2020）。

⑥ 《信息安全技术 网络安全等级测评要求》（GB/T 28448—2019）。

⑦ 《信息安全技术 网络安全等级保护测评指南》（GB/T 28449—2018）。

⑧ 《信息系统密码应用测评要求》（2020 年 3 月）。

⑨ 《网络安全等级测评高风险判定指引》（T/ISEAA 001—2020）。

⑩ 《信息系统密码应用高风险判定指引》（2020 年 3 月）。

⑪ 《信息安全技术 网络安全等级保护测评指南》（GB/T 28449—2018）。

⑫ 《金融行业网络安全等级保护测评指南》（JR/T0072—2020）。

⑬ 《电力监控系统网络安全评估指南》（GB/T 38318—2019）。

⑭ 《信息安全技术 工业控制系统安全检查指南》（GB/T37980—2019）。

⑮ 《信息安全技术 网络安全等级保护安全设计技术要求》（GB/T25070—2019）。

⑯ 《广播电视网络安全等级保护基本要求》（GY/T 352—2021）。

⑰ 《网络安全等级保护大数据基本要求》（T/ISEAA 002—2021）。

⑱ 其他有关标准或参考文件，详见参考文献。

网络安全评估标准的核心内容是网络安全业绩目标与评估准则，是基于网络安全等级保护 2.0 标准体系的基本要求，体现"聚焦管理、增强网络安全领导力、着力网络安全管理改进"的本质要求，体现"三分技术、七分管理"的内在要求，切实从"人的意识和行为以及管理缺陷"的角度，促进和支撑网络安全等级保护系列标准落地生根。

为便于等级保护相关标准的综合使用，本书以《信息安全技术　网络安全等级保护基本要求》（GB/T 22239—2019）第四级基本要求为主体架构，同时增加了网络安全领导力和网络安全监测防护两方面的内容，将网络安全"三同步"原则、"三化六防"措施、基于可信免疫和信创体系的本体安全、基于"聚焦管理改进"和"打造网络安全文化"的本质安全等理念和要求，以及国家网络安全等级保护测评要求、信息系统密码应用基本要求、网络安全保护大数据基本要求、各领域的高风险判定指引，金融和广电等行业的网络安全等级保护基本要求、测评要求，工业控制系统安全控制和安全检查指南，电力行业的《电力监控系统网络安全防护导则》和《电力监控系统网络安全评估指南》，进行全面梳理、系统设计和归类编排，设计构建了网络安全九大领域和 71 个子领域的业绩目标，以及 405 个评估项及其评估使用指引。图 1-7 为网络安全同行评估领域划分，图 1-8 展示了网络安全同行评估领域及子领域构成。

图 1-7　网络安全同行评估领域划分设计示意图

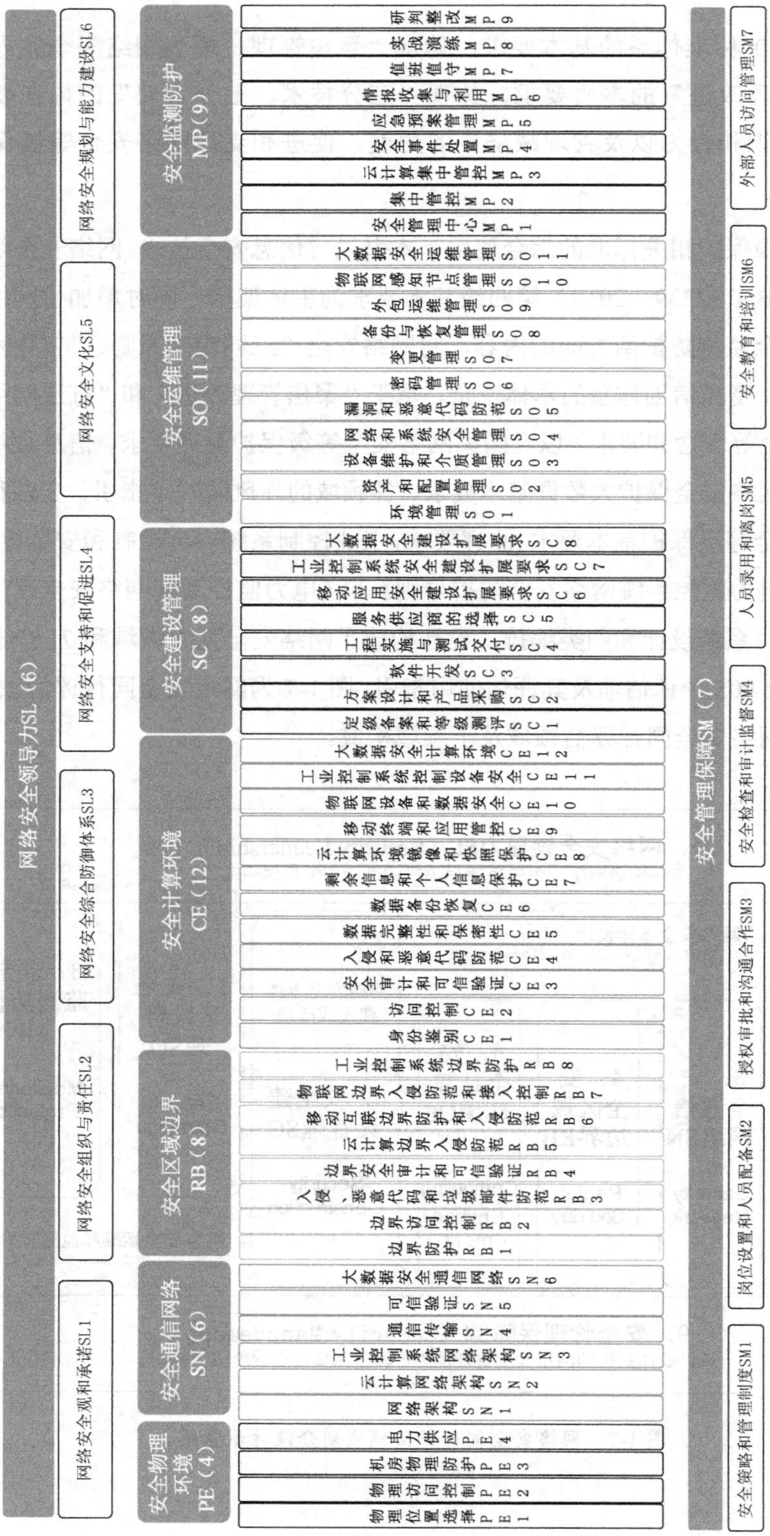

网络安全领导力SL（6）

网络安全观和承诺SL1	网络安全组织与责任SL2	网络安全综合防御体系SL3	网络安全支持和促进SL4	网络安全文化SL5	网络安全规划与能力建设SL6

安全物理环境PE（4）	安全通信网络SN（6）	安全区域边界RB（8）	安全计算环境CE（12）	安全建设管理SC（8）	安全运维管理SO（11）	安全监测防护MP（9）
物理位置选择PE1	网络架构SN1	边界访问控制RB1	安全审计和可信验证CE1	定级备案和等级测评SC1	资产配置和质量管理SO1	安全管理中心MP1
物理访问控制PE2	云计算网络架构SN2	恶意代码和垃圾邮件防范RB2	入侵和恶意代码防范CE2	方案设计和产品采购SC2	设备维护和介质管理SO2	云计算集中管控MP2
机房物理防护PE3	工业控制系统网络架构SN3	边界访问防护RB3	数据完整性和保密性CE3	软件开发SC3	漏洞和系统安全管理SO3	安全事件与应急处置MP3
电力供应PE4	通信传输SN4	入侵防范和接入控制RB4	数据和个人信息备份恢复CE4	工程实施与测试交付SC4	网络和系统安全管理SO4	应急预案与管理MP4
	可信验证SN5	移动互联边界防护和入侵防范RB5	剩余信息和个人信息保护CE5	服务供应商的选择SC5	恶意代码防范管理SO5	情报收集与利用MP5
	大数据安全通信网络SN6	物联网边界入侵防范和接入控制RB6	云计算环境镜像和快照保护CE6	移动应用安全建设扩展要求SC6	密码管理SO6	值班值守管理MP6
		工业控制系统边界防护RB7	移动终端和应用管控CE7	工业控制系统安全建设扩展要求SC7	变更管理SO7	实战演练MP7
		身份鉴别RB8	物联网设备和数据安全CE8	大数据安全建设扩展要求SC8	备份与恢复管理SO8	研判整改MP8
			工业控制系统控制设备安全CE9		外包运维管理SO9	MP9
			云计算安全计算环境CE10		物联网感知节点管理SO10	
			访问控制CE11		大数据安全运维管理SO11	
			大数据安全计算环境CE12			

安全管理保障SM（7）

安全策略和管理制度SM1	岗位设置和人员配备SM2	授权审批和沟通合作SM3	安全检查和审计监督SM4	人员录用和离岗SM5	安全教育和培训SM6	外部人员访问管理SM7

图 1-8　网络安全同行评估领域及子领域构成全景图

表 1-1 为网络安全同行评估九大领域及所有子领域和评估项的数量分布和汇总。

表 1-1　网络安全同行评估领域、子领域和评估项数量汇总表

序号	网络安全评估领域（编码/中英文名称）	子领域数量	评估项数量
1	SL、安全领导力 / Security Leadership	6	19
2	PE、安全物理环境 / Physical Environment	4	33
3	SN、安全通信网络 / Security Network	6	25
4	RB、安全区域边界 / Region Boundary	8	49
5	CE、安全计算环境 / Computing Environment	12	93
6	SC、安全建设管理 / Security Construction	8	51
7	SO、安全运维管理 / Security Operation	11	51
8	MP、安全监测防护 / Monitoring Protection	9	38
9	SM、安全管理保障 / Security Management	7	46
	评估子领域、评估项总数	71	405

本书第 2 章至第 10 章分别设计描述了网络安全同行评估各个领域及其子领域的业绩目标和评估准则，梳理整合并描述了每条评估准则的详细使用指引。同时，参照各领域的高风险判定指引及实际工作中的经验反馈，将对应的高风险项和常见短板弱项作为同行评估中的重点参考评估项，并描述了常见网络安全基本问题及相应的整改建议。

1.4　网络安全评估标准使用要点

为便于相关人员在日常评估工作中理解、快速查找和使用这些评估标准，本书对所有领域、子领域及评估项进行了编码和排序。每个评估项的表达格式为：评估项代码+评估项内容描述。例如，SL1a 树立正确的网络安全观，认识网络安全工作特点，准确把握和谋划网络安全工作。一组评估项构成对应业绩目标的评估准则，并用一个简单表格列示。

图 1-9 详细列示了第 2 章至第 10 章网络安全业绩目标、评估准则和使用指引的内容结构。所有评估项都是按照该领域的评估项代码顺序进行编排的，以便相关人员在使用时快速找到各评估项的具体使用指引。其中，为了让读者同时了解相关政策法规要求、同行良好实践或评估参考建议，对某些重要的评估项使用指引以"评估参考"一栏特别补充说明。其中，涉及的备注简称示例说明如下。

① 网安法第×条：指《中华人民共和国网络安全法》第×条文本内容。

② 党委网安责任制第×条：指《党委（党组）网络安全工作责任制实施办法》第×条文本内容。

③ 关基条例第×条：指《关键信息基础设施安全保护条例》第×条文本内容。

④ 个信法第×条：指《中华人民共和国个人信息保护法》第×条文本内容。

⑤ 四部委核第×条：指《关于进一步加强核电运行安全管理的指导意见》（发改能源〔2018〕765 号）第×条文本内容。

⑥ 金融 L4-MMS1-45：指《金融行业网络安全等级保护测评指南》（JR/T 0072—2020）中第 L4-MMS1-45 项内容，类似相同。

⑦ 电力 10.3.2c：指《电力监控系统网络安全评估指南》（GB/T 38318—2019）中第 10.3.2c 项内容，类似相同。

⑧ 广电 9.1.1.1c：指《广播电视网络安全等级保护基本要求》（GY/T 352—2021）中第 9.1.1.1 节第 c 项内容，类似相同。

⑨ 大数据 7.2.1b：指《信息安全技术 网络安全等级保护大数据基本要求》（T/ISEAA 002—2021）中第 7.2.1b 项内容，类似相同。

⑩ 密评基 9.1a：指《信息安全技术 信息系统密码应用基本要求》（GB/T 39786—2021）中第 9.1a 项内容，类似相同。

⑪ 密评测 6.1.1：指《信息系统密码应用测评要求》（中国密码学会密评联委会 2020 年 12 月发布）中第 6.1.1 节内容，类似相同。

⑫ 密评高 6.1d：指《信息系统密码应用高风险判定指引》（中国密码学会密评联委会 2020 年 12 月发布）中第 6.1d 节内容，类似相同。

⑬ 网安审第×条：指自 2022 年 2 月 15 日起施行的《网络安全审查办法》第×条文本内容。

结合对《信息安全技术 网络安全等级保护测评要求》和《信息安全技术 网络安全等级保护测评过程指南》的理解，基于同行评估"聚焦管理改进"的特点，图 1-10 列出了网络安全同行评估业绩目标责任分解组织结构。在落实网络安全各领域和子领域的业绩目标时，对应的负责人（角色）就是相应的管理绩效负责人。在开展现场评估时，评估员访谈的对象就是评估项对应的业绩目标绩效负责人。在受评方确定各领域对口负责人时，也应该与业绩目标的绩效负责人相对应，或者说应该使对口负责人切实了解自身需要不断追求的业绩目标是什么，如何在实现合规底线安全目标的基础上，在业务发展和日常工作中始终保持对网络安全风险的可知、可管和可控。

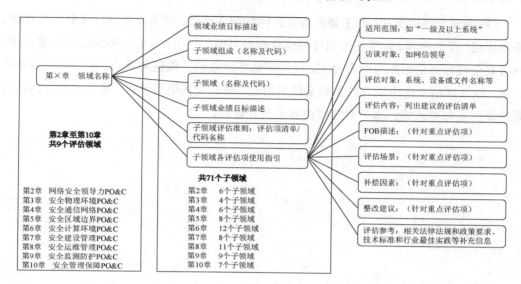

图1-9　网络安全同行评估业绩目标与评估准则（第2至第10章）内容结构说明

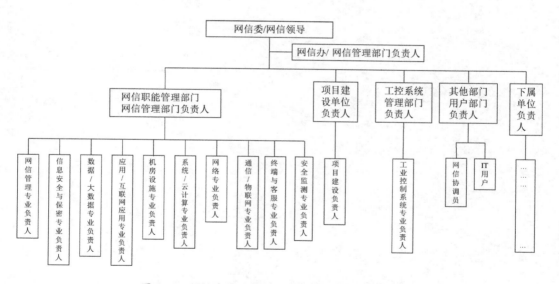

图1-10　网络安全同行评估业绩目标责任分解示意图

为便于评估员或读者理解、查阅和引用网络安全各领域及其子领域的业绩目标与准则，以及每个评估项与网络安全等级保护基本要求的对应关系，本书附录A给出了《网络安全评估领域代码对照表》，附录B给出了《网络安全评估领域及各子领域业绩目标汇总表》（包括业绩目标责任人），附录 C 给出了《网络安全评估准则评估项与等级保护基本要求条款详细对照表》。

《网络安全评估实战》的主要内容包括同行评估概述；网络安全同行评估工作目标、基本思路、评估内容、典型任务和评估作业指导书编制指引，评估任务的总体统筹方法；网络安全同行评估组织与职责分工，以及评估各阶段的工作任务要点；同行评估技术和方法，以及评估工作中涉及的主要文档的用途、格式及其编写要点；基于实战化驱动的同行评估工作要点等。本书对这些内容不展开论述。

第 2 章 网络安全领导力评估准则及使用指引

网络安全领导力（SL）领域的业绩目标，就是构建高绩效的网络安全整体领导力，就相关单位的网络安全观和安全承诺达成共识，明确网络安全组织与责任，建立网络安全综合防御体系，将网络安全纳入生产安全管理体系，加强网络安全专项规划与能力建设，保障网络安全目标的实现。

网络安全领导力包括 6 个子领域：网络安全观和承诺（SL1）、网络安全组织与责任（SL2）、网络安全综合防御体系（SL3）、网络安全支持和促进（SL4）、网络安全文化（SL5）和网络安全规划与能力建设（SL6）。本章将详细介绍网络安全领导力 6 个子领域的业绩目标、评估准则及各评估项的使用指引，如图 2-1 所示。

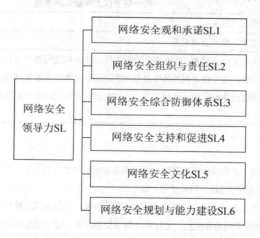

图 2-1 网络安全领导力领域构成示意图

2.1 网络安全观和承诺 SL1

业绩目标

以总体国家安全观为指导，准确认识和把握网络安全的特点和规律，研究确定相关单位的网络安全观，针对相关单位的网络安全工作目标和方针做出承诺。

评估准则

SL1a	树立正确的网络安全观，认识网络安全工作特点，准确把握和谋划网络安全工作
SL1b	经常审视外部网络安全形势和威胁，评估自身存在的网络安全风险、隐患和威胁
SL1c	确定网络安全工作目标，针对网络安全工作方针和政策做出承诺

使用指引

SL1a 树立正确的网络安全观，认识网络安全工作特点，准确把握和谋划网络安全工作

适用范围	第一级及以上等级保护系统
访谈对象	网信管理部门负责人
评估对象	政策制度文件，相关会议纪要
评估内容	查看决策层相关会议纪要，决策班子的集体学习体会和提出的工作要求。主要论述：没有网络安全，就没有国家安全；没有意识到的风险是最大的风险；网络安全是整体的而非割裂的，是动态的而非静态的，是开放的而非封闭的；是相对的而非绝对的，是共同的而非孤立的；网络安全为人民，网络安全靠人民等

评估参考：

1）保障网络安全的根本目的，就是维护网络空间主权和国家安全、社会公共利益，保护公民、法人和其他组织的合法权益，促进经济社会信息化健康发展。（网安法第一条）

2）国家坚持网络安全与信息化发展并重，遵循积极利用、科学发展、依法管理、确保安全的方针，推进网络基础设施建设和互联互通，鼓励网络技术创新和应用，支持培养网络安全人才，建立健全网络安全保障体系，提高网络安全保护能力。（网安法第三条）

3）建设、运营网络或者通过网络提供服务，应当依照法律、行政法规的规定和国家标准的强制性要求，采取技术措施和其他必要措施，保障网络安全、稳定运行，有效应对网络安全事件，防范网络违法犯罪活动，维护网络数据的完整性、保密性和可用性。（网安法第十条）

SL1b 经常审视外部网络安全形势和威胁，评估自身存在的网络安全风险、隐患和威胁

适用范围	第一级及以上等级保护系统
访谈对象	网信管理部门负责人；系统管理员
评估对象	会议纪要、评估报告和记录表单类文档等
评估内容	1）查看相关单位和组织是否开展了年度网络安全形势教育，如邀请行业专家开展专题讲座或进行指导。 2）核查相关单位和组织是否进行了网络安全风险评估，并将评估情况向决策层进行了汇报；决策层是否基于网络安全风险评估情况提出了相关工作要求。 3）访谈系统管理员是否定期对所有网间互联应用系统和外联网络区进行威胁评估和脆弱性评估，并核查是否具有威胁和脆弱性评估报告。（金融 L4-MMS1-45）

评估参考：

1）各级网络安全和信息化领导机构应当加强和规范本地区本部门网络安全信息汇集、分析和研判工作，要求有关单位和机构及时报告网络安全信息，组织指导网络安全通报机构开展网络安全信息通报，统筹协调开展网络安全检查。（党委网安责任制第五条）

2）运营者应当自行或者委托网络安全服务机构对关键信息基础设施每年至少进行一次网络安全检测和风险评估，对发现的安全问题及时整改，并按照保护工作部门要求报送情况。（关基条例第十七条）

3）网络安全审查重点评估相关对象或者情形的以下国家安全风险因素：（一）产品和服务使用后带来的关键信息基础设施被非法控制、遭受干扰或者破坏的风险；（二）产品和服务供应中断对关键信息基础设施业务连续性的危害；（三）产品和服务的安全性、开放性、透明性、来源的多样性，供应渠道的可靠性，以及因为政治、外交、贸易等因素导致供应中断的风险；（四）产品和服务提供者遵守中国法律、行政法规、部门规章情况；（五）核心数据、重要数据或者大量个人信息被窃取、泄露、毁损及非法利用、非法出境的风险；（六）上市存在关键信息基础设施、核心数据、重要数据或者大量个人信息被外国政府影响、控制、恶意利用的风险，以及网络信息安全风险；（七）其他可能危害关键信息基础设施安全、网络安全和数据安全的因素。（网安审第十条）

SL1c 确定网络安全工作目标，针对网络安全工作方针和政策做出承诺

适用范围	第一级及以上等级保护系统
访谈对象	网信管理部门负责人
评估对象	政策制度文件、相关会议纪要
评估内容	查看相关单位和组织是否书面明确了本单位网络安全工作目标，决策层是否书面明确了本单位网络安全工作方针和政策，所明确的网络安全工作方针和政策是否与本单位战略和业务发展相匹配

评估参考：

运营者依照本条例和有关法律、行政法规的规定以及国家标准的强制性要求，在网络安全等级保护的基础上，采取技术保护措施和其他必要措施，应对网络安全事件，防范网络攻击和违法犯罪活动，保障关键信息基础设施安全稳定运行，维护数据的完整性、保密性和可用性。（关基条例第六条）

2.2 网络安全组织与责任 SL2

业绩目标

　　按照《中华人民共和国网络安全法》和上级主管部门的要求，结合相关单位自身安全管控需要，明确网络安全工作领导、管理和专业技术组织；按照"谁主管谁负责、谁建设谁负责、谁运营谁负责、谁使用谁负责"的原则，落实网络安全工作责任制，层层分解落实责任。

评估准则

SL2a	明确网络安全工作主体责任、分管责任、职能管理监督和运行监测责任
SL2b	落实网络安全工作责任制，层层分解落实责任
SL2c	建立网络安全绩效考核办法并有效执行

使用指引

SL2a 明确网络安全工作主体责任、分管责任、职能管理监督和运行监测责任

适用范围	第一级及以上等级保护系统
访谈对象	网信管理部门负责人
评估对象	制度程序文件
评估内容	1）核查相关单位和组织是否明确了单位主要负责人为网络安全工作第一责任人，是否明确了网络安全工作分管领导或设置了专职首席信息安全官并承担直接领导责任。 2）核查相关单位和组织是否设置或明确了网络安全工作职能管理和监督部门，是否明确了网络安全运行监测技术组织或岗位

评估参考：

　　1）网络安全工作事关国家安全、政权安全和经济社会发展。按照谁主管谁负责、属地管理的原则，各级党委（党组）对本地区本部门网络安全工作负主体责任，领导班子主要负责人是第一责任人，主管网络安全的领导班子成员是直接责任人。（党委网安责任制第二条）

　　2）各级党委（党组）主要承担的网络安全责任是：（一）认真贯彻落实党中央和习近平总书记关于网络安全工作的重要指示精神和决策部署，贯彻落实网络安全法律法规，明确本地区本部门网络安全的主要目标、基本要求、工作任务、保护措施；（二）建立和落实网络安全责任制，把网络安全工作纳入重要议事日程，明确工作机构，加大人力、财力、物力的支持和保障力度；（三）统一组织领导本地区本部门网络安全保护和重大事件处置工作，研究解决重要问题；（四）采取有效措施，为公安机关、国家安全机关依法维护国家安全、侦查犯罪，以及防范、调查恐怖活动提供支持和保障；（五）组织开展经常性网络安全宣传教育，采取多种方式培养网络安全人才，支持网络安全技术产业发展。（党委网安责任制第三条）

适用范围	第一级及以上等级保护系统
3）实施责任追究应当实事求是，分清集体责任和个人责任。追究集体责任时，领导班子主要负责人和主管网络安全的领导班子成员承担主要领导责任，参与相关工作决策的领导班子其他成员承担重要领导责任。对领导班子、领导干部进行问责，应当由有管理权限的党组织依据有关规定实施。各级网络安全和信息化领导机构办公室可以向实施问责的党委（党组）、纪委（纪检组）提出问责建议。（党委网安责任制第九条） 4）运营者应当建立健全网络安全保护制度和责任制，保障人力、财力、物力投入。运营者的主要负责人对关键信息基础设施安全保护负总责，领导关键信息基础设施安全保护和重大网络安全事件处置工作，组织研究解决重大网络安全问题。（关基条例第十三条）	

SL2b 落实网络安全工作责任制，层层分解落实责任

适用范围	第一级及以上等级保护系统
访谈对象	网信管理部门负责人
评估对象	制度程序文件
评估内容	1）核查相关人员是否掌握了《中华人民共和国网络安全法》和上级主管部门针对网络安全工作责任制制定的法规和政策要求；核查相关单位和组织是否明确了公司网络安全各部门的职责分工。 2）核查相关单位和组织是否制定了关键和重要网络与系统的等级保护定级清单，是否明确了各个系统的使用和运维等相关人员

评估参考：

1）各级党委（党组）违反或者未能正确履行本办法所列职责，按照有关规定追究其相关责任。有下列情形之一的，各级党委（党组）应当逐级倒查，追究当事人、网络安全负责人至主要负责人责任。协调监管不力的，还应当追究综合协调或监管部门负责人责任。（一）党政机关门户网站、重点新闻网站、大型网络平台被攻击篡改，导致反动言论或者谣言等违法有害信息大面积扩散，且没有及时报告和组织处置的；（二）地市级以上党政机关门户网站或者重点新闻网站受到攻击后没有及时组织处置，且瘫痪6小时以上的；（三）发生国家秘密泄露、大面积个人信息泄露或者大量地理、人口、资源等国家基础数据泄露的；（四）关键信息基础设施遭受网络攻击，没有及时处置导致大面积影响人民群众工作、生活，或者造成重大经济损失，或者造成严重不良社会影响的；（五）封锁、瞒报网络安全事件情况，拒不配合有关部门依法开展调查、处置工作，或者对有关部门通报的问题和风险隐患不及时整改并造成严重后果的；（六）阻碍公安机关、国家安全机关依法维护国家安全、侦查犯罪以及防范、调查恐怖活动，或者拒不提供支持和保障的；（七）发生其他严重危害网络安全行为的。（党委网安责任制第八条）

2）任何组织、个人不得非法收集、使用、加工、传输他人个人信息，不得非法买卖、提供或者公开他人个人信息；不得从事危害国家安全、公共利益的个人信息处理活动。（个信法第十条）

SL2c 建立网络安全绩效考核办法并有效执行

适用范围	第一级及以上等级保护系统
访谈对象	网信管理部门负责人
评估对象	制度程序文件、记录表单
评估内容	1）核查相关单位和组织是否制定发布了本单位网络安全绩效考核标准或考核办法。 2）核查年度或月度考核记录文件、整改通知单，或相关奖罚记录文件

评估参考：

1）各级党委（党组）应当建立网络安全责任制检查考核制度，完善健全考核机制，明确考核内容、方法、程序，考核结果送干部主管部门，作为对领导班子和有关领导干部综合考核评价的重要内容。各级审计机关在有关部门和单位的审计中，应当将网络安全建设和绩效纳入审计范围。（党委网安责任制第十条、第十一条）

续表

适用范围	第一级及以上等级保护系统
2）建立重大事项报告制度。企业发生较大及以上生产安全责任事故和**网络安全事件**、重大及以上突发环境事件、重大及以上质量事故、重大资产损失、重大法律纠纷案件、重大投融资和资产重组等，对经营业绩产生重大影响的，应及时向国资委报告。（《中央企业负责人经营业绩考核办法》（国资委令第 40 号）第三十四条）	
3）运营者有下列情形之一的，由有关主管部门依据职责责令改正，给予警告；拒不改正或者导致危害网络安全等后果的，处 10 万元以上 100 万元以下罚款，对直接负责的主管人员处 1 万元以上 10 万元以下罚款：（一）关键信息基础设施发生较大变化，可能影响其认定结果时未及时将相关情况报告保护工作部门的；（二）安全保护措施未与关键信息基础设施同步规划、同步建设、同步使用的；（三）未建立健全网络安全保护制度和责任制的；（四）未设置专门安全管理机构的；（五）未对专门安全管理机构负责人和关键岗位人员进行安全背景审查的；（六）开展与网络安全和信息化有关的决策没有专门安全管理机构人员参与的；（七）专门安全管理机构未履行本条例第十五条规定的职责的；（八）未对关键信息基础设施每年至少进行一次网络安全检测和风险评估，未对发现的安全问题及时整改，或者未按照保护工作部门要求报送情况的；（九）采购网络产品和服务，未按照国家有关规定与网络产品和服务提供者签订安全保密协议的；（十）发生合并、分立、解散等情况，未及时报告保护工作部门，或者未按照保护工作部门的要求对关键信息基础设施进行处置的。（关基条例第三十九条）	
4）应制定违反和拒不执行安全管理措施规定的处罚细则：核查是否具有违反和拒不执行安全管理措施规定的处罚细则。（金融 L4-ORS1-24）	

2.3 网络安全综合防御体系 SL3

业绩目标

构建全面有效的网络安全管理、技术、运维和监督四位一体综合防御体系，推动网络安全综合防御体系有效执行和不断完善。

评估准则

SL3a	建立企业网络安全管理、技术、运维和监督四位一体综合防御体系
SL3b	推动网络安全综合防御体系执行的有效性检查，提出持续改进要求
SL3c	通过网络安全同行评估等方式，发现网络安全综合防御体系在设计或执行方面存在的问题，对标同行最佳实践，不断改进和完善

使用指引

SL3a 建立企业网络安全管理、技术、运维和监督四位一休综合防御体系

适用范围	第一级及以上等级保护系统
访谈对象	网信管理部门负责人

续表

适用范围	第一级及以上等级保护系统
评估对象	制度体系文件
评估内容	1）核查相关单位和组织是否编制发布了网络安全综合防御体系文件。 2）核查相关单位和组织编制发布的网络安全综合防御体系文件是否包括了网络安全管理、技术、运维和监督等方面的程序文件

评估参考:

国家建立和完善网络安全标准体系。国务院标准化行政主管部门和国务院其他有关部门根据各自的职责，组织制定并适时修订有关网络安全管理以及网络产品、服务和运行安全的国家标准、行业标准。国家支持企业、研究机构、高等学校、网络相关行业组织参与网络安全国家标准、行业标准的制定。（网安法第十五条）

SL3b 推动网络安全综合防御体系执行的有效性检查，提出持续改进要求

适用范围	第一级及以上等级保护系统
访谈对象	网信管理部门负责人
评估对象	制度体系文件
评估内容	1）核查相关单位和组织是否开展了网络安全综合防御体系执行有效性年度检查，是否将相关情况向分管领导进行了汇报。 2）核查分管领导是否提出或支持相关改进要求

SL3c 通过网络安全同行评估等方式，发现网络安全综合防御体系在设计或执行方面存在的问题，对标同行最佳实践，不断改进和完善

适用范围	第一级及以上等级保护系统
访谈对象	网信管理部门负责人
评估对象	制度体系文件、评估报告或记录等
评估内容	1）核查相关单位和组织是否开展了同行评估或外部对标评估等活动。 2）核查相关单位和组织是否基于评估建议，将可行的改进措施纳入并修订相关程序文件

评估参考:

1）国家推进网络安全社会化服务体系建设，鼓励有关企业、机构开展网络安全认证、检测和风险评估等安全服务。（网安法第十七条）

2）关键信息基础设施的运营者应当自行或者委托网络安全服务机构对其网络的安全性和可能存在的风险每年至少进行一次检测评估，并将检测评估情况和改进措施报送相关负责关键信息基础设施安全保护工作的部门。（网安法第三十八条）

3）核查安全风险评估报告、整改记录或报告，评估内容包括但不限于：a）是否以风险评估相关标准要求为依据，结合实际情况对本单位和下属单位已投运的电力监控系统定期开展安全风险评估；b）是否对评估中发现的问题及时进行整改。（电力 10.3.2c）

4）开展网络安全培训及评估工作。支持行业组织开展网络安全相关人员的技术培训，建立网络安全保护规范和协作机制，开展核电厂网络安全同行评估。（四部委核第十九条）

2.4 网络安全支持和促进 SL4

业绩目标

为支持和促进网络安全工作目标的实现，保障必要和持续的资金和人力投入，协调和促进网络安全纳入生产安全管理工作体系，支持网络安全等级保护和关键信息基础设施保护工作。

评估准则

SL4a	保证必要和持续的资金和人力投入
SL4b	促进将网络安全纳入生产安全管理工作体系
SL4c	以开展网络安全等级保护和关键信息基础设施保护工作为依托，持续推动网络安全风险和隐患的发现和整改

使用指引

SL4a 保证必要和持续的资金和人力投入

适用范围	第一级及以上等级保护系统
访谈对象	网信管理部门负责人
评估对象	预算表、岗位表、会议纪要或记录表单
评估内容	1）与网信管理部门负责人沟通网络安全年度预算保障情况，核查是否有专用预算。 2）与网信管理部门负责人沟通网络安全关键岗位缺员情况，核查是否有已配备记录或新增计划。 3）核查分管领导是否对资金和人力资源保障提出了相关意见和要求

评估参考：

1）各单位、各部门要通过现有经费渠道、保障关键信息基础设施、第三级以上网络等开展等级测评、风险评估、密码应用安全性检测、演练竞赛、安全建设整改、安全保护平台建设、密码保障系统建设、运行维护、监督检查、教育培训等经费投入。关键信息基础设施运营者应保障足额的网络安全投入，做出网络安全和信息化有关决策时应有网络安全管理机构人员参与。有关部门要扶持重点网络安全技术产业和项目，支持网络安全技术研究开发和创新应用，推动网络安全产业健康发展。[《贯彻落实网络安全等级保护制度和关键信息基础设施安全保护制度的指导意见》的函（公网安〔2020〕1960号）第五（二）条]

2）运营者应当保障专门安全管理机构的运行经费、配备相应的人员，开展与网络安全和信息化有关的决策应当有专门安全管理机构人员参与。（关基条例第十六条）

3）生产经营单位新建、改建、扩建工程项目（以下统称建设项目）的安全设施，必须与主体工程同时设计、同时施工、同时投入生产和使用。安全设施投资应当纳入建设项目概算。[《中华人民共和国安全生产法》（2021 修正）第三十一条]

SL4b 促进将网络安全纳入生产安全管理工作体系

适用范围	第一级及以上等级保护系统
访谈对象	网信管理部门负责人
评估对象	会议纪要、规划文件、工作计划、制度程序
评估内容	1）核查相关单位和组织的生产安全管理规划、年度计划和决策层重要会议议程，是否包括网络安全议题。 2）核查网络安全负责人与生产安全管理部门负责人是否有例行工作沟通机制和相关记录。 3）核查网络安全绩效考核是否纳入了本单位生产安全年度绩效考核体系

评估参考：

1）各电力企业应把电力监控系统的网络安全管理融入安全生产管理体系中，按照"谁主管、谁负责；谁运营、谁负责；谁使用、谁负责"的原则，健全电力监控系统安全防护的组织保证体系和安全责任体系，落实国家行业主管部门的安全监管责任、各电力企业的安全主体责任、各级电网调度控制机构的安全技术监督责任。各电力企业应设立电力监控系统安全管理工作的职能部门，由企业负责人作为主要责任人，宜设立首席安全官。开发制造单位应承诺其产品无恶意安全隐患并终身负责，检测评估单位、规划设计单位等均应对其工作终身负责。（电力 10.1.1 融入电力安全生产管理体系）

2）将网络安全纳入核电安全管理体系，加强能力建设，保障核电厂网络安全。（四部委核第八条）

SL4c 以开展网络安全等级保护和关键信息基础设施保护工作为依托，持续推动网络安全风险和隐患的发现和整改

适用范围	第一级及以上等级保护系统
访谈对象	网信管理部门负责人
评估对象	等级保护定级和测评报告、会议纪要或整改计划
评估内容	1）核查网络安全等保和关保工作记录，包括定级清单维护、测评报告、整改计划等。 2）核查分管领导是否听取了等级保护对象定级测评问题的汇报，并提出了整改意见和要求。 3）核查相关领导是否知晓本单位关键信息基础设施清单，是否组织制定了专项安全防护方案

评估参考：

1）国家对公共通信和信息服务、能源、交通、水利、金融、公共服务、电子政务等重要行业和领域，以及其他一旦遭到破坏、丧失功能或者数据泄露，可能严重危害国家安全、国计民生、公共利益的关键信息基础设施，在网络安全等级保护制度的基础上，实行重点保护。（网安法第三十一条）

2）本条例所称关键信息基础设施，是指公共通信和信息服务、能源、交通、水利、金融、公共服务、电子政务、国防科技工业等重要行业和领域的，以及其他一旦遭到破坏、丧失功能或者数据泄露，可能严重危害国家安全、国计民生、公共利益的重要网络设施、信息系统等。（关基条例第二条）

3）按照国务院规定的职责分工，负责关键信息基础设施安全保护工作的部门分别编制并组织实施本行业、本领域的关键信息基础设施安全规划，指导和监督关键信息基础设施运行安全保护工作。（网安法第三十二条）

4）关键信息基础设施的运营者还应当：（一）设置专门安全管理机构和安全管理负责人，并对该负责人和关键岗位的人员进行安全背景审查；（二）定期对从业人员进行网络安全教育、技术培训和技能考核；（三）对重要系统和数据库进行容灾备份；（四）制定网络安全事件应急预案，并定期进行演练；（五）法律、行政法规规定的其他义务。（网安法第三十四条）

2.5 网络安全文化 SL5

业绩目标

推动网络安全文化纳入本单位安全文化工作体系，强化网络安全工作中"严""慎""细""实"的工作作风，促进与网络安全相关职能和业务工作的融合、分工与协作。

评估准则

SL5a	在网络安全保障工作中，培养"严、慎、细、实"的工作作风
SL5b	大力推行"网络安全，人人有责；网络安全，人人尽责"的全员网络安全防控理念
SL5c	促进与反恐安防、物业管理、保密管理、舆情管控等内部部门、上级主管部门、外部同行标杆及国家级权威专业技术机构之间的协同与合作

使用指引

SL5a 在网络安全保障工作中，培养"严、慎、细、实"的工作作风

适用范围	第一级及以上等级保护系统
访谈对象	网信管理部门负责人
评估对象	会议纪要、制度程序、执行记录
评估内容	1）核查决策层对网络安全专业技术和运维人员有关工作要求严不严、实不实、有没有书面化，相关要求有没有在实际工作中宣传贯彻。 2）核查决策层针对员工在工作中出现的不安全网络行为（如弱口令、安装非许可软件、敏感信息管理不严等），有没有明确的书面要求，有没有执行案例

SL5b 大力推行"网络安全，人人有责；网络安全，人人尽责"的全员网络安全防控理念

适用范围	第一级及以上等级保护系统
访谈对象	网信管理部门负责人
评估对象	制度程序、通知、执行记录
评估内容	1）核查决策层是否书面提出了针对全体员工和各部门的明确的网络安全管理要求，如发布员工网络安全管理十二条、外包商供应商网络安全十条等。 2）核查员工、外包商供应商驻场人员违反网络安全要求的处理情况（如有没有实际案例）

评估参考：

各级人民政府及其有关部门应当组织开展经常性的网络安全宣传教育，并指导、督促有关单位做好网络安全宣传教育工作。大众传播媒介应当有针对性地面向社会进行网络安全宣传教育。（网安法第十九条）

SL5c 促进与反恐安防、物业管理、保密管理、舆情管控等内部部门、上级主管部门、外部同行标杆及国家级权威专业技术机构之间的协同与合作

适用范围	第一级及以上等级保护系统
访谈对象	网信管理部门负责人
评估对象	纪要、记录、报告、协议等
评估内容	1）核查决策层是否对除网信部门以外的其他部门提出了网络安全基本要求，如反恐安防、物业管理、保密管理、舆情管理等部门，发挥好网络安全联防联控作用。 2）核查网信部门与其他相关部门，是否建立了网络安全工作的专项沟通交流机制，如防范社会工程学攻击、人员背景审查等。 3）核查相关单位和组织是否组织过网络安全同行对标或专项交流，每年至少一次。 4）核查相关单位和组织是否与权威专业技术机构建立并开展了专项技术交流与合作，实际解决了哪些问题

2.6　网络安全规划与能力建设 SL6

业 绩 目 标

通过指导、推进和协调网络安全专项规划制定与实施，支持网络安全人才培养，建立网络安全实验室和测试验证平台，加快核心技术和关键产品的自主可控研发或升级改造等，持续提升网络安全保障能力。

评 估 准 则

SL6a	指导、推进和协调网络安全专项规划的制定与实施
SL6b	创造条件建立网络安全实验室、工业控制系统测试验证平台/靶场等基础设施
SL6c	促进开展网络安全核心技术和关键产品的自主可控研发或升级改造工作
SL6d	明确并支持网络安全专业人才的培养和能力提升

使 用 指 引

SL6a 指导、推进和协调网络安全专项规划的制定与实施

适用范围	第一级及以上等级保护系统
访谈对象	网信管理部门负责人
评估对象	会议纪要、规划文件、规划执行评估年报等

续表

适用范围	第一级及以上等级保护系统
评估内容	1）核查网信委会议是否对网络安全专项工作提出了指导意见和工作要求。 2）核查相关单位和组织的年度工作计划是否承接了专项规划要求，专项规划编制、修订、发布和执行情况评估是否符合相关要求。 3）核查相关单位和组织对于专项规划在执行方面存在的问题是否进行了跟踪、记录和闭环管理；网信委领导是否专项协调、推动和决策

评估参考：

1）建设关键信息基础设施应当确保其具有支持业务稳定、持续运行的性能，并保证安全技术措施同步规划、同步建设、同步使用。（网安法第三十三条）

2）安全保护措施应当与关键信息基础设施同步规划、同步建设、同步使用。（关基条例第十二条）

SL6b 创造条件建立网络安全实验室、工业控制系统测试验证平台/靶场等基础设施

适用范围	第二级及以上等级保护系统
访谈对象	网信管理部门负责人
评估对象	实验室场地和设备设施及工作计划、成果报告等
评估内容	1）现场查看实验室场地、设备设施和测试系统与平台建设与运行状况。 2）核查实验室机构设置、人员配备和年度工作计划等。 3）核查实验室课题开展情况和取得的相关知识成果等

评估参考：

开展网络安全能力建设。核电厂要建立健全电力监控系统安全防护管理制度，对网络威胁进行评估和风险分析，合理配置网络安全监控工具，建立核电厂防范网络攻击、数据操纵或篡改的能力，定期开展网络安全检查。核电集团和核电厂要加强网络安全能力建设，研究建立核电厂网络安全实验室、工业控制系统测试平台等基础设施。（四部委核第十七条）

SL6c 促进开展网络安全核心技术和关键产品的自主可控研发或升级改造工作

适用范围	第一级及以上等级保护系统
访谈对象	网信管理部门负责人
评估对象	产品清单、项目改造方案和验收报告等
评估内容	1）核查相关单位和组织自主研发的核心技术和产品清单、专利清单、销售许可清单等。 2）核查采用自主研发的产品或核心技术开展的升级改造工作项目清单，并访谈应用效果的评价情况

评估参考：

1）国务院和省、自治区、直辖市人民政府应当统筹规划，加大投入，扶持重点网络安全技术产业和项目，支持网络安全技术的研究开发和应用，推广安全可信的网络产品和服务，保护网络技术知识产权，支持企业、研究机构和高等学校等参与国家网络安全技术创新项目。（网安法第十六条）

2）国家支持关键信息基础设施安全防护技术创新和产业发展，组织力量实施关键信息基础设施安全技术攻关。（关基条例第三十六条）

SL6d 明确并支持网络安全专业人才的培养和能力提升

适用范围	第一级及以上等级保护系统
访谈对象	网信管理部门负责人
评估对象	工作记录、培训证书、分析报告等
评估内容	1）核查相关单位和组织是否建立了网络安全专业岗位分类配置清单和在岗人员统计表，是否开展了能力短板专项分析。 2）核查关键岗位人员参加行业授权机构组织的有关专业技能培训情况，是否获得行业认可的技术资格证书

评估参考：

1）国家支持企业和高等学校、职业学校等教育培训机构开展网络安全相关教育与培训，采取多种方式培养网络安全人才，促进网络安全人才交流。（网安法第二十条）

2）关键信息基础设施的运营者还应当：（二）定期对从业人员进行网络安全教育、技术培训和技能考核。（网安法第三十四条）

3）国家采取措施，鼓励网络安全专门人才从事关键信息基础设施安全保护工作；将运营者安全管理人员、安全技术人员培训纳入国家继续教育体系。（关基条例第三十五条）

第3章 安全物理环境评估准则及使用指引

安全物理环境领域（PE）的业绩目标，就是制定并执行物理位置选择、物理访问控制、防盗窃防破坏、机房物理防护和电力供应等方面的安全要求和技术规范，从设计源头保证物理环境的安全可靠，有效防范社会工程学攻击。

安全物理环境领域包括物理位置选择（PE1）、物理访问控制（PE2）、机房物理防护（PE3）、电力供应（PE4）4个子领域。本章详细介绍了安全物理环境4个子领域的业绩目标、评估准则及各评估项的使用指引，如图3-1所示。

3.1 物理位置选择 PE1

业 绩 目 标

制定并执行机房场地、无线接入设备、物联网感知节点设备、室外控制设备等物理位置安全要求，确保云计算基础设施和大数据设备机房位于中国境内，从防震、防风、防雨、防

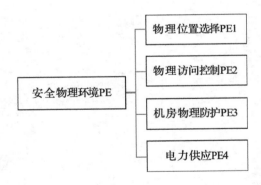

图 3-1 安全物理环境领域构成示意图

水、防潮、防火、防盗、防强热源、防电磁干扰及电力供应等方面采取合适的措施，保证机房设备设施的物理安全。

评 估 准 则

PE1a	机房场地应选择在具有防震、防风和防雨等能力的建筑内
PE1b	机房场地应避免设在建筑物的顶层或地下室,否则应加强防水和防潮措施
PE1c	**应保证云计算基础设施位于中国境内**(注:粗体表示该评估项为重点评估项,下同)
PE1d	应为无线接入设备的安装选择合理位置,避免过度覆盖和电磁干扰
PE1e	感知节点设备所处的物理环境应不对感知节点设备造成物理破坏,如挤压、强振动
PE1f	在工作状态下,感知节点设备所处物理环境,应能正确反映其环境状态(如温湿度传感器不能安装在阳光直射区域)
PE1g	在工作状态下,感知节点设备所处物理环境,应不对其正常工作造成影响,如强干扰、阻挡屏蔽等
PE1h	关键感知节点设备应具有可供长时间工作的电力供应(关键网关节点设备应具有持久稳定的电力供应能力)
PE1i	室外控制设备放置于用铁板或其他防火材料制作的箱体或装置中并紧固;箱体或装置具有透风、散热、防盗、防雨和防火能力等
PE1j	室外控制设备的放置应远离强电磁干扰、强热源等环境,如无法避免应及时做应急处置及检修,保证设备正常运行
PE1k	应保证承载大数据存储、处理和分析的设备机房位于中国境内

使 用 指 引

PE1a 机房场地应选择在具有防震、防风和防雨等能力的建筑内

适用范围	第二级及以上等级保护系统
访谈对象	机房设施专业负责人
评估对象	记录表单类文档和机房
评估内容	1)应核查网络安全设施设备所在建筑物是否具有建筑物抗震设防审批文档。 2)应核查网络安全设施设备所在建筑物是否存在雨水渗漏等情况。 3)应核查网络安全设施设备所在建筑物门窗是否存在因风导致的尘土严重等情况。 4)应核查网络安全设施设备所在建筑物的屋顶、墙体、门窗和地面等是否破损、开裂

评估参考:

1)应核查机房是否不位于火险危险程度高的区域,周围 100 米内是否没有加油站、燃气站等危险建筑。(金融 L4-PES1-03)

2)核查机房和设计方案、记录等文档,评估是否存在雨水渗透、因风导致的尘土严重、墙体或地面破裂的情况,所在建筑物防震、防风、防雨及机房位置选择是否符合 GB/T 9361—2011《计算机场地安全要求》的相关要求。如因客观因素不能避免机房选择在建筑物的高层、地下室或机房上层、包含用水设备的区域隔壁,是否采取有效补救措施(如对墙壁或楼板进行防渗透、防凝露、防裂加固,在水患区域部署水敏感检测设备等)。(电力 8.2.2a)

PE1b 机房场地应避免设在建筑物的顶层或地下室，否则应加强防水和防潮措施

适用范围	第二级及以上等级保护系统
访谈对象	机房设施专业负责人
评估对象	机房
评估内容	应核查机房是否位于所在建筑物的顶层或地下室，如果机房位于所在建筑物的顶层或地下室，则核查机房是否采取了防水和防潮措施

PE1c 应保证云计算基础设施位于中国境内

适用范围	第一级及以上等级保护系统
访谈对象	机房设施专业负责人
评估对象	机房管理员、办公场地、机房和平台建设方案
评估内容	1）应就云计算服务器、存储设备、网络设备、云管理平台、信息系统等运行业务和承载数据的软硬件是否均位于中国境内与机房管理员进行沟通。 2）应核查云计算平台建设方案，云计算服务器、存储设备、网络设备、云管理平台、信息系统等运行业务和承载数据的软硬件是否均位于中国境内
FOP 描述	云计算基础设施所处物理位置不当
评估场景	云计算基础设施，如云计算服务器、存储设备、网络设备、云管理平台、信息系统等运行业务和承载数据的软硬件等不在中国境内
补偿因素	无
整改建议	建议在中国境内部署云计算服务器、存储设备、网络设备、云管理平台、信息系统等运行业务和承载数据的软硬件等云计算基础设施

评估参考：

1）对于团体云部署模式，应保证用于服务金融行业的云计算数据中心的物理服务器与其他行业物理隔离；访谈机房管理员，云计算服务器、存储设备、网络设备、云管理平台、信息系统等用于服务金融行业的云计算数据中心运行环境是否未存放其他行业物理设备；查看机房区域间是否具有有效的物理隔离措施，如实体墙区分、金属网隔离、防火玻璃等。（金融 L4-PES2-02）

2）应核查云计算平台运维的系统地点是否位于中国境内，应核查云计算平台运营的系统地点是否位于中国境内；应核查云计算平台运维和运营的地点是否位于中国境内，是否不存在从境外对境内云计算平台实施远程运维和运营的设备、地点和相关内容；应核查云计算平台远程运维和运营记录中是否不存在境外对境内云计算平台实施运维和运营的操作。（金融 L4-PES2-03）

PE1d 应为无线接入设备的安装选择合理位置，避免过度覆盖和电磁干扰

适用范围	第一级及以上等级保护系统
访谈对象	通信/物联网专业负责人
评估对象	无线接入设备
评估内容	1）应核查物理位置与无线信号的覆盖范围是否合理。 2）应测试验证无线信号是否可以避免电磁干扰

评估参考：

应核查是否采取防破坏、替换措施并定期检查。（金融 L4-PES3-02）

PE1e 感知节点设备所处的物理环境应不对感知节点设备造成物理破坏，如挤压、强振动

适用范围	第一级及以上等级保护系统
访谈对象	通信/物联网专业负责人
评估对象	感知节点设备所处物理环境及其设计或验收文档
评估内容	1）应核查感知节点设备所处物理环境的设计或验收文档，是否有感知节点设备所处物理环境具有防挤压、防强振动等能力的说明，是否与实际情况一致。 2）应核查感知节点设备所处物理环境是否采取了防挤压、防强振动等的防护措施

评估参考：

1）应核查感知节点设备所处的物理环境、设计文档或验收文档，是否有感知节点设备所处物理环境具有防挤压、防强振动、使用环境与外壳保护等级（IP 代码）等能力的说明，是否与实际情况一致；应核查感知节点设备所处物理环境是否采取了防挤压、防强振动、外壳保护（IP 代码）等的防护措施。（金融 L4-PES4-01）

2）感知节点设备的部署应遵循封闭性原则，降低设备被非法拆除、非法篡改的风险；核查关键感知节点设备所处环境是否遵循了封闭性原则；核查关键感知节点是否存在防止非法拆除的物理防护措施。（金融 L4-PES4-05）

PE1f 在工作状态下，感知节点设备所处物理环境，应能正确反映环境状态（如温湿度传感器不能安装在阳光直射区域）

适用范围	第一级及以上等级保护系统
访谈对象	通信/物联网专业负责人
评估对象	感知节点设备所处物理环境及其设计或验收文档
评估内容	1）应核查感知节点设备所处物理环境的设计或验收文档，是否有感知节点设备在工作状态所处物理环境的说明，是否与实际情况一致。 2）应核查在工作状态下，感知节点设备所处物理环境是否能正确反映环境状态（如温湿度传感器不能安装在阳光直射区域）

PE1g 在工作状态下，感知节点设备所处物理环境，应不对其正常工作造成影响，如强干扰、阻挡屏蔽等

适用范围	第三级及以上等级保护系统
访谈对象	通信/物联网专业负责人
评估对象	感知节点设备所处物理环境及其设计或验收文档
评估内容	1）应核查感知节点设备所处物理环境的设计或验收文档，是否有感知节点设备所处物理环境防强干扰、防阻挡屏蔽等能力的说明，是否与实际情况一致。 2）应核查感知节点设备所处物理环境是否采取了防强干扰、防阻挡屏蔽等的防护措施

评估参考：

1）应保证感知网关节点设备所在物理环境具有良好的信号收发能力（如避免信道遭遇屏蔽）；核查感知网关节点设备所处物理环境的设计或验收文档是否具有感知网关节点设备所处物理环境防强干扰、防屏蔽等能力的说明；核查感知网关节点设备所处物理环境是否采取了防强干扰、防阻挡屏蔽等的保护措施。（金融 L4-PES4-07）

2）感知网关节点设备应具有定位装置；核查感知网关节点设备是否有 GPS 或类似定位装置设备功能，是否采取了防强干扰、防阻挡屏蔽等措施；核查关键感知网关节点设备的定位功能是否有效和准确。（金融 L4-PES4-08）

PE1h 关键感知节点设备应具有可供长时间工作的电力供应（关键网关节点设备应具有持久稳定的电力供应能力）

适用范围	第三级及以上等级保护系统
访谈对象	通信/物联网专业负责人
评估对象	关键感知节点设备的供电设备（关键网关节点设备的供电设备）及其设计或验收文档
评估内容	1）应核查关键感知节点设备（关键网关节点设备）电力供应设计或验收文档中是否明确了电力供应要求，是否明确了保障关键感知节点设备长时间工作的电力供应措施（关键网关节点设备持久稳定的电力供应措施）。 2）应核查相关单位和组织是否有相关电力供应措施的运行维护记录，是否与电力供应设计一致
评估参考：	感知网关节点设备应具有持久稳定的电力供应措施：核查感知网关节点设备电力供应设计或验收文档是否标明电力供应要求，其中是否明确保障感知网关节点设备持久稳定工作的电力供应措施；核查是否具有相关电力供应措施的运行维护记录，是否与电力供应设计一致。（金融 L4-PES4-06）

PE1i 室外控制设备放置于用铁板或其他防火材料制作的箱体或装置中并紧固；箱体或装置具有透风、散热、防盗、防雨和防火能力等

适用范围	第一级及以上等级保护系统
访谈对象	工业控制系统专业负责人
评估对象	室外控制设备
评估内容	1）应核查相关单位和组织是否将室外控制设备放置于采用铁板或其他防火材料制作的箱体或装置中并紧固。 2）应核查箱体或装置是否具有透风、散热、防盗、防雨和防火能力等

PE1j 室外控制设备的放置应远离强电磁干扰、强热源等环境，如无法避免应及时做应急处置及检修，保证设备正常运行

适用范围	第一级及以上等级保护系统
访谈对象	工业控制系统专业负责人
评估对象	室外控制设备
评估内容	1）应核查室外控制设备的放置位置是否远离强电磁干扰和热源等环境。 2）应核查相关单位和组织是否有应急处置及检修维护记录

PE1k 应保证承载大数据存储、处理和分析的设备机房位于中国境内

适用范围	第二级及以上等级保护系统
访谈对象	机房设施专业负责人
评估对象	大数据平台管理员和大数据平台建设方案
评估内容	1）应就大数据平台的存储节点、处理节点、分析节点和大数据管理平台等承载大数据业务和数据的软硬件是否均位于中国境内与相关单位和组织的大数据平台管理员进行沟通。 2）应核查大数据平台建设方案中是否明确了大数据平台的存储节点、处理节点、分析节点和大数据管理平台等承载大数据业务和数据的软硬件均位于中国境内

3.2　物理访问控制 PE2

制定并执行机房物理访问与防盗窃防破坏的安全要求、管理流程和记录表单，通过电子门禁系统、防盗报警系统、视频监控系统、专人值守等措施，实现机房出入安全控制，保证设备设施的物理安全。

评 估 准 则

PE2a	机房出入口应配置电子门禁系统，控制、鉴别和记录进出机房的人员
PE2b	重要区域应配置第二道电子门禁系统，控制、鉴别和记录进入重要区域的人员
PE2c	应将设备或主要部件进行固定，并设置明显的不易除去的标记
PE2d	应将通信线缆铺设在隐蔽安全处
PE2e	应设置机房防盗报警系统或设置有专人值守的视频监控系统

使 用 指 引

PE2a 机房出入口应配置电子门禁系统，控制、鉴别和记录进出机房的人员

适用范围	第三级及以上等级保护系统
访谈对象	机房设施专业负责人
评估对象	机房电子门禁系统；信息系统所在机房等重要区域及其电子门禁系统
评估内容	1）应核查机房出入口是否配置了电子门禁系统。 2）应核查电子门禁系统是否可以鉴别、记录进出机房的人员的相关信息。 3）对于第一级等级保护系统和第二级等级保护系统，机房出入口应安排专人值守或配置电子门禁系统
FOP 描述	机房出入口访问控制措施缺失
评估场景	机房出入口无任何访问控制措施，如未安装电子门锁或机械门锁（包括机房大门处于未上锁状态）、无专人值守等
补偿因素	机房所在位置处于受控区域，非授权人员无法随意进出机房，评估员可根据实际措施效果，酌情判定风险等级
整改建议	建议在机房出入口配备电子门禁系统或安排专人值守，对进出机房的人员进行控制、鉴别，并记录相关人员信息

评估参考：

1）核查机房电子门禁系统、视频和环境监控系统、人员出入登记表，评估物理访问控制情况。评估内容包括但不限于：是否在机房各出入口配置电子门禁系统及具备存储功能的视频和环境监控系统（等级保护第四安全区域配置第二道门禁）；人员出入登记表是否存在空缺，人员出入登记表宜包含进出人员身份、进入时间、离开时间等信息。（电力 8.2.2g）

适用范围	第三级及以上等级保护系统
	2）需进入相关机房的来访人员应经过申请和审批流程，并限制其活动范围并监控其活动过程。（广电 11.1.2b） 3）密评指引——物理访问人员身份鉴别 3.1）基本要求：采用密码技术进行物理访问身份鉴别，保证重要区域进入人员身份的真实性（第一级到第四级）。（密评基 9.1a） 3.2）密评实施：核查电子门禁系统是否采用动态口令机制、基于对称密码算法或密码杂凑算法的消息鉴别码（MAC）机制、基于公钥密码算法的数字签名机制等密码技术对重要区域进入人员进行身份鉴别，并验证进入人员身份真实性实现机制是否正确和有效。（密评测 6.1.1） 3.3）缓解措施：基于生物识别技术（如指纹等）对进入人员进行身份鉴别；重要区域出入口配备专人值守并进行登记，且采用视频监控系统进行实时监控等。（密评高 6.1d） 3.4）风险评价：若未采用密码技术对重要区域进入人员进行身份鉴别，但基于生物识别技术（如指纹等）保证了人员身份的真实性，可酌情降低风险等级；若未采用密码技术对重要区域进入人员进行身份鉴别，或针对人员身份真实性的密码技术实现机制不正确或无效，但在重要区域出入口配备专人值守并进行登记，且采用视频监控系统进行实时监控等，可酌情降低风险等级。（密评高 6.1e）

PE2b 重要区域应配置第二道电子门禁系统，控制、鉴别和记录进入重要区域的人员

适用范围	第四级等级保护系统
访谈对象	机房设施专业负责人
评估对象	信息系统所在机房等重要区域及其电子门禁系统
评估内容	1）应核查重要区域出入口是否配置了第二道电子门禁系统。 2）应核查电子门禁系统是否可以鉴别、记录进入重要区域的人员的相关信息
评估参考：	1）密评指引——电子门禁记录数据存储完整性 1.1）基本要求：采用密码技术保证电子门禁系统进出记录数据的存储完整性。（第一级到第四级）。（密评基 9.1b） 1.2）密评实施：核查是否采用基于对称密码算法或密码杂凑算法的消息鉴别码（MAC）机制、基于公钥密码算法的数字签名机制等密码技术对电子门禁系统进出记录数据进行存储完整性保护，并验证完整性保护机制是否正确和有效。（密评测 6.1.2） 2）密评指引——视频监控记录数据存储完整性 2.1）基本要求：采用密码技术保证视频监控音像记录数据的存储完整性。（第三级到第四级）。（密评基 9.1c） 2.2）密评实施：核查是否采用基于对称密码算法或密码杂凑算法的消息鉴别码（MAC）机制、基于公钥密码算法的数字签名机制等密码技术对视频监控音像记录数据进行存储完整性保护，并验证完整性保护机制是否正确和有效。（密评测 6.1.3）

PE2c 应将设备或主要部件进行固定，并设置明显的不易除去的标记

适用范围	第一级及以上等级保护系统
访谈对象	机房设施专业负责人
评估对象	机房设备或主要部件
评估内容	1）应核查机房内设备或主要部件是否固定。 2）应核查机房内设备或主要部件上是否设置了明显且不易除去的标记

适用范围	第一级及以上等级保护系统

评估参考：

1）应核查机房内设备或主要部件是否放入机柜中固定放置并配备安全锁。（金融 L4-PES1-07）

2）是否将主要设备（服务器、通信设备、UPS、空调等）部署在机房内，并通过导轨、螺丝钉等方式固定在机柜上，是否设置不易除去标记，通信电缆是否铺设在地板管道或线槽中，备份存储介质、纸质档案等是否分类标识并存放在相应的区域，是否安装监控报警系统。（电力 8.2.2b5）

PE2d 应将通信线缆铺设在隐蔽安全处

适用范围	第二级及以上等级保护系统
访谈对象	机房设施专业负责人
评估对象	机房通信线缆
评估内容	应核查机房内通信线缆是否铺设在隐蔽安全处，如桥架中等（可铺设在地下或管道中）

PE2e 应设置机房防盗报警系统或设置有专人值守的视频监控系统

适用范围	第三级及以上等级保护系统
访谈对象	机房设施专业负责人
评估对象	机房防盗报警系统或视频监控系统
评估内容	1）应核查机房内是否配置防盗报警系统或设置有专人值守的视频监控系统。 2）应核查防盗报警系统或视频监控系统是否启用
FOP 描述	机房防盗措施缺失
评估场景	1）机房或机房所在区域无防盗报警系统，无法对盗窃事件进行告警、追溯。 2）未设置有专人值守的视频监控系统。
补偿因素	机房出入口或机房所在区域有其他控制措施，如机房出入口设有专人值守，机房所在位置处于受控区域等，非授权人员无法进入该区域，评估员可根据实际措施效果，酌情判定风险等级
整改建议	建议机房部署防盗报警系统或设置有专人值守的视频监控系统，如发生盗窃事件可及时告警或进行追溯，为机房环境的安全可控提供保障

评估参考：

1）应核查机房主要出入口是否安装如红外线探测设备等光电防盗设备，并核查光电防盗设备是否可以显示入侵部位及驱动声光报警装置。（金融 L4-PES1-09）

2）应核查机房是否配置了视频监控系统和动环监控系统，是否启用了视频监控系统和动环监控系统，是否对机房风冷水电设备、消防设备、门禁系统等重设施实行 24 小时全面监控，并核查视频监控记录和门禁系统出入记录是否至少保存 3 个月。（金融 L4-PES1-10）

3.3　机房物理防护 PE3

业 绩 目 标

　　制定并执行机房物理安全防护要求、管理流程和记录表单，通过防雷击、防火、防水、防潮、防静电、电磁防护和温湿度控制等措施，保证机房设备设施的物理安全。

PE3a	应将各类机柜、设施和设备等通过接地系统安全接地
PE3b	应采取措施防止感应雷，如设置防雷保安器或过压保护装置等
PE3c	**机房应设置火灾自动消防系统，能够自动检测火情、自动报警，并自动灭火**
PE3d	机房及相关的工作房间和辅助房应采用具有耐火等级的建筑材料
PE3e	应对机房进行分区域管理，区域和区域之间设置隔离防火措施
PE3f	应采取措施防止雨水通过机房窗户、屋顶和墙壁渗透
PE3g	应采取措施防止机房内水蒸气结露和地下积水的转移与渗透
PE3h	应安装对水敏感的检测仪表或元件，对机房进行防水检测和报警
PE3i	应采用防静电地板或地面并采用必要的接地防静电措施
PE3j	应采取措施防止静电的产生，如采用静电消除器、佩戴防静电手环等
PE3k	应设置温湿度自动调节设施，使机房温湿度的变化在设备运行所允许的范围内
PE3l	电源线和通信线缆应隔离铺设，避免互相干扰
PE3m	应对关键设备或关键区域实施电磁屏蔽

PE3a 应将各类机柜、设施和设备等通过接地系统安全接地

适用范围	第一级及以上等级保护系统
访谈对象	机房设施专业负责人
评估对象	机房
评估内容	应核查机房内机柜、设施和设备等是否进行了接地处理

评估参考：

对机房内的主要设备和机柜等是否设置了接地措施，是否使用了防静电地板。（电力 8.2.2b3）

PE3b 应采取措施防止感应雷，如设置防雷保安器或过压保护装置等

适用范围	第三级及以上等级保护系统
访谈对象	机房设施专业负责人
评估对象	机房防雷设施
评估内容	1）应核查机房内是否设置了防感应雷措施。 2）应核查防雷装置是否通过验收或国家有关部门的技术检测

评估参考：

1）应核查机房所在建筑是否设置防直击雷装置，装设避雷针、避雷线、避雷网、避雷带等避雷装置，是否定期对防雷设施进行维护和防雷检测。（金融 L4-PES1-11）

2）应核查机房防雷设施是否通过有关部门验收；应核查是否具有防雷设施的定期维护和检测记录。（金融 L4-PES1-14）

3）是否在机房所在建筑安装避雷装置，机房供电装置等位置是否安装防雷安保器（场站可酌情考虑），是否设置交流电源地线。（电力 8.2.2b4）

PE3c 机房应设置火灾自动消防系统，能够自动检测火情、自动报警，并自动灭火

适用范围	第二级及以上等级保护系统
访谈对象	机房设施专业负责人
评估对象	机房防火设施，机房和消防报警系统
评估内容	1）应核查机房内是否设置了火灾自动消防系统。 2）应核查火灾自动消防系统是否可以自动检测火情、自动报警并自动灭火
FOP 描述	机房防火措施缺失
评估场景	1）机房无任何有效消防措施，如无检测火情、感应报警设施，手提式灭火器等灭火设施，消防设备未进行年检或已失效、无法正常使用等情况。 2）机房所采取的灭火系统或设备不符合国家的相关规定
补偿因素	机房安排专人值守或设置了专人值守的视频监控系统，并且机房附近有符合国家消防标准的灭火设备，一旦发生火灾，能及时进行灭火，评估员可根据实际措施效果，酌情判定风险等级
整改建议	建议在机房内设置火灾自动消防系统，自动检测火情、报警及灭火，应定期检查相关消防设备，如灭火器等，确保防火措施持续有效

评估参考：

1）应核查火灾自动消防系统是否可以通过在机房内、基本工作房间内、活动地板下、吊顶里及易燃物附近部位设置烟感、温感等多种方式自动检测火情、自动报警并自动灭火。（金融 L4-PES1-15）

2）应核查机房是否备有一定数量的对电子设备影响小的手持式灭火器；应核查消防报警系统是否具有与空调系统、新风系统、门禁系统联动的功能，且一般工作状态为手动触发。（金融 L4-PES1-18）

3）应核查主机房是否采用管网式洁净气体灭火系统，或采用高压细水雾灭火系统，如设置洁净气体灭火系统的主机房，应核查是否配置防烟面具；应核查机房是否同时设置两种火灾探测器，且火灾报警系统应与灭火系统联动；应核查设置洁净气体灭火系统的机房是否配置了专用空气呼吸器或氧气呼吸器。（金融 L4-PES1-20）

4）应核查机房管理制度是否具有每年至少组织各运维相关部门联合开展一次针对机房的消防培训和演练的相关要求；应核查是否具有消防培训和演练记录；应核查是否具有消防设施的定期检查记录。（金融 L4-PES1-21）

5）应核查机房是否设置消防逃生通道，并核查机房内各分区到各消防通道的道路是否通畅；应核查消防逃生通道上是否设置显著的消防标志。（金融 L4-PES1-22）

6）是否将机房灭火设备放置在显眼位置并定期检查、维护，火灾自动消防系统是否能利用烟感、温感等装置检测火情、报警、灭火（场站可酌情考虑），机房、相关工作房间和辅助房（值班室、非在运行设备及物资存放室等）内外壁是否采用防火涂料、隔热板等阻燃或不燃材料建造或处理。（电力 8.2.2b2）

7）应符合 GY 5067 的相关要求。（广电 11.1.5 防火）

PE3d 机房及相关的工作房间和辅助房应采用具有耐火等级的建筑材料

适用范围	第二级及以上等级保护系统
访谈对象	机房设施专业负责人
评估对象	机房验收类文档
评估内容	应核查机房验收文档是否明确相关建筑材料的耐火等级

评估参考：

1）应核查机房验收文档是否明确相关建筑材料的耐火等级至少为 2 级。（金融 L4-PES1-16）

2）应核查机房验收文档，是否明确内部通道设置、装修装饰材料、设备线缆等满足消防验收要求；应核查纸张、磁带和胶卷等易燃物品是否放置于防火柜内。（金融 L4-PES1-19）

PE3e 应对机房进行分区域管理，区域和区域之间设置隔离防火措施

适用范围	第三级及以上等级保护系统
访谈对象	机房设施专业负责人
评估对象	机房管理员和机房
评估内容	1）应就机房是否进行了区域划分与机房管理员进行沟通。 2）应核查各区域间是否采取了防火措施进行隔离

评估参考：

  1）应核查机房是否划分区进行管理，是否在区域和区域之间设置物理隔离装置，是否在重要区域前设置交付或安装等过渡区域。（金融 L4-PES1-06）

  2）应核查机房是否采取防尘措施，如准备鞋套，减少带入机房的灰尘。（金融 L4-PES1-31）

  3）核查机房、在运设备，评估生产控制大区机房与管理信息大区机房独立设置情况，是否存在机房混用。（电力 8.2.2f）

PE3f 应采取措施防止雨水通过机房窗户、屋顶和墙壁渗透

适用范围	第一级及以上等级保护系统
访谈对象	机房设施专业负责人
评估对象	机房
评估内容	应核查机房的窗户、屋顶和墙壁是否采取了防雨水渗漏等措施

PE3g 应采取措施防止机房内水蒸气结露和地下积水的转移与渗透

适用范围	第二级及以上等级保护系统
访谈对象	机房设施专业负责人
评估对象	机房
评估内容	1）应核查机房内是否采取了防止水蒸气结露的措施。 2）应核查机房内是否采取了排泄地下积水，防止地下水渗漏等措施

评估参考：

  1）应核查机房内漏水隐患区域地面周围是否设置排水沟或地漏等排水设施；当采用吊顶上布置空调风口时，应核查机房风口位置是否没有设置在设备正上方。（金融 L4-PES1-25）

  2）应采取措施防止机房内水蒸气结露、水管泄漏和地下积水的转移与渗透。（广电 11.1.6b）

PE3h 应安装对水敏感的检测仪表或元件，对机房进行防水检测和报警

适用范围	第三级及以上等级保护系统
访谈对象	机房设施专业负责人
评估对象	机房漏水检测设施
评估内容	1）应核查机房内是否安装了对水敏感的检测装置。 2）应核查防水检测和报警装置是否启用

评估参考：

  是否采用密封或拆除窗户、墙壁粉刷防水涂层等方式防止漏水、渗水，是否部署精密空调或除湿装置调节空气湿度，是否在地板下、窗户附近等区域安装水敏感检测仪表或元件，与机房相关的给排水管道（用于机房空调、除湿机等）是否采用不易被水锈蚀和损坏的材质。（电力 8.2.2b1）

PE3i 应采用防静电地板或地面并采用必要的接地防静电措施

适用范围	第二级及以上等级保护系统
访谈对象	机房设施专业负责人
评估对象	机房
评估内容	1）应核查机房内是否安装了防静电地板或地面。 2）应核查机房内是否采用了接地防静电措施

评估参考：

应核查主机房和辅助区内的工作台面是否采用导静电或静电耗散材料。（金融 L4-PES1-30）

PE3j 应采取措施防止静电的产生，如采用静电消除器、佩戴防静电手环等

适用范围	第三级及以上等级保护系统
访谈对象	机房设施专业负责人
评估对象	机房
评估内容	应核查机房内是否配备了防静电设备

PE3k 应设置温湿度自动调节设施，使机房温湿度的变化在设备运行所允许的范围内

适用范围	第二级及以上等级保护系统
访谈对象	机房设施专业负责人
评估对象	机房温湿度调节设施
评估内容	1）应核查机房是否配备了专用空调。 2）应核查机房内温湿度是否在设备运行所允许的范围内。 3）对于第一级等级保护系统，应设置必要的温湿度调节设施

评估参考：

1）应核查机房内是否对温湿度调节设备安装漏水报警装置，并设置防水堤；应核查冷却塔、泵、水箱等供水设备是否具有防冻、防火措施。（金融 L4-PES1-27）

2）应核查机房内是否配备专用温湿度调节设备；应核查机房内温湿度调节设备是否满足机房监控系统的要求。（金融 L4-PES1-33）

3）应核查机房内温湿度调节设备是否满足机房负载要求；应核查机房内温湿度调节设备是否保有一定的余量。（金融 L4-PES1-34）

4）机房应设置温湿度自动调节设施；机房的温度范围应在 18℃～26℃之内，第四级网络所在机房的温度范围应在 19℃～25℃之内；机房的湿度范围应在 35%～65%之内，第四级网络所在机房的湿度范围应在 40%～60%之内。（广电 11.1.8 a、b、c）

PE3l 电源线和通信线缆应隔离铺设，避免互相干扰

适用范围	第二级及以上等级保护系统
访谈对象	机房设施专业负责人
评估对象	机房线缆
评估内容	应核查机房内电源线缆和通信线缆是否隔离铺设

PE3m 应对关键设备或关键区域实施电磁屏蔽

适用范围	第三级及以上等级保护系统
访谈对象	机房设施专业负责人
评估对象	机房关键设备或区域
评估内容	1）应核查机房内是否针对关键区域实施了电磁屏蔽。 2）应核查机房内是否为关键设备配备了电磁屏蔽装置

评估参考：

　　1）应核查机房内是否为磁介质配备了电磁屏蔽装置。（金融 L4-PES1-45）

　　2）核查机房关键设备或区域电磁屏蔽措施，评估电磁防护情况。评估内容包括但不限于：是否将动力电缆和通信线缆隔离铺设；机柜等设施是否采用接地等防护措施防止外界电磁干扰和设备寄生耦合干扰；第四级等级保护系统的重要设备是否放置于电磁屏蔽机柜内。（电力 8.2.2h）

　　3）核查三级及以上网络是否对关键设备或关键区域实施电磁屏蔽。（广电 11.1.10b）

3.4　电力供应 PE4

▷ **业绩目标**

　　通过配置稳压器和过电压防护设备、短期备用电力供应、设置冗余或并行供电线路和应急供电设施等措施，保证机房电力供应安全。

▷ **评估准则**

PE4a	应在机房供电线路上配置稳压器和过电压防护设备
PE4b	**应提供短期的备用电力供应，至少满足设备在断电情况下的正常运行要求**
PE4c	应设置冗余或并行的电力电缆线路为计算机系统供电
PE4d	**应提供应急供电设施**

▷ **使用指引**

PE4a 应在机房供电线路上配置稳压器和过电压防护设备

适用范围	第一级及以上等级保护系统
访谈对象	机房设施专业负责人
评估对象	机房供电设施
评估内容	应核查机房供电线路上是否配置了稳压器和过电压防护设备

适用范围	第一级及以上等级保护系统

评估参考：

　　1）应核查机房是否采用铜芯电缆，避免铜、铝混用；如果铜、铝混用，应核查是否采用铜铝过渡头连接。（金融 L4-PES1-41）

　　2）核查稳压器、过电压防护设备部署和工作状态，评估机房供电线路电压保护情况。（电力 8.2.2c）

PE4b 应提供短期的备用电力供应，至少满足设备在断电情况下的正常运行要求

适用范围	第二级及以上等级保护系统
访谈对象	机房设施专业负责人
评估对象	机房供电设施
评估内容	1）应核查相关区域是否配备了 UPS 等后备电源系统。 2）应核查 UPS 等后备电源系统是否满足设备在断电情况下的正常运行需求
FOP 描述	机房短期备用电力供应措施缺失
评估场景	1）机房无短期备用电力供应设备，如 UPS、柴油发电机、应急供电车等。 2）机房现有备用电力供应无法满足等级保护对象在短期内正常运行的需求
补偿因素	针对机房配备多路供电的情况，评估员可从供电方同时断电发生概率等角度进行综合风险分析，根据分析结果，酌情判定风险等级
整改建议	建议机房配备容量合理的后备电源，并对相关设施进行定期巡检，确保在外部电力供应中断的情况下，备用供电设备能满足等级保护对象在短期内正常运行的需求

评估参考：

　　1）应核查机房 UPS 供电系统的冗余方式是否采用 $N+1$、$N+2$、$2N$、$2(N+1)$ 等方式，负载功率是否小于单机 UPS 额定功率的 80%；应核查是否通过两路独立市电提供 UPS 输入，对于建立备用发电机应急供电系统的单位，应核查 UPS 后备时间是否满足至少 2 小时；应核查是否通过两路独立市电提供 UPS 输入，对于已建立备用发电机应急供电系统的单位，应核查 UPS 后备时间是否满足至少 15 分钟以上。（金融 L4-PES1-39）

　　2）核查备用供电系统，评估备用供电系统容量是否能保证机房内设备在外部电力中断下仍能短期（一般情况下至少为两小时）正常运行。（电力 8.2.2e）

PE4c 应设置冗余或并行的电力电缆线路为计算机系统供电

适用范围	第三级及以上等级保护系统
访谈对象	机房设施专业负责人
评估对象	机房管理员和机房
评估内容	1）应就机房供电是否来自两个不同的变电站与机房管理员进行沟通。 2）应核查机房内是否设置了冗余或并行的电力电缆线路为等级保护对象供电

评估参考：

　　1）应按照双路供电的原则设置冗余或并行的电力电缆线路。（金融 L4-PES1-37）

　　2）应核查机房计算机系统供电是否与其他供电分开；应核查机房是否采用机房专用插座，市电、UPS 电源插座是否分开；应核查机房专用插座是否满足负荷使用要求。（金融 L4-PES1-40）

　　3）应核查机房重要区域、重要设备是否提供 UPS 单独供电；应核查机房内核心区域、重要设备是否由不同的 UPS 提供双回路供电；应核查 UPS 等后备电源系统是否满足设备在断电情况下的正常运行要求。（金融 L4-PES1-43）

　　4）核查机房电力电缆线路，评估供电线路冗余或并行铺设情况。（电力 8.2.2d）

PE4d 应提供应急供电设施

适用范围	第四级等级保护系统
访谈对象	机房设施专业负责人
评估对象	机房应急供电设施
评估内容	1）应核查机房是否配置了应急供电设施。 2）应核查机房应急供电设施是否可用
FOP 描述	机房应急供电设施缺失
评估场景	1）机房未配备应急供电设施，如柴油发电机、应急供电车等。 2）应急供电设施不可用或无法满足等级保护对象正常运行需求
补偿因素	1）针对机房配备多路供电的情况，评估员可从供电方同时断电发生概率等角度进行综合风险分析，根据分析结果，酌情判定风险等级。 2）针对采用多数据中心方式部署，且通过技术手段实现应用级灾备，能降低单一机房发生电力故障所带来的可用性方面影响的情况，评估员可从影响程度、RTO 等角度进行综合风险分析，根据分析结果，酌情判定风险等级
整改建议	建议配备柴油发电机、应急供电车等备用发电设备

评估参考：

1）应核查是否配置了应急供电设施；应核查应急供电设施是否能在 UPS 供电时间内到位；应核查是否具有应急供电设施带负载模拟演练的记录；应核查是否具有电力供应设备及应急供电设施定期检修和维护的记录。（金融 L4-PES1-38）

2）应核查机房是否设置应急照明和安全出口指示灯；应核查机房供配电柜（箱）和分电盘内各种开关、手柄、按钮标志是否清晰。（金融 L4-PES1-42）

3）三级及以上网络应接入两路外电，其中至少一路宜为专线，当一路外电发生故障时，另一路外电不应同时受到损害。（广电 11.1.9d）

第4章 安全通信网络评估准则及使用指引

安全通信网络领域（SN）的业绩目标，就是制定并执行网络架构、通信传输、可信验证等方面的安全要求，以及云计算、工业控制系统、大数据等通信网络的安全扩展要求，从设计源头保证通信网络的安全。

安全通信网络领域包括网络架构（SN1）、云计算网络架构（SN2）、工业控制系统网络架构（SN3）、通信传输（SN4）、可信验证（SN5）、大数据安全通信网络（SN6）共6个子领域。本章详细介绍了安全通信网络6个子领域的业绩目标、评估准则及各评估项的使用指引。

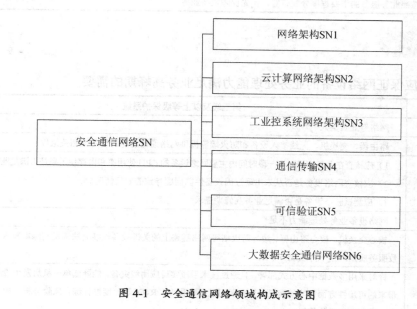

图 4-1 安全通信网络领域构成示意图

4.1 网络架构 SN1

或古书级网目面全妄 章4第
门许用更浏

业绩目标

  制定并执行网络架构设计安全要求、管理流程和记录表单，从网络架构设计、网络区域间隔离、设备、线路、IP 地址和带宽管理等方面采取措施，保证网络整体性能和网络安全可控。

评估准则

SN1a	应保证网络设备的业务处理能力满足业务高峰期的需要
SN1b	应保证网络各个部分的带宽满足业务高峰期的需要
SN1c	应划分不同的网络区域，并按照方便管理和控制的原则为各网络区域分配地址
SN1d	应避免将重要网络区域部署在网络边界处，重要网络区域与其他网络区域之间应采取可靠的技术隔离手段
SN1e	应提供通信线路、关键网络设备和关键计算设备的硬件冗余，保证系统的可用性
SN1f	应按照业务服务的重要程度分配带宽，优先保障重要业务

使用指引

SN1a 应保证网络设备的业务处理能力满足业务高峰期的需要

适用范围	第三级及以上等级保护系统
访谈对象	网络专业负责人
评估对象	路由器、交换机、无线接入设备和防火墙等提供网络通信功能的设备或相关组件
评估内容	1）应核查在业务高峰时期一段时间内主要网络设备的 CPU 使用率和内存使用率是否满足业务需要。 2）应核查网络设备是否从未出现过因设备性能问题导致的宕机情况。 3）应测试验证设备是否满足业务高峰期需求
FOP 描述	网络设备业务处理能力不足
评估场景	核心交换机、核心路由器、边界防火墙等网络链路上的关键设备性能无法满足高峰期需求，可能导致服务质量严重下降或服务中断
补偿因素	针对采用多数据中心方式部署，且通过技术手段实现应用级灾备，能降低单一机房发生设备故障所带来的可用性方面影响的情况，评估员可从影响程度、RTO 等角度进行综合风险分析，根据分析结果，酌情判定风险等级
整改建议	建议更换性能能够满足业务高峰期需要的网络设备，并合理预估业务增长情况，制订合适的扩容计划

续表

适用范围	第三级及以上等级保护系统
评估参考： 1）应保证网络设备的业务处理能力满足业务高峰期需要，如：业务处理能力能满足业务高峰期需要的 50% 以上。（金融 L4-CNS1-01） 2）应访谈网络管理员，网络系统是否采取定时巡检、定期检修和阶段性评估的措施；应核查业务高峰时段和业务高峰日是否加强巡检频度和力度。（金融 L4-MMS1-46）	

SN1b 应保证网络各个部分的带宽满足业务高峰期的需要

适用范围	第三级及以上等级保护系统
访谈对象	网络专业负责人
评估对象	综合网络管理系统等
评估内容	1）应核查综合网络管理系统各通信链路带宽是否满足高峰时段的业务流流量。 2）应测试验证网络带宽是否能满足业务高峰期的需求
评估参考： 各机构应以不影响正常网络传输为原则，合理控制多媒体网络应用规模和范围；核查网络安全管理制度是否明确规定未经科技主管部门批准，不得在内部网络上提供跨辖区视频点播等严重占用网络资源的多媒体网络应用。（金融 L4-MMS1-43）	

SN1c 应划分不同的网络区域，并按照方便管理和控制的原则为各网络区域分配地址

适用范围	第二级及以上等级保护系统
访谈对象	网络专业负责人
评估对象	路由器、交换机、无线接入设备和防火墙等提供网络通信功能的设备或相关组件
评估内容	1）应核查相关单位和组织是否依据重要性、部门等因素划分了不同的网络区域。 2）应核查相关网络设备配置信息，验证划分的网络区域是否与划分原则一致
FOP 描述	网络区域划分不当
评估场景	重要网络区域与非重要网络区域在同一子网或网段中，如承载业务系统的生产网络与员工日常办公网络，面向互联网提供服务的服务器区域与内部网络区域在同一子网或网段等
补偿因素	同一子网之间采用技术手段实现访问控制，评估员可根据实际措施效果，酌情判定风险等级
整改建议	建议对网络环境进行合理规划，根据各部门工作职能、重要性和所涉及信息的重要程度等因素，划分不同网络区域，便于在各网络区域之间落实访问控制策略
评估参考： 根据系统功能、业务流程、网络结构层次、业务服务对象等因素，划分不同网络区域。（广电 9.1.1.1c）	

SN1d 应避免将重要网络区域部署在网络边界处，重要网络区域与其他网络区域之间应采取可靠的技术隔离手段

适用范围	第二级及以上等级保护系统
访谈对象	网络专业负责人
评估对象	网络管理员、网络拓扑；路由器、交换机和流量控制设备等提供带宽控制功能的设备或相关组件

续表

适用范围	第二级及以上等级保护系统
评估内容	1）应核查网络拓扑图是否与实际网络运行环境一致。 2）应核查重要网络区域是否未部署在网络边界处。 3）应核查重要网络区域与其他网络区域之间是否采取了可靠的技术隔离手段，如网闸、防火墙和设备访问控制列表（ACL）等
FOP 描述	1）网络边界访问控制设备不可控。 2）重要网络区域边界访问控制措施缺失
评估场景	1）重要网络区域边界访问控制措施后发制人。a）网络边界访问控制设备无管理权限；b）未采取其他任何有效的访问控制措施，如服务器自带防火墙未配置访问控制策略等；c）无法根据业务需要或所发生的安全事件及时调整访问控制策略。 2）在网络架构方面，重要网络区域与其他网络区域之间（包括内部区域边界和外部区域边界）无访问控制设备实施访问控制措施，如重要网络区域与互联网等外部非安全可控网络边界处、生产网络与员工日常办公网络之间、生产网络与无线网络接入区之间未部署访问控制设备实施访问控制措施等
补偿因素	1）网络边界访问控制措施由云服务供应商提供或由集团公司统一管理，管理方能够根据系统的业务及安全需要及时调整访问控制策略，评估员可从策略更改响应时间、策略有效性、执行效果等角度进行综合风险分析，根据分析结果，酌情判定风险等级。 2）无。 注：互联网边界访问控制设备包括但不限于防火墙、UTM 等能实现相关访问控制功能的专用设备；针对内部边界访问控制，也可使用路由器、交换机或者拥有 ACL 功能的负载均衡器等设备实现。在测评过程中，相关人员应根据设备部署位置、设备性能压力等因素综合进行分析、判断采用设备的合理性
整改建议	1）建议部署或租用自主控制的边界访问控制设备，且对相关设备进行合理配置.确保网络边界访问控制措施有效、可控。 2）建议合理规划网络架构，避免将重要网络区域部署在边界处；在重要网络区域与其他网络边界处，尤其是在外部非安全可控网络、内部非重要网络区域之间边界处应部署访问控制设备，并合理配置相关控制策略确保控制措施有效

评估参考：

1）应核查是否使用前置设备实现跨机构联网系统与入网金融机构业务主机系统的隔离；应测试验证前置设备是否能够防止外部系统直接对入网金融机构业务主机进行访问和操作。（金融 L4-CNS1-07）

2）应核查是否使用与公用数据网络隔离的专用网络用于金融机构间的重要信息交换。（金融 L4-CNS1-08）

3）应避免将播出直接相关系统等重要网络区域部署在边界处。（广电 9.1.1.1d）

SN1e 应提供通信线路、关键网络设备和关键计算设备的硬件冗余，保证系统的可用性

适用范围	第三级及以上等级保护系统
访谈对象	网络专业负责人
评估对象	网络管理员和网络拓扑
评估内容	应核查是否有关键网络设备、安全设备和关键计算设备的硬件冗余（主备或双活等）和通信线路冗余
FOP 描述	关键线路和设备冗余措施缺失
评估场景	核心通信线路、关键网络设备和关键计算设备无冗余设计，一旦出现线路或设备故障，就可能导致服务中断

续表

适用范围	第三级及以上等级保护系统
补偿因素	1）针对采用多数据中心方式部署，且通过技术手段实现应用级灾备，能降低生产环境设备故障所带来的可用性方面影响的情况，评估员可从影响程度、RTO 等角度进行综合风险分析，根据分析结果，酌情判定风险等级。 2）针对关键计算设备采用虚拟化技术的情况，评估员可从虚拟化环境的硬件冗余和虚拟化计算设备（如虚拟机、虚拟网络设备等）冗余等角度进行综合风险分析，根据分析结果，酌情判定风险等级
整改建议	建议关键网络链路、关键网络设备、关键计算设备采用冗余设计和部署，如采用热备、负载均衡等部署方式，保证系统的高可用性

评估参考：

1）双线路设计时，应核查通信线路是否由不同电信运营商提供。（金融 L4-CNS1-05）

2）应具备通信线路、关键网络设备、关键安全设备和关键计算设备的硬件冗余。（广电 9.1.1.1e）

3）应具备不同路由的双链路接入保障。（广电 9.1.1.1g）

4）应配备与实际运行情况相符的网络拓扑图。（广电 9.1.1.1h）

5）业务连续性保障：播出直接相关系统应保证节目传输链路的冗余，并能够在发生故障时切换。（广电 9.1.3.12a）

6）业务连续性保障：播出直接相关系统关键设备应配置冗余，当某节点设备出现故障时，切换到备份设备继续运行，切换过程不能对正常播出产生影响。（广电 9.1.3.12b）

SN1f 应按照业务服务的重要程度分配带宽，优先保障重要业务

适用范围	第四级等级保护系统
访谈对象	网络专业负责人
评估对象	路由器、交换机和流量控制设备等提供带宽控制功能的设备或相关组件
评估内容	应核查带宽控制设备是否按照业务服务的重要程度进行配置并启用了带宽控制策略

评估参考：

应核查机构是否至少通过两条主干链路接入跨机构交易交换网络，是否可根据实际情况选择使用专用的通信链路；应核查两条主干链路是否具有不同的路由；应核查当一条链路发生异常时，另一条链路是否能承载全部的交易数据。（金融 L4-CNS1-09）

4.2　云计算网络架构 SN2

业 绩 目 标

制定并执行云计算网络架构安全要求、管理流程和记录表单，通过虚拟网络隔离，提供通信传输、边界防护和入侵防范等安全机制，自主设置安全策略，提供开发接口或开放性服务，设置安全标记和强制访问控制规则，通信协议转换或隔离及独立资源池等措施，保证云计算网络架构的使用安全。

评 估 准 则

SN2a	应保证云计算平台不承载高于其安全保护等级的业务应用系统
SN2b	应实现不同云服务客户虚拟网络之间的隔离
SN2c	应具有根据云服务客户业务需求提供通信传输、边界防护、入侵防范等安全机制的能力
SN2d	应具有根据云服务客户业务需求自主设置安全策略的能力，包括定义访问路径、选择安全组件、配置安全策略
SN2e	应提供开放接口或开放性安全服务，允许云服务客户接入第三方安全产品或在云计算平台中选择第三方安全服务
SN2f	应提供对虚拟资源的主体和客体设置安全标记的能力，保证云服务客户可以依据安全标记和强制访问控制规则确定主体对客体的访问
SN2g	应提供通信协议转换或通信协议隔离等数据交换方式，保证云服务客户可以根据业务需求自主选择边界数据交换方式
SN2h	应为第四级业务应用系统划分独立的资源池

使 用 指 引

SN2a 应保证云计算平台不承载高于其安全保护等级的业务应用系统

适用范围	第一级及以上等级保护系统
访谈对象	系统/云计算负责人
评估对象	云计算平台和业务应用系统定级备案材料
评估内容	应核查云计算平台和云计算平台承载的业务应用系统相关定级备案材料，云计算平台安全保护等级是否不低于其承载业务应用系统安全保护等级
FOP 描述	云计算平台等级低于承载业务系统等级
评估场景	1）云计算平台承载高于其安全保护等级（SxAxGx）的业务应用系统。 2）业务应用系统部署在低于其安全保护等级（SxAxGx）的云计算平台上。 3）业务应用系统部署在未进行等级保护测评、测评报告超出有效期或者等级保护测评结论为差的云计算平台上
补偿因素	无
整改建议	建议云服务客户选择已通过等级保护测评（测评报告在有效期之内，测评结论为中及以上），且不低于其安全保护等级的云计算平台；云计算平台只承载不高于其安全保护等级的业务应用系统

SN2b 应实现不同云服务客户虚拟网络之间的隔离

适用范围	第一级及以上等级保护系统
访谈对象	系统/云计算负责人
评估对象	网络资源隔离措施、综合网络管理系统和云管理平台
评估内容	1）应核查云服务客户之间是否采用了网络资源隔离策略。 2）应核查云服务客户之间是否设置并启用网络资源隔离策略。 3）应测试验证云服务客户之间的网络隔离措施是否有效

适用范围	第一级及以上等级保护系统
评估参考：	

评估参考：

　1）应实现不同云服务客户虚拟网络之间及同一云服务客户不同虚拟网络之间的隔离：核查同一云服务客户不同虚拟网络之间是否采取网络隔离措施；核查同一云服务客户不同虚拟网络之间是否设置并启用网络资源隔离策略；测试验证同一云服务客户不同虚拟网络之间的网络隔离措施是否有效。（金融 L4-CNS2-02）

　2）应实现云计算平台的业务网络与管理网络安全隔离：核查业务网络与管理网络之间是否存在隔离措施；测试验证业务网络与管理网络之间的隔离措施是否有效。（金融 L4-CNS2-03）

SN2c 应具有根据云服务客户业务需求提供通信传输、边界防护、入侵防范等安全机制的能力

适用范围	第二级及以上等级保护系统
访谈对象	系统/云计算负责人
评估对象	防火墙、入侵检测系统、入侵保护系统和抗 APT 系统等安全设备
评估内容	1）应核查云计算平台是否具备为云服务客户提供通信传输、边界防护、入侵防范等安全防护机制的能力。 2）应核查上述安全防护机制是否满足云服务客户的业务需求

SN2d 应具有根据云服务客户业务需求自主设置安全策略的能力，包括定义访问路径、选择安全组件、配置安全策略

适用范围	第三级及以上等级保护系统
访谈对象	系统/云计算负责人
评估对象	云管理平台、网络管理平台、网络设备和安全访问路径
评估内容	1）应核查云计算平台是否支持云服务客户自主定义安全策略，包括定义访问路径、选择安全组件、配置安全策略。 2）应核查云服务客户是否能够自主设置安全策略，包括定义访问路径、选择安全组件、配置安全策略
评估参考：	

评估参考：

　应具有根据云服务客户需求自主设置安全策略的能力，包括划分安全区域、定义访问路径、选择安全组件、配置安全策略。（金融 L4-CNS2-05）

SN2e 应提供开放接口或开放性安全服务，允许云服务客户接入第三方安全产品或在云计算平台中选择第三方安全服务

适用范围	第三级及以上等级保护系统
访谈对象	系统/云计算负责人
评估对象	相关开放性接口和安全服务及相关文档
评估内容	1）应核查接口设计文档或开放性服务技术文档是否符合开放性及安全性要求。 2）应核查云服务客户是否可以接入第三方安全产品或在云计算平台中选择第三方安全服务

SN2f 应提供对虚拟资源的主体和客体设置安全标记的能力，保证云服务客户可以依据安全标记和强制访问控制规则确定主体对客体的访问

适用范围	第四级等级保护系统
访谈对象	系统/云计算负责人
评估对象	系统管理员、相关接口和相关服务
评估内容	1）应核查相关系统是否提供了对虚拟资源的主体和客体设置安全标记的能力。 2）应核查相关单位和组织是否对虚拟资源的主体和客体设置了安全标记。 3）应测试验证相关系统是否基于安全标记和强制访问控制规则确定主体对客体的访问

SN2g 应提供通信协议转换或通信协议隔离等数据交换方式，保证云服务客户可以根据业务需求自主选择边界数据交换方式

适用范围	第四级等级保护系统
访谈对象	系统/云计算负责人
评估对象	网闸等提供通信协议转换或通信协议隔离功能的设备或相关组件
评估内容	1）应核查相关系统是否采取通信协议转换措施或采用通信协议隔离等方式进行数据交换。 2）应通过发送带通用协议的数据等测试方式，测试验证设备是否能够有效阻断（带通用协议的数据）

SN2h 应为第四级业务应用系统划分独立的资源池

适用范围	第四级等级保护系统
访谈对象	系统/云计算负责人
评估对象	网络拓扑和云计算平台建设方案
评估内容	1）应核查云计算平台建设方案中是否对承载第四级等级保护业务系统的资源池进行了独立划分设计。 2）应核查在网络拓扑图中，是否划分了独立的资源池

评估参考：

1）对于团体云部署模式，应保证除广域网外为金融行业服务的网络物理硬件不与其他行业共享：核查云计算平台建设方案中是否对除广域网外为金融行业服务的网络物理硬件做出专用要求；核查网络拓扑图中是否除广域网外为金融行业服务的交换机、路由器等网络设备均为金融行业专用。（金融 L4-CNS2-10）

2）应支持云服务客户监控所拥有各网络节点间的流量：核查云计算平台是否支持云服务客户监控所拥有各网络节点间的流量。（金融 L4-CNS2-11）

4.3 工业控制系统网络架构 SN3

业绩目标

制定并执行工业控制系统网络架构安全要求、管理流程和记录表单，通过落实"安

全分区、网络专用、横向隔离、纵向认证"设计原则，采用独立组网、物理断开或单向隔离等措施，保证工业控制系统网络架构的安全。

评估准则

SN3a	将工业控制系统和其他系统划分为两个区域，区域间应采用符合国家或行业规定的专用产品实现单向安全隔离
SN3b	工业控制系统内部应根据业务特点划分为不同的安全域，安全域之间应采用技术隔离手段
SN3c	涉及实时控制和数据传输的工业控制系统，应使用独立的网络设备组网，在物理层面实现与其他数据网络及外部公共信息网络的安全隔离

使用指引

SN3a 将工业控制系统和其他系统划分为两个区域，区域间应采用符合国家或行业规定的专用产品实现单向安全隔离

适用范围	第四级等级保护系统
访谈对象	工业控制系统专业负责人
评估对象	网闸、防火墙和单向安全隔离装置等提供访问控制功能的设备
评估内容	1）应核查在工业控制系统和其他系统之间是否部署了单向隔离设备。 2）应核查相关单位和组织是否采用了有效的单向隔离策略实施访问控制。 3）应核查使用无线通信的工业控制系统边界是否采用与其他系统隔离强度相同的措施。 4）应核查所使用的专用产品是否符合国家规定，如有行业特殊规定的是否符合行业规定。 5）对于第二级和第三级等级保护系统，采用单向的技术隔离措施即可；对于第一级等级保护系统，采用技术隔离手段即可

评估参考：

1）核查电力监控系统网络拓扑图和网络设备，评估安全区划分情况。评估内容包括但不限于：a）网络拓扑图中所示的网络结构是否符合安全区划分要求；b）生产控制大区是否存在跨安全区纵向交叉连接等违规情况；c）各安全区网络设备部署情况与网络拓扑图是否一致；d）是否有不同安全区的设备混用、违规连接等违规情况。（电力 8.3.1.2a）

2）核查电力监控系统网络拓扑图，生产控制大区的网络中如存在业务系统在与其终端的纵向连接中使用无线通信网、电力企业其他数据网（非电力调度数据网）或者外部公用数据网的虚拟专用网络方式（VPN）等进行通信的情况，评估是否按要求设立安全接入区。（电力 8.3.1.2b）

3）核查边界安全防护设备、网络设备等可管控通用网络服务（FTP、HTTP、SNMP、远程登录、电子邮件等）的设备和系统，评估区域边界安全防护情况。评估内容包括但不限于：a）是否使用数据过滤、签名认证、访问控制策略、物理隔离等措施禁止通用网络服务穿越生产控制大区和管理信息大区之间边界；b）是否存在设备生产厂商或其他外部企业（单位）远程连接发电厂生产控制大区中的监控系统及设备的情况；c）发电厂生产控制大区因业务需求与地方行政部门进行数据传输时，其边界是否采用类似生产控制大区与管理信息大区间的安全防护措施。（电力 8.3.1.2c）

4）核查电力监控系统的横向单向安全隔离设施、内外网隔离设施、防火墙等，评估是否在外部公共因特网、管理信息大区、生产控制大区的控制区及非控制区等横向边界部署相应安全措施，是否在国调、网调、省调、地调、县调间，以及各级调度机构与其直调的发电厂、变电站之间的纵向边界部署相应安全措施；核查网络安全监视措施，评估是否能根据部署要求实现主机设备、网络设备、安全设备等的信息采集、安全审计、实时监视告警等功能。（评估准则：电力监控系统应在外部公共因特网、管理信息大区、生产控制大区的控制区及非控制区等横向边界部署相应安全措施，形成电力监控系统横向从外到内四道安全防线，实现核心控制区安全防护强度的累积效应）。（电力 9.3.2ab）

SN3b 工业控制系统内部应根据业务特点划分为不同的安全域，安全域之间应采用技术网离手段

适用范围	第一级及以上等级保护系统
访谈对象	工业控制系统专业负责人
评估对象	路由器、交换机和防火墙等提供访问控制功能的设备
评估内容	1）应核查工业控制系统内部是否根据业务特点划分了不同的安全域。 2）应核查各安全域之间的访问控制设备是否配置了有效的访问控制策略

评估参考：

1）核查电力专用横向单向安全隔离装置和厂商提供的检测报告或认证证书，评估装置的检测认证情况、部署位置及策略配置是否符合要求，反向安全隔离设施是否采取基于非对称密钥技术的签名验证、内容过滤、有效性检查等安全措施，限定传输协议、返回字节数和文件类型。（电力 8.3.3.2a，参见 SC2b 设计要求）

2）核查生产控制大区内部的安全区之间具有访问控制功能的设备、防火墙或者相当功能的设施，评估访问控制设备或设施的部署位置及访问控制策略配置是否符合要求。（电力 8.3.3.2b，参见 SC2b 设计要求）

3）核查生产控制大区内不同系统间的防火墙等逻辑隔离措施，评估系统间逻辑隔离情况。评估内容包括但不限于：是否实现逻辑隔离、访问控制、报文过滤等功能；策略配置是否合理有效；是否存在未部署逻辑隔离措施的情况。（电力 8.3.6.2a，参见 SC2b 设计要求）

SN3c 涉及实时控制和数据传输的工业控制系统，应使用独立的网络设备组网，在物理层面实现与其他数据网络及外部公共信息网络的安全隔离

适用范围	第二级及以上等级保护系统
访谈对象	工业控制系统专业负责人
评估对象	工业控制系统网络
评估内容	应核查涉及实时控制和数据传输的工业控制系统是否在物理层面进行了独立组网

评估参考：

1）核查网络拓扑图、组网设计方案等相关文档，评估网络安全隔离情况。评估内容包括但不限于：网络拓扑图中生产控制大区专用通道上是否使用独立的网络设备组网；是否存在生产控制大区与其他网络直连、逻辑隔离或共用网络设备的情况；网络设备的配置信息是否包含与其他通信网络相关的配置内容；相关设计文档中生产控制大区组网方式和组网技术是否符合要求。（电力 8.3.2.2a，参见 SC2b 设计要求）

2）核查生产控制大区网络拓扑图、组网设计方案等相关文档，评估子网划分情况。评估内容包括但不限于：子网划分、构造技术、边界隔离措施是否符合要求；实时子网和非实时子网边界是否使用防火墙等逻辑隔离设备或措施进行隔离。（电力 8.3.2.2b，参见 SC2b 设计要求）

3）核查各层协议对应的网络设备、加密认证相关措施，评估生产控制大区数据通信七层协议的安全措施是否符合GB/Z25320（所有部分）的要求。评估内容包括但不限于：是否实现与其他网络的物理隔离；是否存在默认路由，是否按照业务需求划分 VLAN，是否关闭网络边界 OSPF 路由功能，是否采用符合要求的虚拟专网、加密隧道技术；是否使用符合国家要求的加密算法，是否使用调度数字证书实现安全认证。（电力 8.3.2.2c，参见 SC2b 设计要求）

4.4　通信传输 SN4

业 绩 目 标

　　制定并执行通信传输安全要求、管理流程和记录表单，通过应用密码技术，保证通信传输过程中数据的完整性和保密性。

评 估 准 则

SN4a	应采用密码技术保证通信过程中数据的完整性
SN4b	应采用密码技术保证通信过程中数据的保密性
SN4c	应在通信前基于密码技术对通信双方进行验证或认证
SN4d	应基于硬件密码模块对重要通信过程进行密码运算和密钥管理
SN4e	在工业控制系统内使用广域网进行控制指令或相关数据交换的应采用加密认证技术手段实现身份认证、访问控制和数据加密传输

使 用 指 引

SN4a 应采用密码技术保证通信过程中数据的完整性

适用范围	第四级等级保护系统
访谈对象	网络专业负责人
评估对象	提供密码技术功能的设备或组件；信息系统与网络边界外建立的网络通信信道，以及提供通信保护功能的设备或组件、密码产品
评估内容	1）应核查相关系统是否在数据传输过程中使用密码技术来保证数据的完整性。 2）应测试验证密码技术设备或组件能否保证通信过程中数据的完整性。 3）第三级等级保护系统应采用校验技术或密码技术；第一级和第二等级保护系统应采用校验技术
FOP 描述	重要数据传输完整性保护措施缺失
评估场景	网络层或应用层无任何重要数据（如交易类数据、操作指令数据等）传输完整性保护措施，一旦数据遭到篡改，将对系统或个人造成重大影响
补偿因素	对于重要数据在可控网络中传输的情况，评估员可从已采取的网络管控措施、遭受数据篡改的可能性等角度进行综合风险分析，根据分析结果，酌情判定风险等级
整改建议	建议采用校验技术或密码技术保证通信过程中数据的完整性，相关密码技术需符合国家密码管理部门的规定

适用范围	第四级等级保护系统
评估参考：	

评估参考：

1）应核查完整性措施所使用的密码算法是否符合国家密码管理部门与行业有关要求。（金融 L4-CNS1-10）

2）应采用校验技术、密码技术或特定协议转换技术保证通信过程中数据的完整性。（广电 9.1.1.2a）

3）密评指引——（网络和通信安全）通信数据完整性

3.1）基本要求：采用密码技术保证通信过程中数据的完整性。（第一级到第四级）。（密评基 9.2b）

3.2）密评实施：核查是否采用基于对称密码算法或密码杂凑算法的消息鉴别码（MAC）机制、基于公钥密码算法的数字签名机制等密码技术对通信过程中的数据进行完整性保护，并验证通信数据完整性保护机制是否正确和有效。（密评测 6.2.2）

4）密评指引——（网络和通信安全）网络边界访问控制信息的完整性

4.1）基本要求：采用密码技术保证网络边界访问控制信息的完整性。（第一级到第四级）。（密评基 9.2d）

4.2）密评实施：核查是否采用基于对称密码算法或密码杂凑算法的消息鉴别码（MAC）机制、基于公钥密码算法的数字签名机制等密码技术对网络边界访问控制信息进行完整性保护，并验证网络边界访问控制信息完整性保护机制是否正确和有效。（密评测 6.2.4）

SN4b 应采用密码技术保证通信过程中数据的保密性

适用范围	第三级等级保护系统
访谈对象	网络专业负责人
评估对象	提供密码技术功能的设备或组件；信息系统与网络边界处建立的网络通信信道，以及提供通信保护功能的设备或组件、密码产品
评估内容	1）应核查是否在通信过程中采取保密措施，具体采取了哪些技术措施。 2）应测试验证在通信过程中相关系统是否对数据进行了加密
FOP 描述	重要数据明文传输
评估场景	鉴别信息、个人敏感信息或重要业务敏感信息等以明文方式在不可控的网络环境中传输
补偿因素	1）使用多种身份鉴别技术、限定管理地址，获得的鉴别信息后无法直接登录应用系统或设备，评估员可根据实际措施效果，酌情判定风险等级。 2）评估员可从被测对象的作用、重要程度及信息泄露后对整个系统或个人产生的影响等角度进行综合风险分析，根据分析结果，酌情判定风险等级
整改建议	建议采用密码技术为重要敏感数据在传输过程中的保密性提供保障，相关密码技术需符合国家密码管理部门的规定

评估参考：

1）应核查保密技术措施使用的密码算法是否符合国家密码管理部门与行业有关要求。（金融 L4-CNS1-11）

2）应采用密码技术或特定协议转换技术保证通信过程中数据的保密性。（广电 9.1.1.2b）

3）密评指引——通信过程中重要数据的机密性

3.1）基本要求：采用密码技术保证通信过程中重要数据的机密性。（第一级到第四级）。（密评基 9.2c）

3.2）密评实施：核查是否采用密码技术的加解密功能对通信过程中敏感信息或通信报文进行机密性保护，并验证敏感信息或通信报文机密性保护机制是否正确和有效。（密评测 6.2.3）

3.3）缓解措施：在"应用和数据安全"层面针对重要数据传输采用符合要求的密码技术进行机密性保护。（密评高 7.2d）

3.4）风险评价：若未采用密码技术的加解密功能对通信过程中敏感信息或通信报文进行机密性保护，或机密性实现机制不正确或无效，但在"应用和数据安全"层面针对重要数据传输采用符合要求的密码技术进行机密性保护，可视为等效措施。（密评高 7.2e）

SN4c 应在通信前基于密码技术对通信的双方进行验证或认证

适用范围	第四级等级保护系统
访谈对象	网络专业负责人
评估对象	提供密码技术功能的设备或组件；路由器、交换机、无线接入设备和防火墙等提供网络通信功能的设备或相关组件的协议；客户端认证协议；客户端发起的资金类报文及保护措施；客户端发起的身份认证或资金类报文及保护措施；信息系统与网络边界处建立的网络通信信道，以及提供通信保护功能的设备或组件、密码产品
评估内容	应核查是否能在通信双方建立连接之前利用密码技术进行会话初始化验证或认证

评估参考：

1）应在移动终端与服务器之间建立安全的信息传输通道，例如使用有效安全版本的 TLS 或 IPSec 等协议；劫持移动端与服务器之间传输协议，核查传输协议类型和版本是否安全。（金融 L4-CNS3-01）

2）客户端应用软件与服务器应进行双向认证，可通过密钥、证书等密码技术手段实现服务器与客户端应用软件之间的安全认证；核查客户端应用软件与服务器应是否采用双向协议；核查认证方式是否为安全认证方式。（金融 L4-CNS3-02）

3）通过客户端应用软件发起的资金类交易报文，应确保交易报文的不可抵赖性，在有条件的情况下应采用数字证书技术；核查客户端应用软件发起的资金类交易报文是否具有抗抵赖措施。（金融 L4-CNS3-03）

4）通过客户端应用软件发起的资金类交易报文或客户敏感信息变更报文，应能够防止重放攻击；通过获取客户端应用软件发起的资金类交易报文或客户敏感信息变更报文，发起重放攻击等方式，测试验证是否具有抗重放的机制。（金融 L4-CNS3-04）

5）密评指引——（网络和通信安全）身份鉴别

5.1）基本要求：采用密码技术对通信实体进行身份鉴别，保证通信实体身份的真实性（第一级到第三级）；采用密码技术对通信实体进行双向身份鉴别，保证通信实体身份的真实性（第四级）。（密评基 9.2a）

5.2）密评实施：核查是否采用动态口令机制、基于对称密码算法或密码杂凑算法的消息鉴别码（MAC）机制、基于公钥密码算法的数字签名机制等密码技术对通信实体进行身份鉴别（第一级到第三级）/双向身份鉴别（第四级），并验证通信实体身份真实性实现机制是否正确和有效。（密评测 6.2.1）

5.3）缓解措施：无。（密评高 7.1d）

5.4）风险评价：潜在安全问题：1）存在密码算法、密码技术、密码产品和密码服务相关安全问题；2）信息系统与网络边界外建立网络通信信道时，未采用动态口令机制、基于对称密码算法或密码杂凑算法的消息鉴别码（MAC）机制、基于公钥密码算法的数字签名机制等密码技术对通信实体进行身份鉴别（第二级和第三级）/双向身份鉴别（第四级）；3）通信实体身份真实性实现机制不正确或无效；4）采用的密码产品未获得商用密码认证机构颁发的商用密码产品认证证书（适用时）。这些安全问题一旦被威胁利用后，可能会导致信息系统面临高等级安全风险。（密评高 7.1e）

SN4d 应基于硬件密码模块对重要通信过程进行密码运算和密钥管理

适用范围	第四级等级保护系统
访谈对象	网络专业负责人
评估对象	提供密码技术功能的设备或组件
评估内容	1）应核查相关系统是否基于硬件密码模块产生密钥并进行密码运算。
	2）应核查相关产品是否获得了有效的国家密码管理主管部门的检测报告或密码产品型号证书

SN4e 在工业控制系统内使用广域网进行控制指令或相关数据交换的应采用加密认证技术手段实现身份认证、访问控制和数据加密传输

适用范围	第二级及以上等级保护系统
访谈对象	工业控制系统专业负责人
评估对象	加密认证设备、路由器、交换机和防火墙等提供访问控制功能的设备
评估内容	应核查工业控制系统中使用广域网传输的控制指令或相关数据是否采用了加密认证技术实现身份认证、访问控制和数据加密传输

评估参考:

1) 生产控制大区中的重要业务系统应采用加密认证机制:核查基于公钥技术的分布式电力调度数字证书及安全标签,评估是否按照电力调度管理体系要求进行配置,加密认证机制是否涵盖生产控制大区中的所有重要业务系统。(电力 8.3.5.2)

2) 核查生产控制大区与广域网的纵向连接处部署的电力专用纵向加密认证装置或者加密认证网关及相应设施、厂商提供的检测报告或认证证书,评估装置、网关及相应设施的检测认证情况、部署位置及策略配置是否符合要求。(电力 8.3.4.2,参见 SC2b 纵向认证设计要求)

4.5 可信验证 SN5

业绩目标

根据系统定级选择不同级别的可信验证安全机制。

评估准则

SN5a	可基于可信根对通信设备的系统引导程序、系统程序、重要配置参数和通信应用程序等进行可信验证,并在应用程序的所有执行环节进行动态可信验证,在检测到其可信性受到破坏后进行报警,并将验证结果形成审计记录送至安全管理中心,并进行动态关联感知

使用指引

SN5a 可基于可信根对通信设备的系统引导程序、系统程序、重要配置参数和通信应用程序等进行可信验证,并在应用程序的所有执行环节进行动态可信验证,在检测到其可信性受到破坏后进行报警,并将验证结果形成审计记录送至安全管理中心,并进行动态关联感知

适用范围	第四级等级保护系统
访谈对象	系统/云计算专业负责人

续表

适用范围	第四级等级保护系统
评估对象	提供可信验证的设备或组件、提供集中审计功能的系统
评估内容	1）应核查相关系统是否基于可信根对通信设备的系统引导程序、系统程序、重要配置参数和通信应用程序等进行可信验证。 2）应核查相关系统是否在应用程序的所有执行环节进行动态可信验证。 3）应测试验证当检测到通信设备的可信性受到破坏后相关系统是否进行报警。 4）应测试验证相关结果是否以审计记录的形式送至安全管理中心。 5）应核查相关系统是否能够进行动态关联感知。 6）对于第三级等级保护系统，在应用程序的关键执行环节进行动态可信验证，无须进行动态关联感知。 7）对于第二级等级保护系统，无须在执行环节进行动态可信验证，也无须进行动态关联感知。 8）对于第一级等级保护系统，仅需要可基于可信根对通信设备的系统引导程序、系统程序等进行可信验证，并在检测到其可信性受到破坏后进行报警

4.6 大数据安全通信网络 SN6

业绩目标

通过分离大数据平台管理流量和系统业务流量、保证大数据平台不承载高于其安全保护等级的大数据应用等措施，保证大数据通信网络安全。

评估准则

SN6a	应保证大数据平台不承载高于其安全保护等级的大数据应用
SN6b	应保证大数据平台的管理流量与系统业务流量分离

使用指引

SN6a 应保证大数据平台不承载高于其安全保护等级的大数据应用

适用范围	第二级及以上等级保护系统
访谈对象	数据/大数据专业负责人
评估对象	大数据平台和业务应用系统定级材料
评估内容	应核查大数据平台和大数据平台承载的与大数据应用系统相关的定级材料，评估大数据平台的安全保护等级是否不低于其承载的业务应用系统的安全保护等级

适用范围	第二级及以上等级保护系统
评估参考:	

1）应保证大数据平台不承载高于其安全保护等级的大数据应用和大数据资源。（大数据 7.2.1b）

2）应提供开放接口或开放性安全服务，允许客户接入第三方安全产品或在大数据平台选择第三方安全服务。（大数据 7.2.1d）

SN6b 应保证大数据平台的管理流量与系统业务流量分离

适用范围	第三级及以上等级保护系统
访谈对象	数据/大数据专业负责人
评估对象	网络架构和大数据平台
评估内容	1）应核查网络架构和配置策略能否采用了带外管理或策略配置等方式实现管理流程和业务流量分离。 2）应核查大数据平台管理流量与大数据服务业务流量是否分离，核查所采取的技术手段和流量分离手段。 3）应测试验证大数据平台管理流量与业务流量是否分离

评估参考:
应使用协议对管理流量与媒体内容数据流等业务流量进行分离传输。（广电 9.1.1.2e）

第5章 安全区域边界评估准则及使用指引

安全区域边界领域（RB）的业绩目标，就是制定并执行边界防护、访问控制、入侵和恶意代码防范、垃圾邮件防范、安全审计和可信验证等方面的安全要求，以及云计算、移动互联、物联网和工业控制系统等边界防护的扩展要求，从设计源头保证区域边界的安全。

安全区域边界领域中有边界防护（RB1）、边界访问控制（RB2）、入侵/恶意代码和垃圾邮件防范（RB3）、边界安全审计和可信验证（RB4）、云计算边界入侵防范（RB5）、移动互联边界防护和入侵防范（RB6）、物联网边界入侵防范和接入控制（RB7）、工业控制系统边界防护（RB8）8个子领域。本章详细介绍了安全区域边界领域中8个子领域的业绩目标、评估准则及各评估项的使用指引。

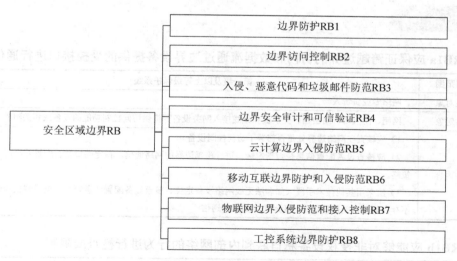

图 5-1 安全区域边界领域构成示意图

5.1 边界防护 RB1

业 绩 目 标

制定并执行边界防护安全要求、管理流程和记录表单,通过部署访问控制设备、非授权设备接入控制、用户非授权外联控制、无线网络管控和入网可信验证等措施,增强边界防护能力。

评 估 准 则

RB1a	应保证跨越边界的访问和数据流通过边界设备提供的受控接口进行通信
RB1b	应能够对非授权设备私自联到内部网络的行为进行检查或限制
RB1c	应能够对内部用户非授权联到外部网络的行为进行检查或限制
RB1d	**应限制无线网络的使用,确保无线网络通过受控的边界设备接入内部网络**
RB1e	应能够在发现非授权设备私自联到内部网络的行为或内部用户非授权联到外部网络的行为时,对其进行有效阻断
RB1f	应采用可信验证机制对接入到网络中的设备进行可信验证,保证接入网络的设备真实可信

使 用 指 引

RB1a 应保证跨越边界的访问和数据流通过边界设备提供的受控接口进行通信

适用范围	第一级及以上等级保护系统
访谈对象	网络专业负责人
评估对象	网闸、防火墙、路由器、交换机和无线接入网关设备等提供访问控制功能的设备或相关组件
评估内容	1)应核查在网络边界处是否部署了访问控制设备。 2)应核查设备配置信息是否指定端口进行跨越边界的网络通信,指定端口是否配置并启用了安全策略。 3)应采用其他技术手段(如非法无线网络设备定位、核查设备配置信息等)核查或测试验证是否不存在其他未受控端口进行跨越边界的网络通信

RB1b 应能够对非授权设备私自联到内部网络的行为进行检查或限制

适用范围	第三级及以上等级保护系统
访谈对象	网络专业负责人
评估对象	终端管理系统或相关设备、信息系统内部网络及提供设备入网接入认证功能的设备或组件、密码产品

续表

适用范围	第三级及以上等级保护系统
评估内容	1）应核查是否采用技术措施防止非授权设备接入内部网络。
	2）应核查所有路由器和交换机等相关设备闲置端口是否均已关闭

评估参考：

密评指引——（网络和通信安全）安全接入认证

1）基本要求：采用密码技术对从外部连接到内部网络的设备进行接入认证，确保接入设备身份的真实性。（第三级到第四级）。（密评基 9.2e）

2）密评实施：核查是否采用动态口令机制、基于对称密码算法或密码杂凑算法的消息鉴别码（MAC）机制、基于公钥密码算法的数字签名机制等密码技术对从外部连接到内部网络的设备进行接入认证，并验证安全接入认证机制是否正确和有效。（密评测 6.2.5）

3）缓解措施：无。（密评高 7.3d）

4）风险评价：潜在安全问题：a）存在密码算法、密码技术、密码产品和密码服务相关安全问题；b）未采用动态口令机制、基于对称密码算法或密码杂凑算法的消息鉴别码（MAC）机制、基于公钥密码算法的数字签名机制等密码技术对从外部连接到内部网络的设备进行接入认证；c）安全接入认证的实现机制不正确或无效；d）采用的密码产品未获得商用密码认证机构颁发的商用密码产品认证证书（适用时）。这些安全问题一旦被威胁利用后，可能会导致信息系统面临高等级安全风险。（密评高 7.3e）

RB1c 应能够对内部用户非授权联到外部网络的行为进行检查或限制

适用范围	第三级及以上等级保护系统
访谈对象	网络专业负责人
评估对象	终端管理系统或相关设备
评估内容	应核查相关系统是否采用了相关技术措施限制内部用户的非法外联行为

RB1d 限制无线网络的使用，确保无线网络通过受控的边界设备接入内部网络

适用范围	第三级及以上等级保护系统
访谈对象	网络专业负责人
评估对象	网络拓扑和无线网络设备
评估内容	1）应核查无线网络的部署方式，看其是否单独组网后再连接到有线网络。 2）应核查无线网络是否通过受控的边界防护设备接入内部有线网络
FOP 描述	无线网络管控措施缺失
评估场景	内部重要网络与无线网络互联，且不通过任何受控的边界设备，或边界设备控制策略设置不当，一旦非授权设备接入无线网络即可访问内部重要资源
补偿因素	针对必须使用无线网络的场景，评估员可从无线接入设备的管控和身份认证措施、非授权接入的可能性等角度进行综合风险分析，根据分析结果，酌情判定风险等级
整改建议	如无特殊需要，建议内部重要网络不应与无线网络互联；若因业务需要，内部重要网络需要与无线网络互联，则建议加强对无线网络设备接入的管控，并通过边界设备对无线网络的接入设备对内部重要网络的访问进行限制，降低攻击者利用无线网络入侵内部重要网络的可能性

评估参考：

1）播出直接相关系统应禁止通过无线方式进行组网；非播出直接相关系统，应限制无线网络的使用，强化无线网络区域边界防护措施，保证无线网络通过受控边界设备接入内部网络。（广电 9.1.2.1d）

2）应能够对敏感数据泄露行为进行检查，准确定出位置，并对其进行有效阻断。（广电 9.1.2.1g）

RB1e 能够在发现非授权设备私自联到内部网络的行为或内部用户非授权联到外部网络的行为时，对其进行有效阻断

适用范围	第四级等级保护系统
访谈对象	网络专业负责人
评估对象	终端管理系统或相关设备
评估内容	1）应核查相关系统是否采用技术措施对非授权设备接入内部网络的行为进行有效阻断。 2）应核查相关系统是否采用技术措施对内部用户非授权联到外部网络的行为进行有效阻断。 3）应测试验证相关系统是否能够对非授权设备私自联到内部网络的行为或内部用户非授权联到外部网络的行为进行有效阻断

RB1f 采用可信验证机制对接入到网络中的设备进行可信验证，保证接入网络的设备真实可信

适用范围	第四级等级保护系统
访谈对象	网络专业负责人
评估对象	终端管理系统或相关设备
评估内容	1）应核查相关系统是否采用可信验证机制对接入到网络中的设备进行可信验证。 2）应测试验证相关系统是否能够对连接到内部网络的设备进行可信验证

5.2 边界访问控制 RB2

> **业绩目标**

制定并执行边界访问控制安全要求、管理流程和记录表单，通过设置和优化访问控制规则、访问控制规则最小化、数据流进出控制、边界数据交换控制、接入认证和监控预警等措施，保证云计算、移动互联和工业控制等系统的网络边界访问控制的安全。

> **评估准则**

RB2a	应在网络边界或区域之间根据控制策略设置访问控制规则，在默认情况下除允许通信外受控接口拒绝所有通信
RB2b	应删除多余或无效的访问控制规则，优化访问控制列表，并保证访问控制规则数量最小化
RB2c	应对源地址、目的地址、源端口、目的端口和协议等进行检查，以允许/拒绝数据包进出
RB2d	应能根据会话状态信息为进出数据流提供明确的允许/拒绝访问的能力
RB2e	应在网络边界通过通信协议转换或通信协议隔离等方式进行数据交换

续表

RB2f	应在虚拟化网络边界部署访问控制机制,并设置访问控制规则
RB2g	应在不同等级的网络区域边界部署访问控制机制,设置访问控制规则
RB2h	无线接入设备应开启接入认证功能,并支持采用认证服务器认证或采用国家密码管理机构批准的密码模块进行认证
RB2i	应在工业控制系统与其他系统间部署访问控制设备,配置访问控制策略,禁止任何穿越区域边界的 E-Mail、Web、Telnet、Rlogin、FTP 等通用网络服务
RB2j	应在工业控制系统内安全域和安全域之间的边界防护机制失效时,及时进行告警

使 用 指 引

RB2a 应在网络边界或区域之间根据控制策略设置访问控制规则,在默认情况下除允许通信外受控接口拒绝所有通信

适用范围	第二级及以上等级保护系统
访谈对象	网络专业负责人
评估对象	网闸、防火墙、路由器、交换机和无线接入网关设备等提供访问控制功能的设备或相关组件
评估内容	1) 应核查在网络边界或区域之间是否部署了访问控制设备并启用了访问控制策略。 2) 应核查设备的最后一条访问控制策略是否为禁止所有网络通信。 3) 对于第一级等级保护系统,应在网络边界根据控制策略设置访问控制规则,在默认情况下除允许通信外受控接口拒绝所有通信
FOP 描述	重要网络区域边界访问控制策略配置不当
评估场景	重要网络区域与其他网络区域之间(包括内部区域边界和外部区域边界)的访问控制设备配置不当或控制措施失效,存在较大的安全隐患。例如,办公网络任意网络终端均可访问核心生产服务器和网络设备;无线网络接入区终端可直接访问生产网络设备等
补偿因素	无
整改建议	建议对重要网络区域与其他网络区域之间的边界进行梳理,明确访问地址、端口、协议等信息,并通过访问控制设备,合理配置相关控制策略,确保控制措施有效

RB2b 应删除多余或无效的访问控制规则,优化访问控制列表,并保证访问控制规则数量最小化

适用范围	第一级及以上等级保护系统
访谈对象	网络专业负责人
评估对象	网闸、防火墙、路由器、交换机和无线接入网关设备等提供访问控制功能的设备或相关组件
评估内容	1) 应核查相关设备和组件是否存在多余的或无效的访问控制策略。 2) 应核查不同的访问控制策略之间的逻辑关系及前后排列顺序是否合理

RB2c 应对源地址、目的地址、源端口、目的端口和协议等进行检查,以允许/拒绝数据包进出

适用范围	第一级及以上等级保护系统
访谈对象	网络专业负责人

续表

适用范围	第一级及以上等级保护系统
评估对象	网闸、防火墙、路由器、交换机和无线接入网关设备等提供访问控制功能的设备或相关组件
评估内容	1）应核查设备的访问控制策略中是否设定了源地址、目的地址、源端口、目的端口和协议等相关配置参数。 2）应测试验证访问控制策略中设定的相关配置参数是否有效

RB2d 应能根据会话状态信息为进出数据流提供明确的允许/拒绝访问的能力

适用范围	第二级及以上等级保护系统
访谈对象	网络专业负责人
评估对象	网闸、防火墙、路由器、交换机和无线接入网关设备等提供访问控制功能的设备或相关组件
评估内容	1）应核查相关系统是否采用会话认证等机制为进出数据流提供明确的允许/拒绝访问的能力。 2）应测试验证相关系统是否为进出数据流提供明确的允许/拒绝访问的能力

评估参考：

1）应核查是否采用会话认证等机制为进出数据流提供明确的允许/拒绝访问的能力，控制粒度是否为端口级。（金融 L4-ABS1-10）

2）宜在会话处于非活跃一定时间或会话结束后终止网络连接。（广电 9.1.2.2g）

RB2e 应在网络边界通过通信协议转换或通信协议隔离等方式进行数据交换

适用范围	第四级等级保护系统
访谈对象	网络专业负责人
评估对象	网闸等提供通信协议转换或通信协议隔离功能的设备或相关组件
评估内容	1）应核查相关设备和组件是否采取通信协议转换或通信协议隔离等方式进行数据交换。 2）应通过发送带通用协议的数据等测试方式，测试验证设备是否能够有效阻断（带通用协议的数据）。 3）对于第三级等级保护系统，应核查是否对进出网络的数据流实现基于应用协议和应用内容的访问控制

评估参考：

1）应核查是否梳理网络设备自带端口，并关闭不必要端口；应核查是否制定端口开放审批制度。（金融 L4-ABS1-12）

2）应核查是否按季度检查并锁定或撤销网络设备中不必要的用户账号。（金融 L4-ABS1-13）

3）应在网络边界对媒体内容数据和其他数据进行区分，媒体内容数据外的其他数据应通过协议转换等手段实现数据交换。（广电 9.1.2.2e）

4）应对进出网络的数据流实现基于应用协议和应用内容的访问控制。（广电 9.1.2.2f）

RB2f 应在虚拟化网络边界部署访问控制机制，并设置访问控制规则

适用范围	第一级及以上等级保护系统
访谈对象	网络专业负责人
评估对象	访问控制机制、网络边界设备和虚拟化网络边界设备、云计算平台
评估内容	1）应核查是否在虚拟化网络边界部署了访问控制机制，并设置了访问控制规则。 2）应核查并测试验证云计算平台和云服务用户业务系统虚拟化网络边界访问控制规则和访问控制策略是否有效

续表

适用范围	第一级及以上等级保护系统
评估内容	3）应核查并测试验证云计算平台的网络边界设备或虚拟化网络边界设备安全保障机制、访问控制规则和控制策略等是否有效。 4）应核查并测试验证不同云服务客户间的访问控制规则和访问控制策略是否有效。 5）应核查并测试验证不同安全保护等级业务系统间的访问控制规则和访问控制策略是否有效

评估参考：

1）应核查云计算平台是否具备不同层面的访问控制能力，如在虚拟防火墙、虚拟路由器、虚拟交换机上配置访问控制策略，实现虚拟机之间、虚拟机与管理平台之间、虚拟机与外部网络之间访问控制。（金融 L4-ABS2-03）

2）应支持云服务客户自行在虚拟网络边界设置访问控制规则：核查云计算平台是否允许云服务客户在虚拟网络边界设置访问控制规则；核查云服务客户设置的访问控制规则等是否有效；测试虚拟化网络边界访问控制设备，验证是否可以正确拒绝违反访问控制规则的非法访问。（金融 L4-ABS2-06）

RB2g 应在不同等级的网络区域边界部署访问控制机制，设置访问控制规则

适用范围	第二级及以上等级保护系统
访谈对象	网络专业负责人
评估对象	网闸、防火墙、路由器和交换机等提供访问控制功能的设备
评估内容	1）应核查相关单位和组织是否在不同等级的网络区域边界部署了访问控制机制，设置了访问控制规则。 2）应核查不同安全等级网络区域边界的访问控制规则和访问控制策略是否有效。 3）应测试验证在不同安全等级的网络区域间进行非法访问时，访问控制机制是否可以正确拒绝非法访问

评估参考：

1）应对云计算平台管理员访问管理网络进行访问控制：核查是否支持云计算平台管理员访问网络的身份验证和权限控制；核查云计算平台对网络资源管理员的访问控制措施是否有效。（金融 L4-ABS2-04）

2）应支持云服务客户通过 VPN 访问云计算平台：核查云计算平台是否支持向云服务客户提供 VPN；核查云服务客户是否可以通过 VPN 访问云计算平台。（金融 L4-ABS2-05）

3）应支持云服务客户自行划分子网、设置访问控制规则：核查云计算平台是否允许云服务客户自行划分子网、设置访问控制规则；核查云服务客户自行划分子网、设置访问控制规则等是否有效；测试虚拟化网络边界访问控制设备，验证是否可以正确拒绝违反访问控制规则的非法访问。（金融 L4-ABS2-07）

RB2h 无线接入设备应开启接入认证功能，并支持采用认证服务器认证或采用国家密码管理机构批准的密码模块进行认证

适用范围	第三级及以上等级保护系统
访谈对象	通信/物联网专业负责人
评估对象	无线接入设备
评估内容	1）应核查相关设备是否开启了接入认证功能，是否采用认证服务器或国家密码管理机构批准的密码模块进行认证。 2）对于第一级和第二级等级保护系统，无线接入设备应开启接入认证功能，并且禁止使用 WEP 方式进行认证，若使用口令进行认证，口令长度不少于 8 个字符

RB2i 应在工业控制系统与其他系统间部署访问控制设备，配置访问控制策略，禁止任何穿越区域边界的 **E-Mail**、**Web**、**Telnet**、**Rlogin**、**FTP** 等通用网络服务

适用范围	第一级及以上等级保护系统
访谈对象	工业控制系统专业负责人
评估对象	网闸、防火墙、路由器和交换机等提供访问控制功能的设备
评估内容	1）应核查在工业控制系统与其他系统间的网络边界是否部署了访问控制设备，是否配置了访问控制策略。 2）应核查设备安全策略，是否禁止 E-MaiL Web、Telnet、Rlogin、FTP 等通用网络服务穿越边界

RB2j 应在工业控制系统内安全域和安全域之间的边界防护机制失效时，及时进行告警

适用范围	第二级及以上等级保护系统
访谈对象	工业控制系统专业负责人
评估对象	网闸、防火墙、路由器和交换机等提供访问控制功能的设备，监控预警设备
评估内容	1）应核查设备是否可以在策略失效的时候进行告警。 2）应核查在相关设备中是否部署了监控预警系统或相关模块，在边界防护机制失效时可及时告警

5.3 入侵、恶意代码和垃圾邮件防范 RB3

业绩目标

制定并执行防范入侵、恶意代码和垃圾邮件的安全要求、管理流程和记录表单，通过抗 APT 攻击、网络回溯、威胁情报检测、抗 DDoS 攻击和入侵保护、病毒网关和防垃圾邮件网关等措施，有效防范和控制内部和外部病毒入侵、恶意代码和垃圾邮件等安全危害。

评估准则

RB3a	**应在关键网络节点处检测、防止或限制从外部发起的网络攻击行为**
RB3b	**应在关键网络节点处检测、防止或限制从内部发起的网络攻击行为**
RB3c	应采取技术措施对网络行为进行分析，实现对网络攻击特别是新型网络攻击行为的分析
RB3d	当检测到攻击行为时，记录攻击源 IP、攻击类型、攻击目标、攻击时间，在发生严重入侵事件时应进行告警
RB3e	**应在关键网络节点处对恶意代码进行检测和清除，并及时对恶意代码防护机制进行升级和更新**
RB3f	应在关键网络节点处对垃圾邮件进行检测和防护，并及时对垃圾邮件防护机制进行升级和更新

使用指引

RB3a 应在关键网络节点处检测、防止或限制从外部发起的网络攻击行为

适用范围	第三级及以上等级保护系统
访谈对象	信息安全与保密专业负责人
评估对象	抗 APT 攻击系统、网络回溯系统、威胁情报检测系统、抗 DDoS 攻击系统和入侵保护系统或相关组件
评估内容	1）应核查相关系统或组件是否能够检测从外部发起的网络攻击行为。 2）应核查相关系统或组件的规则库版本或威胁情报库是否已经更新到最新版本。 3）应核查相关系统或组件的配置信息或安全策略是否能够覆盖网络所有关键节点。 4）应测试验证相关系统或组件的配置信息或安全策略是否有效。 5）对于第二级等级保护系统，应在关键网络节点处监视网络攻击行为；第一级等级保护系统无此项等级保护要求
FOP 描述	外部网络攻击防御措施缺失
评估场景	1）第二级等级保护系统关键网络节点无任何网络攻击行为检测手段，如未部署入侵检测系统。 2）第三级及以上等级保护系统关键网络节点对外部发起的攻击行为无任何防护手段，如未部署 IPS 入侵防御设备、应用防火墙、反垃圾邮件、态势感知系统或抗 DDoS 设备等。 3）网络攻击/防护检测措施的策略库、规则库超过半年未更新，无法满足防护需求
补偿因素	主机设备部署入侵防范产品，且策略库、规则库更新及时，能够对攻击行为进行检测、阻断或限制，评估员可根据实际措施效果，酌情判定风险等级。 注 1：策略库、规则库的更新周期可根据部署环境、行业或设备特性缩短或延长。 注 2：所列举的防护设备仅为举例使用，在测评过程中，评估员应分析定级对象所面临的威胁、风险及安全防护需求，并以此为依据检查是否合理配备了对应的防护设备
整改建议	建议在关键网络节点（如互联网边界处）合理部署具备攻击行为检测防止或限制功能的安全防护设备（如入侵防御设备、WEB 应用防火墙、抗 DDoS 攻击设备等），或采用云防护、流量清洗等外部抗攻击服务；相关安全防护设备应及时升级策略库、规则库

RB3b 应在关键网络节点处检测、防止或限制从内部发起的网络攻击行为

适用范围	第三级及以上等级保护系统
访谈对象	网络专业负责人
评估对象	抗 APT 攻击系统、网络回溯系统、威胁情报检测系统、抗 DDoS 攻击系统和入侵保护系统或相关组件
评估内容	1）应核查相关系统或组件是否能够检测到从内部发起的网络攻击行为。 2）应核查相关系统或组件的规则库版本或威胁情报库是否已经更新到最新版本。 3）应核查相关系统或组件的配置信息或安全策略是否能够覆盖网络所有关键节点。 4）应测试验证相关系统或组件的配置信息或安全策略是否有效
FOP 描述	内部网络攻击防御措施缺失
评估场景	1）关键网络节点对内部发起的攻击行为无任何检测和防护手段，如未部署入侵检测系统、IPS 入侵防御设备、态势感知系统等。 2）网络攻击/防护检测措施的策略库、规则库超过半年未更新，无法满足防护需求

适用范围	第三级及以上等级保护系统
补偿因素	1）对于主机设备部署入侵防范产品的情况，评估员可从策略库、规则库更新情况，对攻击行为的防护能力等角度进行综合风险分析，根据分析结果，酌情判定风险等级。 2）对于在重要网络区域与其他内部网络之间部署防火墙等访问控制设备，且对访问的目标地址、目标端口、源地址、源端口、访问协议等有严格限制的情况，评估员可从现有措施能否对内部网络攻击起到限制作用等角度进行综合风险分析，根据分析结果，酌情判定风险等级。 3）对于与互联网完全物理隔离或强逻辑隔离的系统，评估员可从网络、终端采取的管控，攻击源进入内部网络的可能性等角度进行综合风险分析，根据分析结果，酌情判定风险等级
整改建议	建议在关键网络节点处采取严格的访问控制措施，并部署相关的防护设备，检测、防止或限制从内部发起的网络攻击行为（包括其他内部网络区域对核心服务器区的攻击行为、服务器之间的攻击行为、内部网络向互联网目标发起的攻击等）。针对服务器之间的内部攻击行为，建议相关单位和组织合理划分网络区域，加强不同服务器之间的访问控制，部署主机入侵防范产品，或通过部署流量探针的方式，检测异常攻击流量

RB3c 应采取技术措施对网络行为进行分析，实现对网络攻击特别是新型网络攻击行为的分析

适用范围	第三级及以上等级保护系统
访谈对象	网络专业负责人
评估对象	抗 APT 攻击系统、网络回溯系统和威胁情报检测系统或相关组件
评估内容	1）应核查是否部署了相关系统或组件对新型网络攻击进行检测和分析。 2）应测试验证相关系统是否对网络行为进行了分析，实现对网络攻击特别是未知的新型网络攻击的检测和分析

RB3d 当检测到攻击行为时，记录攻击源 IP、攻击类型、攻击目标、攻击时间，在发生严重入侵事件时应进行告警

适用范围	第三级及以上等级保护系统
访谈对象	网络专业负责人
评估对象	抗 APT 攻击系统、网络回溯系统、威胁情报检测系统、抗 DDoS 攻击系统和入侵保护系统或相关组件
评估内容	1）应核查相关系统或组件的检测记录是否包括攻击源 IP、攻击类型、攻击目标、攻击时间等相关内容。 2）应测试验证相关系统或组件的告警策略是否有效

评估参考：

1）应核查相关系统或组件是否采取技术手段对高级持续威胁进行监测、发现。（金融 L4-ABS1-18）

2）应核查入侵检测的管理系统是否做到分级管理；应核查对系统的部署是否做到逐级分布。（金融 L4-ABS1-19）

3）应核查是否采用联动防护机制及时识别网络攻击行为，并实现快速处置。（金融 L4-ABS1-20）

RB3e 应在关键网络节点处对恶意代码进行检测和清除，并及时对恶意代码防护机制进行升级和更新

适用范围	第二级及以上等级保护系统
访谈对象	网络专业负责人
评估对象	病毒网关和 UTM 等提供防恶意代码功能的系统或相关组件
评估内容	1）应核查在关键网络节点处是否部署防恶意代码产品或采取了防恶意代码技术措施。 2）应核查防恶意代码产品运行是否正常，恶意代码库是否已经更新到最新版本。 3）应测试验证相关系统或组件的安全策略是否有效
FOP 描述	恶意代码防范措施缺失
评估场景	1）主机层无恶意代码检测和清除措施，或恶意代码库超过一个月未更新。 2）网络层无恶意代码检测和清除措施，或恶意代码库超过一个月未更新
补偿因素	1）对于使用 Linux、Unix、Solaris、CentOS、AIX、Mac 等非 Windows 操作系统的第二级等级保护系统，在主机层和网络层面均未部署恶意代码检测和清除产品，评估员可从总体防御措施、恶意代码入侵的可能性等角度进行综合风险分析，根据分析结果，酌情判定风险等级。 2）与互联网完全物理隔离或强逻辑隔离的系统，其网络环境可控，并采取利用 USB 介质对其进行管控、部署主机防护软件、设置软件白名单等技术措施，能有效防范恶意代码进入被测主机或网络，评估员可根据实际措施效果，酌情判定风险等级。 3）主机设备采用可信基的防控技术，对设备运行环境进行有效度量，评估员可根据实际措施效果，酌情判定风险等级
整改建议	建议在关键网络节点及主机操作系统上均部署恶意代码检测和清除产品，并及时更新恶意代码库，网络层与主机层恶意代码防范产品宜形成异构模式，有效检测及清除可能出现的恶意代码攻击

评估参考：

1）应在关键网络节点处进行恶意代码检测和清除，并维护恶意代码防护机制有效性，及时升级和更新特征库。（广电 9.1.2.4a）

2）部署在关键网络节点的防恶意代码产品宜与系统内部防恶意代码产品具有不同的恶意代码库。（广电 9.1.2.4c）

RB3f 应在关键网络节点处对垃圾邮件进行检测和防护，并及时对垃圾邮件防护机制进行升级和更新

适用范围	第三级及以上等级保护系统
访谈对象	网络专业负责人
评估对象	防垃圾邮件网关等提供防垃圾邮件功能的系统或相关组件
评估内容	1）应核查在关键网络节点处是否部署了防垃圾邮件产品或采取了防垃圾邮件技术措施。 2）应核查防垃圾邮件产品运行是否正常，防垃圾邮件规则库是否已经更新到最新版本。 3）应测试验证相关系统或组件的安全策略是否有效

5.4　边界安全审计和可信验证 RB4

业 绩 目 标

制定并执行网络边界安全审计和可信验证技术要求、管理流程和记录表单，通过应

用综合安全审计系统、堡垒机等，以及审计记录保护和备份，实现边界安全审计和可信验证。

评 估 准 则

RB4a	应在网络边界、重要网络节点进行安全审计，审计覆盖每个用户，对重要的用户行为和重要安全事件进行审计
RB4b	审计记录应包括事件的日期和时间、用户、事件类型、事件是否成功及其他与审计相关的信息
RB4c	应对审计记录进行保护，定期备份，避免其受到未预期的删除、修改或覆盖等
RB4d	应对云服务供应商和云服务客户在远程管理时执行的特权命令进行审计，至少包括虚拟机删除、虚拟机重启
RB4e	应保证云服务供应商对云服务客户系统和数据的操作可被云服务客户审计
RB4f	可基于可信根对边界设备的系统引导程序、系统程序、重要配置参数和边界防护应用程序等进行可信验证，并在应用程序的所有执行环节进行动态可信验证，在检测到其可信性受到破坏后进行报警，并将验证结果形成审计记录送至安全管理中心，并进行动态关联感知。

使 用 指 引

RB4a 应在网络边界、重要网络节点进行安全审计，审计覆盖每个用户，对重要的用户行为和重要安全事件进行审计

适用范围	第二级及以上等级保护系统
访谈对象	网络专业负责人
评估对象	综合安全审计系统等
评估内容	1）应核查相关系统是否部署了综合安全审计系统或具有类似功能的系统平台。 2）应核查安全审计是否覆盖每个用户。 3）应核查相关系统是否对重要的用户行为和重要安全事件进行了审计

评估参考：

1）应核查是否有记录无线网络接入行为，并形成日志进行留存；应核查日志保存时间不少于 6 个月。（金融 L4-ABS1-24）

2）应能对播出控制操作行为、远程访问的用户行为、访问互联网的用户行为等单独进行行为审计和数据分析。（广电 9.1.2.5d）

3）应定期对审计记录进行分析，以便及时发现异常行为。（广电 9.1.2.5e）

RB4b 审计记录应包括事件的日期和时间、用户、事件类型、事件是否成功及其他与审计相关的信息

适用范围	第二级及以上等级保护系统
访谈对象	网络专业负责人
评估对象	综合安全审计系统等

续表

适用范围	第二级及以上等级保护系统
评估内容	应核查审计记录信息是否包括事件的日期和时间、用户、事件类型、事件是否成功及其他与审计相关的信息

评估参考：

　　所有的审计手段需要具备统一的时间戳，保持审计的时间标记一致；应访谈网络安全管理员是否采用了技术手段进行网络设备时钟同步；应核查是否所有的审计手段都具备统一的时间戳；应抽查相关网络设备，核查是否时间一致。（金融 L4-ABS1-27）

RB4c 应对审计记录进行保护，定期备份，避免其受到未预期的删除、修改或覆盖等

适用范围	第二级及以上等级保护系统
访谈对象	网络专业负责人
评估对象	综合安全审计系统等
评估内容	1）应核查相关系统和组件是否采取了技术措施对审计记录进行保护。 2）应核查相关系统是否采取技术措施对审计记录进行定期备份，并核查其备份策略

评估参考：

应核查审计记录保存时间是否不少于 6 个月。（金融 L4-ABS1-26）

RB4d 应对云服务供应商和云服务客户在远程管理时执行的特权命令进行审计，至少包括虚拟机删除、虚拟机重启

适用范围	第二级及以上等级保护系统
访谈对象	系统/云计算负责人
评估对象	堡垒机或相关组件
评估内容	1）应核查云服务供应商（含第三方运维服务供应商）和云服务客户在远程管理时执行的远程特权命令是否产生了审计记录。 2）应测试验证云服务供应商或云服务客户远程删除或重启虚拟机后，是否产生了相应的审计记录

RB4e 应保证云服务供应商对云服务客户系统和数据的操作可被云服务客户审计

适用范围	第二级及以上等级保护系统
访谈对象	系统/云计算负责人
评估对象	综合审计系统或相关组件
评估内容	1）应核查相关系统和组件是否能够保证云服务供应商对云服务客户系统和数据的操作（如增、删、改、查等操作）可被云服务客户审计。 2）应测试验证云服务供应商对云服务客户系统和数据的操作是否可被云服务客户审计

RB4f 可基于可信根对边界设备的系统引导程序、系统程序、重要配置参数和边界防护应用程序等进行可信验证，并在应用程序的所有执行环节进行动态可信验证，在检测到其可信性受到破坏后进行报警，并将验证结果形成审计记录送至安全管理中心，并进行动态关联感知

适用范围	第四级等级保护系统
访谈对象	系统/云计算专业负责人

续表

适用范围	第四级等级保护系统
评估对象	提供可信验证的设备或组件、提供集中审计功能的系统
评估内容	1）应核查是否基于可信根对边界设备的系统引导程序、系统程序、重要配置参数和边界防护应用程序等进行可信验证。 2）应核查是否在应用程序的所有执行环节进行动态可信验证。 3）应测试验证当检测到边界设备的可信性受到破坏后是否进行报警。 4）应测试验证相关结果是否以审计记录的形式送至安全管理中心。 5）应核查相关系统是否能够进行动态关联感知。 6）对于第三级等级保护系统，只需在应用程序的关键执行环节进行动态可信验证，无须进行动态关联感知。 7）对于第二级等级保护系统，无须在执行环节进行动态可信验证，也无须进行动态关联感知。 8）对于第一级等级保护系统，仅需要可基于可信根对边界设备的系统引导程序、系统程序等进行可信验证，在检测到其可信性受到破坏后进行报警

5.5　云计算边界入侵防范 RB5

业 绩 目 标

　　制定并执行云计算边界入侵防范安全扩展要求、管理流程和记录表单，通过对网络攻击行为和异常流量的检测、记录和告警等方式，增强云计算边界入侵防范能力。

评 估 准 则

RB5a	应能检测到云服务客户发起的网络攻击行为，并能记录攻击类型、攻击时间、攻击流量等
RB5b	应能检测到对虚拟网络节点的网络攻击行为，并能记录攻击类型、攻击时间、攻击流量等
RB5c	应能检测到虚拟机与宿主机、虚拟机与虚拟机之间的异常流量
RB5d	应在检测到网络攻击行为、异常流量情况时进行告警

使 用 指 引

　　RB5a 应能检测到云服务客户发起的网络攻击行为，并能记录攻击类型、攻击时间、攻击流量等

适用范围	第二级及以上等级保护系统
访谈对象	系统/云计算专业负责人
评估对象	抗 APT 攻击系统、网络回溯系统、威胁情报检测系统、抗 DDoS 攻击系统和入侵保护系统或相关组件

续表

适用范围	第二级及以上等级保护系统
评估内容	1）应核查相关单位和组织是否采取了入侵防范措施对网络入侵行为进行防范，如部署抗 APT 攻击系统、网络回溯系统和网络入侵保护系统等入侵防范设备或相关组件。 2）应核查部署的抗 APT 攻击系统、网络入侵保护系统等入侵防范设备或相关组件的规则库升级方式，核查规则库是否进行了及时更新。 3）应核查部署的抗 APT 攻击系统、网络入侵保护系统等入侵防范设备或相关组件是否具备异常流量、大规模攻击流量、高级持续性攻击的检测功能，以及报警功能和清洗处置功能。 4）应测试验证抗 APT 攻击系统、网络入侵保护系统等入侵防范设备或相关组件对异常流量和未知威胁的监控策略是否有效（如模拟产生攻击动作，验证入侵防范设备或相关组件是否能记录攻击类型、攻击时间、攻击流量）。 5）应测试验证抗 APT 攻击系统、网络入侵保护系统等入侵防范设备或相关组件对云服务客户网络攻击行为的报警策略是否有效（如模拟产生攻击动作，验证抗 APT 攻击系统或网络入侵保护系统是否能实时报警）。 6）应核查抗 APT 攻击系统、网络入侵保护系统等入侵防范设备或相关组件是否具有对 SQL 注入、跨站脚本等攻击行为的发现和阻断能力。 7）应核查抗 APT 攻击系统、网络入侵保护系统等入侵防范设备或相关组件是否能够检测出具有恶意行为的虚拟机。 8）应核查云管理平台对云服务客户攻击行为的防范措施，核查是否能够对云服务客户的网络攻击行为进行记录，相关记录应包括攻击类型、攻击时间和攻击流量等内容。 9）应核查云管理平台或入侵防范设备是否能够对云计算平台内部发起的恶意攻击或恶意外连行为进行限制，核查是否能够对内部行为进行监控。 10）通过对外攻击发生器伪造对外攻击行为，核查云用户的网络攻击日志，确认其是否正确记录了相应的攻击行为，攻击行为日志记录是否包含攻击类型、攻击时间、攻击者 IP 和攻击流量规模等内容。 11）应核查运行虚拟机监控器（VMM）和云管理平台软件的物理主机，确认其安全加固手段是否能够避免或减少虚拟化共享带来的安全漏洞

RB5b 应能检测到对虚拟网络节点的网络攻击行为，并能记录攻击类型、攻击时间、攻击流量等

适用范围	第二级及以上等级保护系统
访谈对象	系统/云计算专业负责人
评估对象	抗 APT 攻击系统、网络回溯系统、威胁情报检测系统、抗 DDoS 攻击系统和入侵保护系统或相关组件
评估内容	1）应核查相关单位是否部署了网络攻击行为检测设备或相关组件对虚拟网络节点的网络攻击行为进行防范，并能记录攻击类型、攻击时间、攻击流量等。 2）应核查网络攻击行为检测设备或相关组件的规则库是否更新到最新挑版本。 3）应测试验证网络攻击行为检测设备或相关组件对异常流量和未知威胁的监控策略是否有效

RB5c 应能检测到虚拟机与宿主机、虚拟机与虚拟机之间的异常流量

适用范围	第二级及以上等级保护系统
访谈对象	系统/云计算专业负责人

续表

适用范围	第二级及以上等级保护系统
评估对象	虚拟机、宿主机、抗 APT 攻击系统、网络回溯系统、威胁情报检测系统、抗 DDoS 攻击系统和入侵保护系统或相关组件
评估内容	1）应核查相关系统和组件是否具备虚拟机与宿主机之间、虚拟机与虚拟机之间的异常流量的检测功能。 2）应测试验证相关系统对异常流量的监测策略是否有效

RB5d 应在检测到网络攻击行为、异常流量情况时进行告警

适用范围	第三级及以上等级保护系统
访谈对象	系统/云计算专业负责人
评估对象	虚拟机、宿主机、抗 APT 攻击系统、网络回溯系统、威胁情报检测系统、抗 DDoS 攻击系统和入侵保护系统或相关组件
评估内容	1）应核查相关系统和组件检测到网络攻击行为、异常流量时是否进行了告警。 2）应测试验证相关系统对异常流量的监测策略是否有效

评估参考：

1）应核查云计算平台是否对内部虚拟机发起的针对云计算平台的攻击进行识别、检测与防护；应核查云计算平台是否能够定位发起攻击的虚拟机，记录攻击类型、攻击时间、攻击流量。（金融 L4-ABS2-12）

2）应核查系统是否具备对 DoS/DDoS 攻击的防护措施；应核查历史记录或测试验证对 DoS/DDoS 攻击的防护措施是否有效（如模拟产生攻击动作，验证入侵保护系统和相关组件等）。（金融 L4-ABS2-13）

3）应核查相关系统或设备是否具备 Web 应用漏洞检测功能，包括拦截 SQL 注入、XSS 攻击相关功能；应测试验证或核查历史记录判断相关系统或设备的检测措施是否有效。（金融 L4-ABS2-13）

5.6　移动互联边界防护和入侵防范 RB6

业绩目标

　　制定并执行移动互联边界防护和入侵防范安全扩展要求、管理流程和记录表单，通过无线接入网关、终端准入控制、移动终端管理、抗 APT/DDos 攻击、网络回溯和威胁情报检测等措施，增强移动互联边界防护和入侵防范能力。

评估准则

RB6a	应保证有线网络与无线网络边界之间的访问和数据流通过无线接入网关设备
RB6b	应能够检测到非授权无线接入设备和非授权移动终端的接入行为

续表

RB6c	应能够检测到针对无线接入设备的网络扫描、DDoS 攻击、密钥破解、中间人攻击和欺骗攻击等行为
RB6d	应能够检测到无线接入设备的 SSID 广播、WPS 等高风险功能的开启状态
RB6e	应禁用无线接入设备和无线接入网关存在风险的功能，如 SSID 广播、WEP 认证等
RB6f	应禁止多个 AP 使用同一个鉴别密钥
RB6g	应能够定位和阻断非授权无线接入设备或非授权移动终端

使用指引

RB6a 应保证有线网络与无线网络边界之间的访问和数据流通过无线接入网关设备

适用范围	第一级及以上等级保护系统
访谈对象	通信/物联网专业负责人
评估对象	无线接入网关设备
评估内容	应核查有线网络与无线网络的边界间是否部署了无线接入网关设备

RB6b 应能够检测到非授权无线接入设备和非授权移动终端的接入行为

适用范围	第二级及以上等级保护系统
访谈对象	通信/物联网专业负责人
评估对象	终端准入控制系统、移动终端管理系统或相关组件
评估内容	1）应核查相关系统或组件是否能够检测非授权无线接入设备和移动终端的接入行为。 2）应测试验证相关系统和组件是否能够检测非授权无线接入设备和移动终端的接入行为

RB6c 应能够检测到针对无线接入设备的网络扫描、DDoS 攻击、密钥破解、中间人攻击和欺骗攻击等行为

适用范围	第二级及以上等级保护系统
访谈对象	通信/物联网专业负责人
评估对象	抗 APT 攻击系统、网络回溯系统、威胁情报检测系统、抗 DDoS 攻击系统和入侵保护系统或相关组件
评估内容	1）应核查相关系统或组件是否能够对网络扫描、DDoS 攻击、密钥破解、中间人攻击和欺骗攻击等行为进行检测。 2）应核查规则库版本是否进行了及时更新

RB6d 应能够检测到无线接入设备的 SSID 广播、WPS 等高风险功能的开启状态

适用范围	第二级及以上等级保护系统
访谈对象	通信/物联网专业负责人
评估对象	无线接入设备或相关组件
评估内容	应核查相关设备或组件是否能够检测无线接入设备的 SSID 广播、WPS 等高风险功能的开启状态

RB6e 应禁用无线接入设备和无线接入网关存在风险的功能，如 **SSID** 广播、**WEP** 认证等

适用范围	第二级及以上等级保护系统
访谈对象	通信/物联网专业负责人
评估对象	无线接入设备和无线接入网关设备
评估内容	应核查相关设备是否关闭了 SSID 广播、WEP 认证等存在风险的功能

RB6f 应禁止多个 **AP** 使用同一个鉴别密钥

适用范围	第二级及以上等级保护系统
访谈对象	通信/物联网专业负责人
评估对象	无线接入设备
评估内容	应核查相关设备是否分别使用了不同的鉴别密钥

评估参考：

应禁止多个 AP 使用同一个认证密钥。（广电 9.3.1.3e；GB/T22239—2019 9.3.2.3e）

RB6g 应能够定位和阻断非授权无线接入设备或非授权移动终端

适用范围	第三级及以上等级保护系统
访谈对象	通信/物联网专业负责人
评估对象	终端准入控制系统、移动终端管理系统或相关组件
评估内容	1）应核查相关系统和组件是否能够定位和阻断非授权无线接入设备或非授权移动终端接入。 2）应测试验证相关系统和组件是否能够定位和阻断非授权无线接入设备或非授权移动终端接入

5.7 物联网边界入侵防范和接入控制 RB7

业绩目标

制定并执行物联网边界入侵防范和接入控制安全扩展要求、管理流程和记录表单，通过通信目标地址限制、渗透测试、设备接入控制等措施，增强物联网感知和网关节点设备的边界入侵防范能力。

评估准则

RB7a	应能够限制与感知节点通信的目标地址，以避免对陌生地址的攻击行为
RB7b	应能够限制与网关节点通信的目标地址，以避免对陌生地址的攻击行为
RB7c	应保证只有经过授权的感知节点可以接入

使 用 指 引

RB7a 应能够限制与感知节点通信的目标地址，以避免对陌生地址的攻击行为

适用范围	第二级及以上等级保护系统
访谈对象	通信/物联网专业负责人
评估对象	感知节点设备、感知层安全设计文档
评估内容	1）应核查感知层安全设计文档，是否有对感知节点通信目标地址的控制措施说明。 2）应核查感知节点设备，是否配置了对感知节点通信目标地址的控制措施，相关参数配置是否符合设计要求。 3）应对感知节点设备进行渗透测试，测试是否能够限制感知节点设备对违反访问控制策略的通信目标地址进行访问或攻击
FOP 描述	网络安全审计措施缺失
评估场景	1）在网络边界、关键网络节点处无法对重要的用户行为进行日志审计。 2）在网络边界、关键网络节点处无法对重要安全事件进行日志审计
补偿因素	无。 注：网络安全审计指通过对网络边界或重要网络节点的流量数据进行分析，从而形成的网络安全审计数据。网络安全审计包括网络流量审计和网络安全事件审计，其中网络流量审计主要是通过对网络流量进行统计、关联分析、识别和筛选，实现对网络中特定重要行为的审计，如对各种违规的访问协议及其流量的审计、对访问敏感数据的人员行为或系统行为的审计等；网络安全事件审计包括但不限于对网络入侵检测产品、网络入侵防御产品、防病毒产品等设备检测到的网络攻击行为、恶意代码传播行为的审计等
整改建议	建议在网络边界、关键网络节点处部署具备网络行为审计及网络安全审计功能的设备（如网络安全审计系统、网络流量分析设备、入侵防御设备、态势感知设备等），并保留相关审计数据，同时设备审计需覆盖每个用户，相关设备需能够对重要的用户行为和重要安全事件进行日志审计，便于对相关事件或行为进行追溯

RB7b 应能够限制与网关节点通信的目标地址，以避免对陌生地址的攻击行为

适用范围	第二级及以上等级保护系统
访谈对象	通信/物联网专业负责人
评估对象	网关节点设备、感知层安全设计文档
评估内容	1）应核查感知层安全设计文档，是否有对网关节点通信目标地址的控制措施说明。 2）应核查网关节点设备，是否配置了对网关节点通信目标地址的控制措施，相关参数配置是否符合设计要求。 3）应对感知节点设备进行渗透测试，测试是否能够限制网关节点设备对违反访问控制策略的通信目标地址进行访问或攻击

评估参考：

1）当感知网关节点检测到攻击行为时，应上报攻击源 IP、攻击类型、攻击时间等信息；测试验证当感知网关节点受到攻击行为是否进行报警；测试验证报警信息是否包含攻击源 IP、攻击类型、攻击时间等。（金融 L4-ABS4-07）

2）可编程的感知节点、网关节点禁止运行未授权的代码：核查感知节点设备、网关节点设备是否有用户权限设置功能，并严格限制默认账户的权限；测试验证感知节点设备、网关节点设备是否可设置用户运行代码的权限。（金融 L4-ABS4-08）

RB7c 应保证只有经过授权的感知节点可以接入

适用范围	第一级及以上等级保护系统
访谈对象	通信/物联网专业负责人
评估对象	感知节点设备、感知层安全设计文档
评估内容	1）应核查感知节点设备接入机制设计文档是否包含防止非法的感知节点设备接入网络的机制及身份鉴别机制的描述。 2）应对边界和感知层网络进行渗透测试，测试是否不存在绕过白名单或相关接入控制措施及身份鉴别机制的方法

评估参考：

1）应保证感知节点、感知网关节点及处理应用层任意两者间相互鉴别和授权，非授权的感知节点、感知网关节点、处理应用层不能相互接入：核查感知节点、感知网关节点及处理应用层任意两者间是否可相互进行鉴别和授权，是否至少支持基于网络标识、MAC 地址、通信协议、通信端口、口令其一的身份鉴别机制；对边界和感知层网络进行渗透测试，测试验证是否不存在绕过相关接入控制措施以及身份鉴别机制的方法。（金融 L4-ABS4-01）

2）每个感知节点和感知网关节点应具备传感网络中唯一标识，且该标识不应被非授权访问所篡改：核查感知节点和感知网关节点设备的功能和系统设计文档、产品白皮书，是否可创建永久唯一标识符；核查感知节点和感知网关节点设备，创建的传感网络中唯一标识是否不可被非授权访问所篡改。（金融 L4-ABS4-02）

3）具有指令接收功能的感知节点设备，应保证只有授权过的系统、终端可以对感知节点下发指令：核查感知节点设备接入机制设计文档是否具有防止非法系统、终端设备下发指令的设计内容；对边界和感知层网络进行渗透测试，测试验证是否不存在非法下发指令的可能。（金融 L4-ABS4-03）

4）由第三方平台提供感知节点、感知网关节点中转接入时，第三方平台的安全保护等级应不低于接入的物联网系统的安全保护等：核查第三方平台和设计文档、安全保护等级报告是否具有网络接入认证措施实现说明；核查第三方平台的安全保护等级是否不低于接入的物联网系统的安全保护等级。（金融 L4-ABS4-04）

5.8 工业控制系统边界防护 RB8

> **业绩目标**

制定并执行工业控制系统边界防护安全扩展要求、管理流程和记录表单，通过对拨号服务类设备、无线通信用户身份鉴别和授权、传输加密、未经授权的无线设备的识别的安全管理与控制，增强工业控制系统边界防护能力。

> **评估准则**

RB8a	工业控制系统确需使用拨号访问服务的，应限制具有拨号访问权限的用户数量，并采用用户身份鉴别和访问控制等措施

续表

RB8b	拨号服务器和客户端均应使用经安全加固的操作系统，并采取数字证书认证、传输加密和访问控制等措施
RB8c	涉及实时控制和数据传输的工业控制系统禁止使用拨号访问服务
RB8d	应对所有参与无线通信的用户（人员、软件进程或者设备）提供唯一性标识和鉴别
RB8e	应对所有参与无线通信的用户（人员、软件进程或者设备）进行授权以及执行使用进行限制
RB8f	应对无线通信采取传输加密的安全措施，实现传输报文的机密性保护
RB8g	对采用无线通信技术进行控制的工业控制系统，应能识别未经授权的无线设备，报告未经授权试图接入或干扰控制系统的行为

使用指引

RB8a 工业控制系统确需使用拨号访问服务的，应限制具有拨号访问权限的用户数量，并采取用户身份鉴别和访问控制等措施

适用范围	第二级及以上等级保护系统
访谈对象	工业控制系统专业负责人
评估对象	拨号服务类设备
评估内容	应核查拨号设备是否限制了具有拨号访问权限的用户数量，拨号服务器和客户端是否使用了账户/口令等身份鉴别方式，是否采用了控制账户权限等访问控制措施

RB8b 拨号服务器和客户端均应使用经安全加固的操作系统，并采取数字证书认证、传输加密和访问控制等措施

适用范围	第三级及以上等级保护系统
访谈对象	工业控制系统专业负责人
评估对象	拨号服务类设备
评估内容	应核查拨号服务器和客户端是否使用经安全加固的操作系统，并采取了加密、数字证书认证和访问控制等安全防护措施

评估参考：

核查拨号认证设施安全防护措施是否符合要求，包括但不限于：a）在无连接需求时是否处于断电关机状态；b）是否存在直接连接核心交换机的情况；c）是否仅允许单用户登录，并采取严格监管审计措施；d）是否使用安全加固的操作系统，使用数字证书技术进行登录和访问认证；e）是否通过国家有关机构安全检测认证，有厂商提供的认证证书或测试报告。（电力 8.3.8.2）

RB8c 涉及实时控制和数据传输的工业控制系统禁止使用拨号访问服务

适用范围	第四级等级保护系统
访谈对象	工业控制系统专业负责人
评估对象	拨号服务类设备
评估内容	应核查在涉及实时控制和数据传输的工业控制系统内是否禁止使用拨号访问服务

RB8d 应对所有参与无线通信的用户（人员、软件进程或者设备）提供唯一性标识和鉴别

适用范围	第一级及以上等级保护系统
访谈对象	工业控制系统专业负责人
评估对象	无线通信网络及设备
评估内容	1）应核查无线通信的用户在登录相关网络及设备时是否进行了身份鉴别。 2）应核查用户身份标识是否具有唯一性

RB8e 应对所有参与无线通信的用户（人员、软件进程或者设备）进行授权以及执行使用进行限制

适用范围	第二级及以上等级保护系统
访谈对象	工业控制系统专业负责人
评估对象	无线通信网络及设备
评估内容	1）应核查在无线通信过程中是否对用户进行了授权，核查用户具体权限是否合理，核查未授权的使用是否可以被发现及告警。 2）对于第一级等级保护系统，应对无线连接的授权、监视及执行使用进行限制

RB8f 应对无线通信采取传输加密的安全措施，实现传输报文的机密性保护

适用范围	第三级及以上等级保护系统
访谈对象	工业控制系统专业负责人
评估对象	无线通信网络及设备
评估内容	应核查在无线通信传输过程中是否采用了加密措施保证传输报文的机密性

RB8g 对采用无线通信技术进行控制的工业控制系统，应能识别未经授权的无线设备，报告未经授权试图接入或干扰控制系统的行为

适用范围	第三级及以上等级保护系统
访谈对象	工业控制系统专业负责人
评估对象	无线通信网络及设备、监测设备
评估内容	应核查工业控制系统是否可以实时监测未经授权的无线设备；监测设备应及时发出告警并可以对试图接入的无线设备进行屏蔽

第6章 安全计算环境评估准则及使用指引

安全计算环境领域（CE）的业绩目标，就是制定并执行身份鉴别、访问控制、安全审计和可信验证、入侵和恶意代码防范、数据完整性和保密性、数据备份恢复、剩余信息和个人信息保护等方面的安全要求，以及云计算、移动应用、物联网、工业控制系统和大数据等计算环境的扩展要求，从设计源头保证计算环境的数据、信息和系统安全。

安全计算环境领域包括身份鉴别（CE1）、访问控制（CE2）、安全审计和可信验证（CE3）、入侵和恶意代码防范（CE4）、数据完整性和保密性（CE5）、数据备份恢复（CE6）、剩余信息和个人信息保护（CE7）、云计算环境镜像和快照保护（CE8）、移动终端和应用管控（CE9）、物联网设备和数据安全（CE10）、工业控制系统控制设备安全（CE11）、大数据安全计算环境（CE12）共 12 个子领域。本章详细介绍了安全计算环境 12 个子领域的业绩目标、评估准则及各评估项的使用指引，如图 6-1 所示。

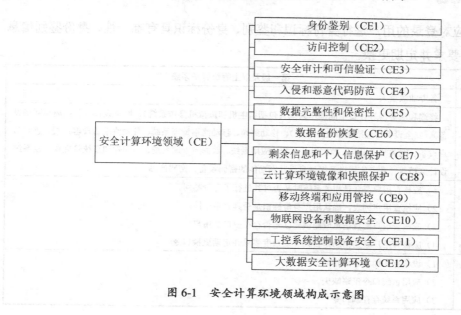

图 6-1 安全计算环境领域构成示意图

6.1 身份鉴别 CE1

业绩目标

制定并启用用户身份标识、身份鉴别、登录失败处理、远程管理、鉴别信息加密传输、密码技术组合鉴别、双向身份验证机制等安全控制措施，确保只有授权用户才能登陆授权系统。

评估准则

CE1a	应对登录的用户进行身份标识和鉴别，身份标识具有唯一性，身份鉴别信息具有复杂度要求并定期更换
CE1b	应具有登录失败处理功能，应配置并启用结束会话、限制非法登录次数和当登录连接超时自动退出等相关措施
CE1c	当进行远程管理时，应采取必要措施防止鉴别信息在网络传输过程中被窃听
CE1d	应采用口令、密码技术、生物技术等两种或两种以上组合的鉴别技术对用户进行身份鉴别，且其中一种鉴别技术至少应使用密码技术来实现
CE1e	当远程管理云计算平台的中设备时，应在管理终端和云计算平台之间应建立双向身份验证机制

使用指引

CE1a 应对登录的用户进行身份标识和鉴别，身份标识具有唯一性，身份鉴别信息具有复杂度要求并定期更换

适用范围	第一级及以上等级保护系统
访谈对象	各专业负责人
评估对象	终端和服务器等设备中的操作系统（包括宿主机和虚拟机操作系统）、网络设备（包括虚拟网络设备）、安全设备（包括虚拟安全设备）、移动终端、移动终端管理系统、移动终端管理客户端、感知节点设备、网关节点设备、控制设备、业务应用系统、数据库管理系统、中间件和系统管理软件及系统设计文档等；业务应用以及提供身份鉴别功能的密码设备、密码产品
评估内容	1）应核查用户在登录相关系统时是否对其进行了身份鉴别。 2）应核查用户列表，确认用户身份标识是否具有唯一性。 3）应核查用户配置信息或测试验证是否存在空口令用户。 4）应核查用户鉴别信息是否具有复杂度要求并定期更换口令
FOP 描述	1）设备存在弱口令或相同口令。 2）应用系统口令策略缺失。 3）应用系统存在弱口令。

续表

适用范围	第一级及以上等级保护系统
评估场景	1）设备存在弱口令或相同口令的情况。a）网络设备、安全设备、主机设备（包括操作系统、数据库等）存在可登录的弱口令账户（包括空口令、无身份鉴别机制）；b）大量设备管理员账户口令相同，单台设备口令被破解将导致大量设备被控制。 2）应用系统无用户口令长度、复杂度校验机制，如可设置 6 位以下的口令，口令可采用单个、相同或连续的数字、字母或字符等易猜测的口令。 3）通过渗透测试或使用常用口令尝试登录，发现应用系统中存在可被登录的空口令、弱口令账户
补偿因素	1）对于因业务场景需要，使用无法设置口令或口令强度达不到要求的专用设备，评估员可从设备登录方式、物理访问控制、访问权限、其他技术防护措施、相关管理制度落实等角度进行综合风险分析，根据分析结果，酌情判定风险等级。 2）应用系统采取多种身份鉴别、访问地址限制等技术措施，获得的口令无法直接登录应用系统，评估员可根据实际措施效果，酌情判定风险等级；对于仅允许内网访问的内部管理系统，评估员可从内网管控、人员管控、实际用户口令质量等角度进行综合风险分析，根据分析结果，酌情判定风险等级；针对部分专用软件、老旧系统等无法添加口令复杂度校验功能的情况，评估员可从登录管控措施、实际用户口令质量、口令更换频率等角度进行综合风险分析，根据分析结果，酌情判定风险等级；对于特定应用场景中的口令，如 PIN 码、电话银行系统查询口令等，评估员可从行业要求、行业特点等角度进行综合风险分析，根据分析结果，酌情判定风险等级。 3）针对互联网前端系统的注册用户存在弱口令的情况，评估员可从对单个用户、整个应用系统所可能造成的影响等角度进行综合风险分析，根据分析结果，酌情判定风险等级；对于因业务场景需要，无身份鉴别功能或口令强度达不到要求的应用系统，评估员可从登录方式、物理访问控制、访问权限、其他技术防护措施、相关管理制度落实等角度进行综合风险分析，根据分析结果，酌情判定风险等级
整改建议	1）建议删除或修改账户口令，重命名默认账户，制定相关管理制度，规范口令的最小长度、复杂度与生命周期.并根据管理制度要求，合理配置账户口令复杂度和定期更换策略；此外，建议为不同设备配备不同的口令，避免因一台设备的口令被破解，从而影响所有设备的安全的情况发生。 2）建议对用户口令长度、复杂度进行校验，如要求用户口令长度至少为 8 个字符，由数字、字母或特殊字符中的 2 种组成；对于 PIN 码等特殊用途的口令，应设置弱口令库，通过弱口令库比对的方式，提高用户口令质量。 3）建议通过口令长度、复杂度校验、常用或弱口令库比对等方式，提高应用系统口令质量

评估参考：

1）应核查用户身份鉴别信息是否具有防窃取和防重用措施；应核查除应用系统用户以外的用户静态口令是否在 8 位以上，由字母、数字、符号等混合组成并至少每 90 天更换一次，不允许新设定的口令与前三次旧口令相同；应核查应用系统用户静态口令是否在 8 位以上，由字母、数字、符号混合组成并定期更换。（金融 L4-CES1-01）

2）密评指引——（设备和计算安全）身份鉴别

2.1）基本要求：采用密码技术对登录设备的用户进行身份鉴别，保证用户身份的真实性。（第一级到第四级）。（密评基 9.3a）

2.2）密评实施：核查是否采用动态口令机制、基于对称密码算法或密码杂凑算法的消息鉴别码（MAC）机制、基于公钥密码算法的数字签名机制等密码技术对设备操作人员等登录设备的用户进行身份鉴别，并验证登录设备的用户身份真实性实现机制是否正确和有效。（密评测 6.3.1）

2.3）缓解措施：基于特定设备（如手机短信验证）或生物识别技术（如指纹）保证用户身份的真实性。（密评高 8.1d）

2.4）风险评价：潜在安全问题：a）存在密码算法、密码技术、密码产品和密码服务相关安全问题；b）未采用动态口令机制、基于对称密码算法或密码杂凑算法的消息鉴别码（MAC）机制、基于公钥密码算法的数字签名机制等密码技术对登录设备的用户进行身份鉴别；c）用户身份真实性的密码技术实现机制不正确或无效。（密评高 8.1e）

续表

适用范围	第一级及以上等级保护系统
3）密评指引——（应用和数据安全）身份鉴别	

3.1）基本要求：采用密码技术对登录用户进行身份鉴别，保证应用系统用户身份的真实性。（第一级到第四级）。（密评基 9.4a）

3.2）密评实施：核查应用系统是否采用动态口令机制、基于对称密码算法或密码杂凑算法的消息鉴别码（MAC）机制、基于公钥密码算法的数字签名机制等密码技术对登录用户进行身份鉴别，并验证应用系统用户身份真实性实现机制是否正确和有效。（密评测 6.4.1）

3.3）缓解措施：基于特定设备（如手机短信验证）或生物识别技术（如指纹）保证用户身份的真实性。（密评高 9.1d）

3.4）风险评价：潜在安全问题：a）存在密码算法、密码技术、密码产品和密码服务相关安全问题；b）未采用动态口令机制、基于对称密码算法或密码杂凑算法的消息鉴别码（MAC）机制、基于公钥密码算法的数字签名机制等密码技术对登录用户进行身份鉴别；c）用户身份真实性的密码技术实现机制不正确或无效；d）采用的密码产品未获得商用密码认证机构颁发的商用密码产品认证证书（适用时）。若未采用密码技术对登录用户进行身份鉴别，或用户身份真实性的密码技术实现机制不正确或无效，但基于特定设备（如手机短信验证）或生物识别技术（如指纹）保证用户身份的真实性，可酌情降低风险等级。（密评高 9.1e）

CE1b 应具有登录失败处理功能，应配置并启用结束会话、限制非法登录次数和当登录连接超时自动退出等相关措施

适用范围	第一级及以上等级保护系统
访谈对象	各专业负责人
评估对象	终端和服务器等设备中的操作系统（包括宿主机和虚拟机操作系统）、网络设备（包括虚拟网络设备）、安全设备（包括虚拟安全设备）、移动终端、移动终端管理系统、移动终端管理客户端、感知节点设备、网关节点设备、控制设备、业务应用系统、数据库管理系统、中间件和系统管理软件及系统设计文档等
评估内容	1）应核查相关设备和系统是否配置并启用了登录失败处理功能。 2）应核查相关设备和系统是否配置并启用了限制非法登录功能，非法登录达到一定次数后执行特定动作，如账户锁定等。 3）应核查相关设备和系统是否配置并启用了登录连接超时及自动退出功能
FOP 描述	应用系统口令暴力破解防范机制缺失
评估场景	连接互联网的应用系统登录模块未提供有效的口令暴力破解防范机制
补偿因素	1）采取多种身份鉴别、访问地址限制等技术措施，获得口令无法直接登录应用系统，评估员可根据实际措施效果，酌情判定风险等级。 2）对于互联网前端系统的注册用户，评估员可从登录后用户获得的业务功能、账户被盗后造成的影响程度等角度进行综合风险分析，根据分析结果，酌情判定风险等级；涉及资金交易、个人隐私、信息发布、重要业务操作等的前端系统，不宜降低风险等级。 3）对于无法添加登录失败处理功能的应用系统，评估员可登录地址、登录终端限制等角度进行综合风险分析，根据分析结果，酌情判定风险等级
整改建议	建议应用系统提供登录失败处理功能（如账户或登录地址锁定等），防止攻击者暴力破解口令

评估参考：

1）应核查是否配置并启用了限制非法登录功能，非法登录达到一定次数后采取特定动作，如账户锁定、**限制登录间隔**等。（金融 L4-CES1-02）

2）应核查操作系统和数据库系统是否设置鉴别警示信息；应核查当出现越权访问或尝试非法访问时，系统是否自动提示未授权访问。（金融 L4-CES1-03）

CE1c 当进行远程管理时，应采取必要措施防止鉴别信息在网络传输过程中被窃听

适用范围	第二级及以上等级保护系统
访谈对象	各专业负责人
评估对象	终端和服务器等设备中的操作系统（包括宿主机和虚拟机操作系统）、网络设备（包括虚拟网络设备）、安全设备（包括虚拟安全设备）、移动终端、移动终端管理系统、移动终端管理客户端、感知节点设备、网关节点设备、控制设备、业务应用系统、数据库管理系统、中间件和系统管理软件及系统设计文档等；密码设备、各类虚拟设备，以及提供安全的信息传输通道的密码产品
评估内容	应核查是否采用加密等安全方式对系统进行远程管理，防止鉴别信息在网络传输过程中被窃听
FOP 描述	1）设备鉴别信息防窃听措施缺失。 2）应用系统鉴别信息明文传输
评估场景	1）a）网络设备、安全设备、主机设备（包括操作系统、数据库等）的鉴别信息以明文方式在不可控网络环境中传输；未采取多种身份鉴别技术、限定管理地址等技术措施，鉴别信息被截获后可成功登录设备。 2）应用系统的用户鉴别信息以明文方式在不可控网络环境中传输
补偿因素	1）针对设备提供加密、非加密两种管理模式，且其非加密通道无法关闭的情况，评估员可从日常运维使用等角度进行综合风险分析，根据分析结果，酌情判定风险等级。 2）应用系统采取多种身份鉴别、访问地址限制，获得口令后无法直接登录应用系统，评估员可根据实际措施效果，酌情判定风险等级
整改建议	1）建议尽可能地避免通过不可控的网络环境对网络设备、安全设备、操作系统、数据库等进行远程管理。如确有需要，则建议采用措施或使用加密机制（如 VPN 加密通道，开启 SSH、HTTPS 协议等），防止鉴别信息在网络传输过程中被窃听。 2）对于互联网可访问的应用系统，建议将用户身份鉴别信息采用加密方式传输，防止鉴别信息在网络传输过程中被窃听

评估参考：

1）应核查是否对终端进行身份标识和鉴别；应核查是否采用密码技术等安全方式对系统进行远程管理，防止鉴别信息在网络传输过程中被窃听。（金融 L4-CES1-04）

2）必要措施如：HTTPS、SSH、VPN 等。（广电 9.1.3.1c）

3）密评指引——（设备和计算安全）远程管理通道安全

3.1）基本要求：远程管理设备时，采用密码技术建立安全的信息传输通道。（第三级到第四级）。（密评基 9.3b）

3.2）密评实施：核查远程管理时是否采用密码技术建立安全的信息传输通道，包括身份鉴别、传输数据机密性和完整性保护，并验证远程管理信道所采用密码技术实现机制是否正确和有效。（密评测 6.3.2）

3.3）缓解措施：a）搭建了与业务网络隔离的管理网络进行远程管理；b）在"网络和通信安全"层面使用 SSL VPN 网关/IPSec VPN 网关等建立集中管理通道，且使用的密码技术符合要求。（密评高 8.2d）

3.4）风险评价：潜在安全问题：a）存在密码算法、密码技术、密码产品和密码服务相关安全问题；b）远程管理设备时，未采用密码技术建立安全的信息传输通道；c）信息传输通道所采用密码技术实现机制不正确或无效；d）通过不可控网络环境进行远程管理，且鉴别数据以明文形式传输。风险评价：a）若远程管理设备时未采用密码技术建立安全的信息传输通道，或远程管理信道所采用密码技术实现机制不正确或无效，但通过搭建与业务网络隔离的管理网络进行远程管理，可视为等效措施；b）若在"网络和通信安全"层面使用 SSL VPN 网关/IPSec VPN 网关等建立集中管理通道，且使用的密码技术符合要求，可视为等效措施。（密评高 8.2e）

CE1d 应采用口令、密码技术、生物技术等两种或两种以上组合的鉴别技术对用户进行身份鉴别，且其中一种鉴别技术至少应使用密码技术来实现

适用范围	第三级及以上等级保护系统
访谈对象	各专业负责人
评估对象	终端和服务器等设备中的操作系统（包括宿主机和虚拟机操作系统）、网络设备（包括虚拟网络设备）、安全设备（包括虚拟安全设备）、移动终端、移动终端管理系统、移动终端管理客户端、感知节点设备、网关节点设备、控制设备、业务应用系统、数据库管理系统、中间件和系统管理软件及系统设计文档等
评估内容	1）应核查相关系统是否采用了动态口令、数字证书、生物技术和设备指纹等两种或两种以上组合的鉴别技术对用户身份进行鉴别。 2）应核查其中一种鉴别技术是否是密码技术
FOP 描述	1）设备未采用多种身份鉴别技术。 2）应用系统未采用多种身份鉴别技术
评估场景	1）关键网络设备、关键安全设备、关键主机设备（操作系统）通过不可控的网络环境进行远程管理；设备未采用两种或两种以上鉴别技术对用户身份进行鉴别。 2）通过互联网登录的系统，在进行涉及大额资金交易、核心业务、关键指令等的重要操作前未使用两种或两种以上鉴别技术对用户身份进行鉴别
补偿因素	1）在远程管理过程中，多次采用同一种鉴别技术进行身份鉴别，且每次鉴别信息不相同，如两次口令认证措施（两次口令不同），评估员可根据实际措施效果，酌情判定风险等级；针对采取登录地址限制、绑定管理终端等其他技术手段减少用户身份被滥用的威胁的情况，评估员可从措施所起到的防护效果等角度进行综合风险分析，根据分析结果，酌情判定风险等级。 2）在身份鉴别过程中，多次采用同一种鉴别技术进行身份鉴别，且每次鉴别信息不相同，如两次口令认证措施（两次口令不同），评估员可根据实际措施效果，酌情判定风险等级；b）在完成重要操作前的不同阶段使用不同的鉴别方式进行身份鉴别，评估员可根据实际措施效果，酌情判定风险等级；对于用户群体为互联网个人用户的情况，评估员可从行业主管部门的要求、用户身份被滥用后对系统或个人造成的影响等角度进行综合风险分析，根据分析结果，酌情判定风险等级；针对采取登录地址限制、绑定设备等其他技术手段减少用户身份被滥用的威胁的情况，评估员可从措施所起到的防护效果等角度进行综合风险分析，根据分析结果，酌情判定风险等级
整改建议	1）建议核心设备、操作系统等增加除用户名、口令以外的身份鉴别技术，如基于密码技术的动态口令或令牌等鉴别方式，使用多种鉴别技术进行身份鉴别，增强身份鉴别的强度；针对使用堡垒机或统一身份认证机制实现双因素认证的场景，建议通过地址绑定等技术措施，确保设备只能通过该机制进行身份认证。 2）建议应用系统增加除用户名、口令以外的身份鉴别技术，如基于密码技术的动态口令或令牌、生物鉴别方式等，使用多种鉴别技术进行身份鉴别，增强身份鉴别的强度

CE1e 当远程管理云计算平台中的设备时，在管理终端和云计算平台之间应建立双向身份验证机制

适用范围	第三级及以上等级保护系统
访谈对象	系统/云计算专业负责人
评估对象	管理终端和云计算平台；云服务客户、云计算平台用户身份管理功能

续表

适用范围	第三级及以上等级保护系统
评估内容	1）应核查当进行远程管理时是否建立双向身份验证机制。 2）应测试验证上述双向身份验证机制是否有效

评估参考：

1）被测对象为云计算平台时，应核查云计算平台是否支持云服务客户密码策略管理功能，包括密码复杂度策略、密码有效期策略；被测对象为云计算平台时，应核查云计算平台是否支持云服务客户账号的初始密码随机生成，是否支持云服务客户首次登录强制修改初始密码；被测对象为云服务客户时，应核查云服务客户是否开启密码复杂度策略、密码有效期策略；被测对象为云服务客户时，应核查云服务客户是否开启账户的初始密码随机生成功能，是否开启首次登录强制修改初始密码策略。（金融 L4-CES2-02）

2）被测对象为云计算平台时，应核查云计算平台是否支持云服务客户随机生成虚拟机登录口令或自行设置登录口令；被测对象为云服务客户时，应核查云服务客户是否可随机生成虚拟机登录口令或自行设置登录口令。（金融 L4-CES2-03）

3）应核查云计算平台是否支持云服务客户以密钥对方式登录虚拟机；应核查云服务客户是否可以自主选择云计算平台生成密钥对或自行上传密钥对。（金融 L4-CES2-04）

4）应测试验证云计算平台是否支持云服务客户自主选择主账号采用两种或两种以上组合的鉴别技术进行身份鉴别；应测试验证云服务客户是否可以自主选择主账号采用两种或两种以上组合的鉴别技术进行身份鉴别。（金融 L4-CES2-05）

5）应核查云计算平台是否支持集中管理云服务客户鉴别凭证。（金融 L4-CES2-06）

6）应检测云计算平台是否支持修改云服务客户鉴别凭证前验证云服务客户身份；应检测云服务客户是否在修改鉴别凭证前需要进行身份验证。（金融 L4-CES2-07）

7）应检测云计算平台是否支持检测云服务客户账户异常并通知云服务客户；应检测是否有相关通知记录。（金融 L4-CES2-08）

8）应具有云服务客户首次登录强制修改初始密码措施。（广电 9.2.3.1b）

6.2　访问控制 CE2

▷ 业 绩 目 标

制定并执行用户账户和权限分配、默认账户及口令管理、多余/过期/共享账户管控、管理用户权限分离、访问控制策略、主体对客体的访问控制规则等安全要求、管理流程和记录表单，保证访问控制措施的有效性。

▷ 评 估 准 则

CE2a	应对登录的用户分配账户和权限
CE2b	应重命名或删除默认账户，修改默认账户的默认口令

续表

CE2c	应及时删除或停用多余的、过期的账户，避免共享账户的存在
CE2d	应授予管理用户所需的最小权限，实现管理用户的权限分离
CE2e	**应由授权主体配置访问控制策略，访问控制策略规定主体对客体的访问规则**
CE2f	访问控制的粒度应达到主体为用户级或进程级，客体为文件、数据库表级
CE2g	应对主体、客体设置安全标记，并依据安全标记和强制访问控制规则确定主体对客体的访问
CE2h	应保证当虚拟机迁移时，访问控制策略随之迁移
CE2i	应允许云服务客户设置不同虚拟机之间的访问控制策略

使 用 指 引

CE2a 应对登录的用户分配账户和权限

适用范围	第一级及以上等级保护系统
访谈对象	各专业负责人
评估对象	终端和服务器等设备中的操作系统（包括宿主机和虚拟机操作系统）、网络设备（包括虚拟网络设备）、安全设备（包括虚拟安全设备）、移动终端、移动终端管理系统、移动终端管理客户端、感知节点设备、网关节点设备、控制设备、业务应用系统、数据库管理系统、中间件和系统管理软件及系统设计文档等
评估内容	1）应核查是否为用户分配了账户和权限及相关设置情况。 2）应核查是否已禁用或限制匿名账户和默认账户的访问权限

评估参考：

1）应核查是否严格限制默认账户或预设账户的权限，如将默认账户或预设账户的权限设置为空权限或某单一功能专用权限等。（金融 L4-CES1-12）

2）对于从互联网客户端登录的应用系统，应测试验证是否能在用户登录时提供用户上一次非常用设备成功登录的日期、时间、方法、位置等信息。（金融 L4-CES1-20）

3）客户端应用软件向移动终端操作系统申请权限时，应遵循最小权限原则：核查客户端应用软件向移动终端操作系统申请的权限是否是业务必须获取的权限。（金融 L4-CES3-08）

4）应采取措施保护客户端应用软件数据仅能被授权用户或授权应用组件访问：核查客户端应用软件数据是否仅能被授权用户或授权应用组件访问。（金融 L4-CES3-09）

5）客户端应用软件在授权范围内，不应访问非业务必需的文件和数据：核查客户端应用软件访问的文件和数据是否在授权范围；核查客户端应用软件是否未访问非业务必需的文件和数据。（金融 L4-CES3-10）

CE2b 应重命名或删除默认账户，修改默认账户的默认口令

适用范围	第一级及以上等级保护系统
访谈对象	各专业负责人
评估对象	终端和服务器等设备中的操作系统（包括宿主机和虚拟机操作系统）、网络设备（包括虚拟网络设备）、安全设备（包括虚拟安全设备）、移动终端、移动终端管理系统、移动终端管理客户端、感知节点设备、网关节点设备、控制设备、业务应用系统、数据库管理系统、中间件和系统管理软件及系统设计文档等

续表

适用范围	第一级及以上等级保护系统
评估内容	1）应核查是否已经重命名默认账户或默认账户已被删除。 2）应核查是否已修改默认账户的默认口令
FOP 描述	1）设备默认口令未修改。 2）应用系统默认口令未修改
评估场景	1）网络设备、安全设备、主机设备（包括操作系统、数据库等）的默认口令未修改，使用默认口令可以登录设备。 2）应用系统的默认口令未修改，使用默认口令可以登录系统
补偿因素	1）针对因业务场景需要，无法修改专用设备的默认口令的情况，评估员可从设备登录方式、物理访问控制、访问权限、其他技术防护措施、相关管理制度落实等角度进行综合风险分析，根据分析结果，酌情判定风险等级。 2）针对因业务场景需要，无法修改应用系统的默认口令的情况，评估员可从设备登录方式、物理访问控制、访问权限、其他技术防护措施、相关管理制度落实等角度进行综合风险分析，根据分析结果，酌情判定风险等级
整改建议	1）建议重命名或删除网络设备、安全设备、主机设备（包括操作系统、数据库等）中的默认账户，修改默认密码，增强账户安全性。 2）建议重命名或删除应用系统中的默认账户，修改默认密码，增强账户安全性

评估参考：

1）应核查是否修改默认账户和预设账户的默认口令。（金融 L4-CES1-07）

2）应核查应用系统是否对首次登录的用户强制修改默认账户或预设账户的默认口令，是否修改默认账户或预设账户的默认口令。（金融 L4-CES1-08）

3）无法重命名或删除的默认账户，应阻止其直接远程登录（广电 9.1.3.2b）

4）应用系统应强制首次登录用户修改预设的默认口令。（广电 9.1.3.2h）

5）应限制未登录用户的使用权限，可对匿名用户使用记录进行追溯。（广电 9.1.3.2i）

6）播出直接相关系统的特权命令（如播出文件调整，播出节目单调整）应在服务器或专用操作终端执行。（广电 9.1.3.2j）

CE2c 应及时删除或停用多余的、过期的账户，避免共享账户的存在

适用范围	第一级及以上等级保护系统
访谈对象	各专业负责人
评估对象	终端和服务器等设备中的操作系统（包括宿主机和虚拟机操作系统）、网络设备（包括虚拟网络设备）、安全设备（包括虚拟安全设备）、移动终端、移动终端管理系统、移动终端管理客户端、感知节点设备、网关节点设备、控制设备、业务应用系统、数据库管理系统、中间件和系统管理软件及系统设计文档等
评估内容	1）应核查是否存在多余的或过期的账户，管理员用户与账户之间是否一一对应。 2）应测试验证多余的、过期的账户是否被删除或停用

评估参考：

应核查是否通过技术手段定期检测多余的、过期的账户。（金融 L4-CES1-09）

CE2d 应授予管理用户所需的最小权限，实现管理用户的权限分离

适用范围	第二级及以上等级保护系统
访谈对象	各专业负责人
评估对象	终端和服务器等设备中的操作系统（包括宿主机和虚拟机操作系统）、网络设备（包括虚拟网络设备）、安全设备（包括虚拟安全设备）、移动终端、移动终端管理系统、移动终端管理客户端、感知节点设备、网关节点设备、控制设备、业务应用系统、数据库管理系统、中间件和系统管理软件及系统设计文档等
评估内容	1）应核查是否进行了管理用户角色划分。 2）应核查管理用户的权限是否已进行分离。 3）应核查给予不同管理用户的权限是否为其工作所需的最小权限

CE2e 应由授权主体配置访问控制策略，访问控制策略规定主体对客体的访问规则

适用范围	第三级及以上等级保护系统
访谈对象	各专业负责人
评估对象	终端和服务器等设备中的操作系统（包括宿主机和虚拟机操作系统）、网络设备（包括虚拟网络设备）、安全设备（包括虚拟安全设备）、移动终端、移动终端管理系统、移动终端管理客户端、业务应用系统、数据库管理系统、中间件和系统管理软件及系统设计文档等
评估内容	1）应核查是否有授权主体（如管理用户）负责配置访问控制策略。 2）应核查授权主体是否依据安全策略配置了主体对客体的访问规则。 3）应测试验证用户是否存在可越权访问的情况
FOP 描述	应用系统访问控制机制存在缺陷
评估场景	应用系统访问控制策略存在缺陷，可越权访问系统功能模块或查看、操作其他用户的数据，如存在非授权访问系统功能模块、平行权限漏洞、低权限用户越权访问高权限功能模块等
补偿因素	1）对于部署在可控网络环境中的应用系统，评估员可从现有的防护措施、用户行为监控等角度进行综合风险分析，根据分析结果，酌情判定风险等级。 2）评估员可从非授权访问模块的重要程度、影响程度，越权访问的难度等角度进行综合风险分析，根据分析结果，酌情判定风险等级
整改建议	建议完善访问控制措施，对系统重要页面、功能模块重新进行权限校验，确保应用系统不存在访问控制失效的情况

CE2f 访问控制的粒度应达到主体为用户级或进程级，客体为文件、数据库表级

适用范围	第三级及以上等级保护系统
访谈对象	各专业负责人
评估对象	终端和服务器等设备中的操作系统（包括宿主机和虚拟机操作系统）、网络设备（包括虚拟网络设备）、安全设备（包括虚拟安全设备）、移动终端、移动终端管理系统、移动终端管理客户端、业务应用系统、数据库管理系统、中间件和系统管理软件及系统设计文档等
评估内容	应核查访问控制策略的控制粒度是否达到主体为用户级或进程级，客体为文件级、数据库表、记录、字段级

CE2g 应对主体、客体设置安全标记，并依据安全标记和强制访问控制规则确定主体对客体的访问

适用范围	第四级等级保护系统
访谈对象	各专业负责人
评估对象	终端和服务器等设备中的操作系统（包括宿主机和虚拟机操作系统）、网络设备（包括虚拟网络设备）、安全设备（包括虚拟安全设备）、移动终端、移动终端管理系统、移动终端管理客户端、业务应用系统、数据库管理系统、中间件和系统管理软件及系统设计文档等
评估内容	1）应核查相关系统是否对主体、客体设置了安全标记。 2）应测试验证相关系统是否依据主体、客体安全标记控制主体对客体的访问。 3）对于第三级等级保护系统，应对重要主体和客体设置安全标记，并控制主体对有安全标记信息资源的访问

评估参考：

应对重要主体和客体设置安全标记，并依据强制访问控制规则控制主体对有安全标记信息资源的访问。（广电 9.1.3.2g）

CE2h 应保证当虚拟机迁移时，访问控制策略随之迁移

适用范围	第一级及以上等级保护系统
访谈对象	系统/云计算专业负责人
评估对象	虚拟机、虚拟机迁移记录和相关配置
评估内容	1）应核查虚拟机迁移时访问控制策略是否随之迁移。 2）应测试验证虚拟机迁移后访问控制措施是否随之迁移

CE2i 应允许云服务客户设置不同虚拟机之间的访问控制策略

适用范围	第一级及以上等级保护系统
访谈对象	系统/云计算专业负责人
评估对象	虚拟机和安全组或相关组件
评估内容	1）应核查云服务客户是否能够设置不同虚拟机之间的访问控制策略。 2）应测试验证上述访问控制策略的有效性

评估参考：

应禁止云服务供应商或第三方未授权操作云服务客户资源；核查在未授权情况下，云服务供应商或第三方是否无法操作云服务客户资源。（金融 L4-CES2-11）

6.3　安全审计和可信验证 CE3

业 绩 目 标

对每个用户启用安全审计，对重要的用户行为和安全事件进行审计，防止审计进程中断，确保审计记录完整并备份保护；根据等级保护对象的安全保护等级启用相应级别的可信验证措施。

评 估 准 则

CE3a	应启用安全审计功能，审计覆盖每个用户，对重要的用户行为和重要安全事件进行审计
CE3b	审计记录应包括事件的日期和时间、事件类型、主体标识、客体标识和结果等
CE3c	应对审计记录进行保护，定期备份，避免受到未预期的删除、修改或覆盖等
CE3d	应对审计进程进行保护，防止未经授权的中断
CE3e	可基于可信根对计算设备的系统引导程序、系统程序、重要配置参数和应用程序等进行可信验证，并在应用程序的所有执行环节进行动态可信验证，在检测到其可信性受到破坏后进行报警，并将验证结果形成审计记录送至安全管理中心，并进行动态关联感知。

使 用 指 引

CE3a 应启用安全审计功能，审计覆盖每个用户，对重要的用户行为和重要安全事件进行审计

适用范围	第二级及以上等级保护系统
访谈对象	各专业负责人
评估对象	终端和服务器等设备中的操作系统（包括宿主机和虚拟机操作系统）、网络设备（包括虚拟网络设备）、安全设备（包括虚拟安全设备）、移动终端、移动终端管理系统、移动终端管理客户端、感知节点设备、网关节点设备、控制设备、业务应用系统、数据库管理系统、中间件和系统管理软件及系统设计文档等
评估内容	1）应核查相关设备和系统是否开启了安全审计功能。 2）应核查安全审计范围是否覆盖每个用户。 3）应核查相关设备和系统是否对重要的用户行为和重要安全事件进行审计
FOP 描述	1）设备安全审计措施缺失。 2）应用系统安全审计措施缺失
评估场景	1）关键网络设备、关键安全设备、关键主机设备（包括操作系统、数据库等）未开启任何审计功能，无法对重要的用户行为和重要安全事件进行审计；未采用堡垒机、第三方审计工具等技术手段或所采用的辅助审计措施存在缺陷，无法对重要的用户行为和重要安全事件进行溯源。 2）应用系统无任何日志审计功能，无法对重要的用户行为和重要安全事件进行审计；未采取其他审计措施或其他审计措施存在缺陷，无法对应用系统重要的用户行为和重要安全事件进行溯源
补偿因素	1）无。 2）针对日志记录不全或有审计数据但无直观展示等情况，评估员可从审计记录内容、事件追溯范围等角度进行综合风险分析，根据分析结果，酌情判定风险等级

适用范围	第二级及以上等级保护系统
整改建议	1）建议在关键网络设备、关键安全设备、关键主机设备（包括操作系统数据库等）、运维终端性能允许的前提下，开启用户操作类和安全事件类审计策略；若设备性能不允许，建议使用第三方日志审计工具，实现对相关设备操作与安全行为的全面审计记录，保证发生安全问题时能够及时溯源。 2）建议应用系统完善审计模块，对重要用户的行为进行日志审计，审计范围不仅包含前端用户的行为，也包含后台管理员的重要操作

评估参考：

客户端应用软件运行日志中不应打印支付敏感信息，不应打印完整的敏感数据原文；核查运行日志是否未打印支付敏感信息；核查运行日志是否未打印完整的敏感数据原文。（金融 L4-CES3-11）

CE3b 审计记录应包括事件的日期和时间、事件类型、主体标识、客体标识和结果等

适用范围	第二级及以上等级保护系统
访谈对象	各专业负责人
评估对象	终端和服务器等设备中的操作系统（包括宿主机和虚拟机操作系统）、网络设备（包括虚拟网络设备）、安全设备（包括虚拟安全设备）、移动终端、移动终端管理系统、移动终端管理客户端、感知节点设备、网关节点设备、控制设备、业务应用系统、数据库管理系统、中间件和系统管理软件及系统设计文档等。
评估内容	应核查相关设备和系统中的审计记录信息是否包括事件的日期和时间、主体标识、客体标识、事件类型、结果及其他与审计相关的信息

评估参考：

1）应测试验证审计记录产生时的时间是否由系统范围内唯一确定的时钟产生。（金融 L4-CES1-21）

2）审计记录应包括事件的日期和时间、用户、事件类型、事件是否成功及其他与审计相关的信息。（广电 9.1.3.3b）

CE3c 应对审计记录进行保护，定期备份，避免其受到未预期的删除、修改或覆盖等

适用范围	第二级及以上等级保护系统
访谈对象	各专业负责人
评估对象	终端和服务器等设备中的操作系统（包括宿主机和虚拟机操作系统）、网络设备（包括虚拟网络设备）、安全设备（包括虚拟安全设备）、移动终端、移动终端管理系统、移动终端管理客户端、感知节点设备、网关节点设备、控制设备、业务应用系统、数据库管理系统、中间件和系统管理软件及系统设计文档等
评估内容	1）应核查相关设备和系统是否采取了保护措施对审计记录进行保护。 2）应核查相关设备和系统是否采取了技术措施对审计记录进行定期备份，并核查其备份策略
FOP 描述	1）设备审计记录不符合保护要求。 2）应用系统审计记录不符合保护要求
评估场景	1）关键网络设备、关键安全设备、关键主机设备（包括操作系统、数据库等）的重要操作、安全事件日志可被非预期删除、修改或覆盖等；关键网络设备、关键安全设备、关键主机设备（包括操作系统、数据库等）的重要操作、安全事件日志的留存时间不满足法律法规规定的要求（不少于 6 个月）。 2）应用系统业务操作类、安全类等重要日志可被恶意删除、修改或覆盖等；应用系统业务操作类、安全类等重要日志的留存时间不满足法律法规规定的相关要求（不少于 6 个月）

适用范围	第二级及以上等级保护系统
补偿因素	1）针对被测对象上线运行时间不足六个月的情况，评估员可从当前日志保存情况、日志备份策略、日志存储容量等角度进行综合风险分析，根据分析结果，酌情判定风险等级。 2）针对应用系统提供历史日志删除等功能的情况，评估员可从历史日志时间范围、追溯时效和意义等角度进行综合风险分析，根据分析结果，酌情判定风险等级；针对应用系统未正式上线或上线时间不足六个月等情况，评估员可从当前日志保存情况、日志备份策略、日志存储容量等角度进行综合风险分析，根据分析结果，酌情判定风险等级
整改建议	1）建议对设备的重要操作、安全事件日志进行妥善保存，避免其受到非预期的删除、修改或覆盖等，日志留存时间不少于 6 个月，符合法律法规的相关要求。 2）建议对应用系统重要操作类、安全类等日志进行妥善保存，避免其受到非预期的删除、修改或覆盖等，日志留存时间不少于 6 个月，符合法律法规的相关要求

评估参考：

应核查审计记录保存时间是否不少于 6 个月。（金融 L4-CES1-18）

CE3d 应对审计进程进行保护，防止未经授权的中断

适用范围	第三级及以上等级保护系统
访谈对象	各专业负责人
评估对象	终端和服务器等设备中的操作系统（包括宿主机和虚拟机操作系统）、网络设备（包括虚拟网络设备）、安全设备（包括虚拟安全设备）、移动终端、移动终端管理系统、移动终端管理客户端、感知节点设备、网关节点设备、控制设备、业务应用系统、数据库管理系统、中间件和系统管理软件及系统设计文档等
评估内容	应测试验证通过非审计管理员的其他账户中断审计进程，验证审计进程是否受到保护

评估参考：

应测试验证通过非审计管理员的其他账户来中断审计进程或程序，验证审计进程或程序是否受到保护。（金融 L4-CES1-19）

CE3e 可基于可信根对计算设备的系统引导程序、系统程序、重要配置参数和应用程序等进行可信验证，并在应用程序的所有执行环节进行动态可信验证，在检测到其可信性受到破坏后进行报警，并将验证结果形成审计记录送至安全管理中心，并进行动态关联感知

适用范围	第四级等级保护系统
访谈对象	系统/云计算专业负责人
评估对象	提供可信验证的设备或组件、提供集中审计功能的系统
评估内容	1）应核查相关设备或系统是否基于可信根对计算设备的系统引导程序、系统程序、重要配置参数和应用程序等进行可信验证。 2）应核查是否在应用程序的所有执行环节进行动态可信验证。 3）应测试验证当检测到计算设备的可信性受到破坏后是否进行报警。 4）应测试验证结果是否以审计记录的形式送至安全管理中心。 5）应核查相关系统是否能够进行动态关联感知

续表

适用范围	第四级等级保护系统
评估内容	6）对于第三级等级保护系统，在应用程序的关键执行环节进行动态可信验证，无须进行动态关联感知。 7）对于第二级等级保护系统，无须在执行环节进行动态可信验证，也无须进行动态关联感知。 8）对于第一级等级保护系统，仅需要基于可信根对计算设备的系统引导程序、系统程序等进行可信验证，在检测到其可信性受到破坏后进行报警

评估参考：

1）核查电力监控系统安全防护措施，评估不具备升级改造条件的在运系统是否通过健全和落实安全管理制度和安全应急机制、加强安全管控、强化网络隔离等方式降低安全风险。（可信安全免疫基本要求：在构成电力监控系统网络安全防护体系的各个模块内部，应逐步采用基于可信计算的安全免疫防护技术，形成对病毒木马等恶意代码的自动免疫。重要电力监控系统应在有条件时逐步推广应用以密码硬件为核心的可信计算技术，用于实现计算环境和网络环境安全免疫，免疫未知恶意代码，防范有组织的、高级别的恶意攻击。安全免疫的相关要求主要适用于新建或新开发的重要电力监控系统，在运系统具备升级改造条件时可参照执行，不具备升级改造条件的应强化安全管理和安全应急措施。（电力 8.5.2a）

2）核查重要电力监控系统关键控制软件和厂商提供的检测报告，评估强制版本管理情况。评估内容包括但不限于：a）操作系统和监控软件的全部可执行代码在开发或升级后是否通过了指定的具有安全检测资质的检测机构的检测；b）可执行代码在启动运行前是否通过了对其生产厂商和检测机构签名的审查（强制版本管理要求：重要电力监控系统关键控制软件应采用基于可信计算的强制版本管理措施，操作系统和监控软件的全部可执行代码，在开发或升级后应由生产厂商采用数字证书对其签名并送检，通过检测的控制软件程序应由检测机构用其数字证书对其签名，生产控制大区应禁止未包含生产厂商和检测机构签名版本的可执行代码启动运行）。（电力 8.5.2b）

3）核查重要电力监控系统基于可信计算的静态安全启动机制，评估静态安全免疫情况。评估内容包括但不限于：a）设计方案、部署方案等相关文档中是否包含有效的静态度量技术；b）是否符合静态安全免疫要求（重要电力监控系统应采用基于可信计算的静态安全启动机制。服务器加电至操作系统启动前对 BIOS、操作系统引导程序以及系统内核执行静态度量，业务应用、动态库、系统内核模块在启动时应对其执行静态度量，确保被度量对象未被篡改且不存在未知代码，未经度量的对象应无法启动或执行）。（电力 8.5.2c）

4）核查重要电力监控系统基于可信计算的动态安全防护机制，评估动态安全免疫情况。评估内容包括但不限于：a）设计方案、部署方案等相关文档中是否包含有效的动态度量技术；b）动态度量对象是否包括系统进程、数据、代码段及业务网络，各项度量内容是否符合动态安全免疫要求（重要电力监控系统应采用基于可信计算的动态安全防护机制，对系统进程、数据、代码段进行动态度量，不同进程之间不应存在未经许可的相互调用，禁止向内存代码段与数据段直接注入代码的执行。重要电力监控系统应对业务网络进行动态度量，业务连接请求与接收端的主机设备应可以向对端证明当前本机身份和状态的可信性，不应在无法证明任意一端身份和状态可信的情况下建立业务连接）。（电力 8.5.2d）

6.4　入侵和恶意代码防范 CE4

业 绩 目 标

推行最小安装原则，关闭不需要的系统服务、默认共享和高危端口，限制管理终端接入方式或网络地址范围，对人机接口或通信接口输入内容进行有效性检验，核查和修补高风险漏洞，防范入侵重要节点和虚拟机，采用主动免疫可信验证机制，增强入侵防范能力和恶意代码防范能力。

评估准则

CE4a	应遵循最小安装的原则，仅安装需要的组件和应用程序
CE4b	**应关闭不需要的系统服务、默认共享和高危端口**
CE4c	**应通过设定终端接入方式或网络地址范围对通过网络进行管理的管理终端进行限制**
CE4d	**应提供数据有效性检验功能，保证通过人机接口输入或通过通信接口输入的内容符合系统设定要求**
CE4e	**应能发现可能存在的已知漏洞，并在经过充分测试评估后，及时修补漏洞**
CE4f	应能够检测到对重要节点进行入侵的行为，并在发生严重入侵事件时进行报警
CE4g	应能检测虚拟机之间的资源隔离失效，并进行告警
CE4h	应能检测非授权新建虚拟机或者重新启用虚拟机，并进行告警
CE4i	应能够检测恶意代码感染及在虚拟机间蔓延的情况，并进行告警
CE4j	**应采用主动免疫可信验证机制及时识别入侵和病毒行为，并将其有效阻断**

使用指引

CE4a 应遵循最小安装的原则，仅安装需要的组件和应用程序

适用范围	第一级及以上等级保护系统
访谈对象	各专业负责人
评估对象	终端和服务器等设备中的操作系统（包括宿主机和虚拟机操作系统）、网络设备（包括虚拟网络设备）、安全设备（包括虚拟安全设备）移动终端、移动终端管理系统、移动终端管理客户端、感知节点设备、网关节点设备和控制设备等
评估内容	1）应核查相关设备或系统是否遵循了最小安装的原则。 2）应核查相关设备或系统是否安装了非必要的组件和应用程序

评估参考：

　　所有安全计算环境设备应全部专用化，生产设备不得进行与业务不相关的操作；应核查各安全计算环境设备的业务用途是否专用化；应核查各安全计算环境设备是否未进行过与业务用途不相关的操作。（金融 L4-CES1-28）

CE4b 应关闭不需要的系统服务、默认共享和高危端口

适用范围	第一级及以上等级保护系统
访谈对象	各专业负责人
评估对象	终端和服务器等设备中的操作系统（包括宿主机和虚拟机操作系统）、网络设备（包括虚拟网络设备）、安全设备（包括虚拟安全设备）移动终端、移动终端管理系统、移动终端管理客户端、感知节点设备、网关节点设备和控制设备等
评估内容	1）应核查相关设备和系统是否关闭了非必要的系统服务和默认共享。 2）应核查相关设备和系统是否不存在非必要的高危端口

续表

适用范围	第一级及以上等级保护系统
FOP 描述	设备开启多余的服务、高危端口
评估场景	1）网络设备、安全设备、主机设备（操作系统）开启多余的系统服务、默认共享、高危端口。 2）未采用地址访问限制、安全防护设备等技术手段，减少系统服务、默认共享、高危端口开启所带来的安全隐患
补偿因素	针对系统服务、默认共享、高危端口仅能通过可控网络环境访问的情况，评估员可从现有网络防护措施、所面临的威胁情况等角度进行综合风险分析，根据分析结果，酌情判定风险等级
整改建议	建议网络设备、安全设备、主机设备等关闭不必要的服务和端口，减少安全隐患

CE4c 应通过设定终端接入方式或网络地址范围对通过网络进行管理的管理终端进行限制

适用范围	第二级及以上等级保护系统
访谈对象	各专业负责人
评估对象	终端和服务器等设备中的操作系统（包括宿主机和虚拟机操作系统）、网络设备（包括虚拟网络设备）、安全设备（包括虚拟安全设备）移动终端、移动终端管理系统、移动终端管理客户端、感知节点设备、网关节点设备和控制设备等
评估内容	应核查配置文件或参数等是否对终端接入范围进行了限制
FOP 描述	设备管理终端限制措施缺失
评估场景	网络设备、安全设备、主机设备（包括操作系统、数据库等）通过不可控网络环境进行远程管理，未采取终端接入管控、网络地址范围限制等技术手段对管理终端进行限制
补偿因素	采取多种身份鉴别等技术措施，能够降低管理终端管控不完善所带来的安全风险，评估员可根据实际措施效果，酌情判定风险等级
整改建议	建议通过地址限制、准入控制等技术手段，对管理终端进行管控和限制

CE4d 应提供数据有效性检验功能，保证通过人机接口输入或通过通信接口输入的内容符合系统设定要求

适用范围	第二级及以上等级保护系统
访谈对象	应用/互联网应用专业负责人
评估对象	业务应用系统、中间件和系统管理软件及系统设计文档等
评估内容	1）应核查系统设计文档的内容是否包括数据有效性检验功能的内容或模块。 2）应测试验证相关系统和软件是否对人机接口或通信接口输入的内容进行了有效性检验
FOP 描述	应用系统数据有效性检验功能缺失
评估场景	1）应用系统存在 SQL 注入、跨站脚本、上传漏洞等可能导致敏感数据泄露、网页篡改、服务器被入侵等安全事件的发生，造成严重后果的高危漏洞。 2）未采取 WEB 应用防火墙、云盾等技术防护手段对高危漏洞进行防范
补偿因素	对于不与互联网交互的内网系统，评估员可从应用系统的重要程度、漏洞影响程度、漏洞利用难度、内部网络管控措施等角度进行综合风险分析，根据分析结果，酌情判定风险等级

适用范围	第二级及以上等级保护系统
整改建议	建议修改应用系统代码，对输入数据的格式、长度、特殊字符进行校验和必要的过滤，提高应用系统的安全性，防止相关漏洞的出现

评估参考：

大数据平台入侵防范：应对所有进入系统的数据进行检测，避免出现恶意数据输入。（大数据 7.4.4b）

CE4e 应能发现可能存在的已知漏洞，并在经过充分测试评估后，及时修补漏洞

适用范围	第二级及以上等级保护系统
访谈对象	各专业负责人
评估对象	终端和服务器等设备中的操作系统（包括宿主机和虚拟机操作系统）、网络设备（包括虚拟网络设备）、安全设备（包括虚拟安全设备）、移动终端、移动终端管理系统、移动终端管理客户端、感知节点设备、网关节点设备、控制设备、业务应用系统、数据库管理系统、中间件和系统管理软件等
评估内容	1）应通过漏洞扫描、渗透测试等方式核查相关设备或系统是否不存在高风险漏洞。 2）应核查相关单位和组织是否在经过充分测试评估后及时修补了漏洞
FOP 描述	1）互联网设备存在已知高危漏洞。 2）内网设备存在可被利用的高危漏洞。 3）应用系统存在可被利用的高危漏洞
评估场景	1）网络设备、安全设备、主机设备（包括操作系统、数据库等）可通过互联网管理或访问（包括服务、管理模块等）；该设备型号、版本存在外界披露的高危安全漏洞，未及时进行修补或采取其他有效防范措施。 2）网络设备、安全设备、主机设备（包括操作系统、数据库等）仅能通过内部网络管理或访问（包括服务、管理模块等）；通过验证测试或渗透测试确认设备存在缓冲区溢出、提权漏洞、远程代码执行等可能导致重大安全隐患的漏洞。 3）应用系统所使用的环境、框架、组件或业务功能等存在可被利用的高危漏洞或严重逻辑缺陷，可能导致敏感数据泄露、网页篡改、服务器被入侵、绕过安全验证机制的非授权访问等安全事件的发生；未采取其他有效技术手段对高危漏洞或逻辑缺陷进行修补
补偿因素	1）通过访问地址限制或其他有效防护措施，使该高危漏洞无法通过互联网被利用，评估员可根据实际措施效果，酌情判定风险等级。 2）针对经过充分测试评估，该漏洞无法进行修补的情况，评估员可从物理、网络环境管控情况、发生攻击行为的可能性、现有防范措施等角度进行综合风险分析，根据分析结果，酌情判定风险等级。 3）对于不与互联网交互的内网系统，评估员可从应用系统的重要程度、漏洞影响程度、漏洞利用难度、内部网络管控措施等角度进行综合风险分析，根据分析结果，酌情判定风险等级
整改建议	1）建议接收安全厂商的漏洞信息推送或在本地安装安全软件，及时了解漏洞动态，在充分测试评估的基础上，修补高风险安全漏洞。 2）建议在充分测试的情况下，及时对设备进行补丁更新，修补已知的高风险安全漏洞；此外，还应定期对设备进行漏洞扫描，及时发现并处理安全风险漏洞，提高设备的稳定性与安全性。 3）建议定期对应用系统进行漏洞扫描、渗透测试等，对可能存在的已知漏洞、逻辑漏洞，在充分测试评估后及时进行修补，减少安全隐患

评估参考：

1）应核查是否使用漏洞扫描工具、人工漏洞排查分析等检查手段开展漏洞检查工作；应核查是否不存在高风险漏洞或在充分测试评估后及时修补漏洞。（金融 L4-CES1-26）

2）通过漏洞扫描工具、人工漏洞排查等手段。（广电 9.1.3.4c）

CE4f 应能够检测到对重要节点进行入侵的行为，并在发生严重入侵事件时进行报警

适用范围	第三级及以上等级保护系统
访谈对象	各专业负责人
评估对象	终端和服务器等设备中的操作系统（包括宿主机和虚拟机操作系统）、网络设备（包括虚拟网络设备）、安全设备（包括虚拟安全设备）、移动终端、移动终端管理系统、移动终端管理客户端、感知节点设备、网关节点设备和控制设备等
评估内容	1）应与相关人员进行沟通并核查相关设备和系统是否有入侵检测的措施。 2）应核查相关设备和系统在发生严重入侵事件时是否进行报警

评估参考：

1）应核查是否采取技术措施对**所有**节点进行入侵检测；应核查是否能对严重入侵事件进行报警，如声音、邮件、短信等方式。（金融 L4-CES1-27）

2）应通过给系统人为制造一些故障（如系统异常），测试验证系统是否未在故障发生时将技术错误信息直接或间接反馈到前台界面。（金融 L4-CES1-29）

3）核查生产控制大区已部署的入侵检测措施，评估检测规则是否配置合理有效，是否有特征码离线更新前的测试记录，是否存在直接连接因特网在线更新的情况。（电力 8.3.6.2b）

CE4g 应能检测虚拟机之间的资源隔离失效，并进行告警

适用范围	第三级及以上等级保护系统
访谈对象	系统/云计算专业负责人
评估对象	云管理平台或相关组件
评估内容	应核查相关系统和组件是否能够检测到虚拟机之间的资源隔离失效并进行告警，如 CPU、内存和磁盘资源之间的隔离失效

CE4h 应能检测非授权新建虚拟机或者重新启用虚拟机，并进行告警

适用范围	第三级及以上等级保护系统
访谈对象	系统/云计算专业负责人
评估对象	云管理平台或相关组件
评估内容	应核查相关系统和组件是否能够检测到非授权新建虚拟机或者重新启用虚拟机，并进行告警

CE4i 应能够检测恶意代码感染及在虚拟机间蔓延的情况，并进行告警

适用范围	第三级及以上等级保护系统
访谈对象	系统/云计算专业负责人
评估对象	云管理平台、云服务客户、防病毒网关和 UTM 等提供防恶意代码功能的系统或相关组件
评估内容	应核查相关系统和组织是否能够检测恶意代码感染及在虚拟机间蔓延的情况，并进行告警

续表

适用范围	第三级及以上等级保护系统

评估参考：

1）应核查是否能够检测虚拟机对宿主机资源的异常访问，并进行告警。（金融 L4-CES2-15）

2）应核查是否采取了措施对虚拟机启动和运行过程进行完整性保护。（金融 L4-CES2-16）

3）应核查是否采取了措施对虚拟机重要配置文件进行完整性保护。（金融 L4-CES2-17）

4）测评对象是云计算平台时，应核查云计算平台是否部署了防恶意代码产品或采取了其他恶意代码防范措施，应核查防恶意代码产品运行是否正常，是否支持对后门、木马、蠕虫、webshell 等恶意代码的静态检测和行为检测，应核查恶意代码库是否已经更新到最新，应检查是否支持对检测出的恶意代码进行控制和隔离；测评对象是云服务客户时，应核查云服务客户是否开启了恶意代码防范服务或采取了其他恶意代码防范措施。（金融 L4-CES2-18）

5）测评对象是云计算平台时，应核查云计算平台是否支持云服务客户自行安装防恶意代码软件，是否支持更新防恶意代码软件版本和恶意代码库，应核查防恶意代码软件版本和恶意代码库是否为最新；测评对象是云服务客户时，应核查云服务客户是否可自行安装防恶意代码软件，是否支持更新防恶意代码软件版本和恶意代码库，应核查防恶意代码软件版本和恶意代码库是否为最新。（金融 L4-CES2-19）

CE4j 应采用主动免疫可信验证机制及时识别入侵和病毒行为，并将其有效阻断

适用范围	第四级等级保护系统
访谈对象	各专业负责人
评估对象	终端和服务器等设备中的操作系统（包括宿主机和虚拟机操作系统）、移动终端、移动终端管理系统、移动终端管理客户端和控制设备等
评估内容	1）应核查相关设备和系统是否采用主动免疫可信验证技术及时识别入侵和病毒行为。 2）应核查相关设备和系统当识别入侵和病毒行为时，是否能够将其有效阻断。 3）第三级等级保护系统还可采用免受恶意代码攻击的技术措施；第一级和第二等级保护系统应安装防恶意代码软件或配置具有相应功能的软件，并定期进行升级和更新防恶意代码库
FOP 描述	恶意代码防范措施缺失
评估场景	1）主机层无恶意代码检测和清除措施，或恶意代码库超过一个月未更新。 2）网络层无恶意代码检测和清除措施，或恶意代码库超过一个月未更新
补偿因素	1）对于使用 Linux、Unix、Solaris、CentOS、AIX、Mac 等非 Windows 操作系统的第二级等级保护系统，主机和网络层均未部署恶意代码检测和清除产品，评估员可从总体防御措施、恶意代码入侵的可能性等角度进行综合风险分析，根据分析结果，酌情判定风险等级。 2）与互联网完全物理隔离或强逻辑隔离的系统，其网络环境可控，并采取 USB 介质管控、部署主机防护软件、设置软件白名单等技术措施，能有效防范恶意代码进入被测主机或网络，评估员可根据实际措施效果，酌情判定风险等级。 3）主机设备采用可信基的防控技术，对设备运行环境进行有效度量，评估员可根据实际措施效果，酌情判定风险等级
整改建议	建议在关键网络节点及主机操作系统上均部署恶意代码检测和清除产品，并及时更新恶意代码库，网络层与主机层恶意代码防范产品宜形成异构模式，有效检测及清除可能出现的恶意代码攻击

评估参考：

对于 3 级及以上系统，应核查是否建立病毒监控中心，对网络内计算机感染病毒的情况进行监控。（金融 L4-CES1-31）

6.5 数据完整性和保密性 CE5

业绩目标

推进（国产）密码技术应用，保证鉴别数据、重要的业务/审计/配置/视频/个人等信息在传输、存储和应用及云服务模式下的完整性、保密性和合规性。

评估准则

CE5a	应采用密码技术保证重要数据在传输过程中的完整性，重要数据包括但不限于鉴别数据、重要业务数据、重要审计数据、重要配置数据、重要视频数据和重要个人信息
CE5b	应采用密码技术保证重要数据在存储过程中的完整性，重要数据包括但不限于鉴别数据、重要业务数据、重要审计数据、重要配置数据、重要视频数据和重要个人信息
CE5c	在可能涉及法律责任认定的应用中，应采用密码技术提供数据原发证据和数据接收证据，实现数据原发行为的抗抵赖和数据接收行为的抗抵赖
CE5d	应采用密码技术保证重要数据在传输过程中的保密性，重要数据包括但不限于鉴别数据、重要业务数据和重要个人信息
CE5e	应采用密码技术保证重要数据在存储过程中的保密性，重要数据包括但不限于鉴别数据、重要业务数据和重要个人信息
CE5f	应确保云服务客户数据、用户个人信息等存储于中国境内，如需出境应遵循国家相关规定
CE5g	应保证只有在云服务客户授权下，云服务供应商或第三方才能拥有云服务客户数据的管理权限
CE5h	应使用校验技术或密码技术保证虚拟机迁移过程中重要数据的完整性，并在检测到重要数据的完整性遭到破坏时采取必要的恢复措施
CE5i	应支持云服务客户部署密钥管理解决方案，保证云服务客户自行实现数据的加密/解密过程

使用指引

CE5a 应采用密码技术保证重要数据在传输过程中的完整性，重要数据包括但不限于鉴别数据、重要业务数据、重要审计数据、重要配置数据、重要视频数据和重要个人信息

适用范围	第三级及以上保护系统
访谈对象	网络专业负责人
评估对象	业务应用系统、数据库管理系统、中间件、系统管理软件及系统设计文档、数据安全保护系统、终端和服务器等设备中的操作系统及网络设备和安全设备等

续表

适用范围	第三级及以上等级保护系统
评估内容	1）应核查系统设计文档，查看鉴别数据、重要业务数据、重要审计数据、重要配置数据、重要视频数据和重要个人信息等在传输过程中是否采用了密码技术保证其完整性。 2）应测试验证在传输过程中对鉴别数据、重要业务数据、重要审计数据、重要配置数据、重要视频数据和重要个人信息等进行篡改，相关设备和系统是否能够检测到数据在传输过程中的完整性受到破坏并能够及时恢复。 3）第一级和第二级等级保护系统应采用校验技术保证重要数据在传输过程中的完整性
FOP 描述	重要数据传输完整性保护措施缺失
评估场景	网络层或应用层无任何重要数据（如交易类数据、操作指令数据等）传输完整性保护措施，一旦数据遭到篡改，将对系统或个人造成重大影响
补偿因素	针对重要数据在可控网络中传输的情况，评估员可从已采取的网络管控措施、遭受数据篡改的可能性等角度进行综合风险分析，根据分析结果，酌情判定风险等级
整改建议	建议采用校验技术或密码技术保证通信过程中数据的完整性，相关密码技术需符合国家密码管理部门的规定

评估参考：

1）采用密码技术保证重要数据在传输过程中的完整性，包括但不限于**调度信息**、鉴别数据、重要业务数据、重要审计数据、重要配置数据、**重要媒体内容数据**和重要个人信息等。（广电 9.1.3.7 a）

2）密评指引——（应用和数据安全）重要数据传输完整性

2.1）基本要求：采用密码技术保证信息系统应用的重要数据在传输过程中的完整性。（密评基 9.4f）

2.2）密评实施：核查应用系统是否采用基于对称密码算法或密码杂凑算法的消息鉴别码（MAC）机制、基于公钥密码算法的数字签名机制等密码技术对重要数据在传输过程中进行完整性保护，并验证传输数据完整性保护机制是否正确和有效。（密评测 6.4.6）

CE5b 应采用密码技术保证重要数据在存储过程中的完整性，重要数据包括但不限于鉴别数据、重要业务数据、重要审计数据、重要配置数据、重要视频数据和重要个人信息

适用范围	第三级及以上等级保护系统
访谈对象	系统/云计算专业负责人
评估对象	业务应用系统、数据库管理系统、中间件、系统管理软件及系统设计文档、数据安全保护系统、终端和服务器等设备中的操作系统及网络设备和安全设备等；密码设备、各类虚拟设备，以及提供完整性保护功能的密码产品
评估内容	1）应核查相关设备和系统是否采用了密码技术保证鉴别数据、重要业务数据、重要审计数据、重要配置数据、重要视频数据和重要个人信息等在存储过程中的完整性。 2）应核查相关设备和系统是否采用技术措施（如数据安全保护系统等）保证鉴别数据、重要业务数据、重要审计数据、重要配置数据、重要视频数据和重要个人信息等在存储过程中的完整性。 3）应测试验证在存储过程中对鉴别数据、重要业务数据、重要审计数据、重要配置数据、重要视频数据和重要个人信息等进行篡改，相关设备和系统是否能够检测到数据在存储过程中的完整性受到破坏并能够及时恢复

适用范围	第三级及以上等级保护系统

评估参考：

1）采用校验技术或密码技术保证重要数据在存储过程中的完整性，包括但不限于鉴别数据、重要业务数据、重要审计数据、重要配置数据、重要媒体内容数据和重要个人信息等。（广电 9.1.3.7 a）

2）大数据完整性：应采用技术手段对数据交换过程进行数据完整性检测；数据在存储过程中的完整性保护应满足数据提供方系统的安全保护要求。（大数据 7.4.7bc）

3）密评指引——（设备和计算安全）系统资源访问控制信息完整性

3.1）基本要求：采用密码技术保证系统资源访问控制信息的完整性。（第一级到第四级）。（密评基 9.3c）

3.2）密评实施：核查是否采用基于对称密码算法或密码杂凑算法的消息鉴别码（MAC）机制、基于公钥密码算法的数字签名机制等密码技术对设备上系统资源访问控制信息进行完整性保护，并验证系统资源访问控制信息完整性保护机制是否正确和有效。（密评测 6.3.3）

4）密评指引——（设备和计算安全）重要信息资源安全标记完整性

4.1）基本要求：采用密码技术保证设备中的重要信息资源安全标记的完整性。（第三级到第四级）。（密评基 9.3d）

4.2）密评实施：核查是否采用基于对称密码算法或密码杂凑算法的消息鉴别码（MAC）机制、基于公钥密码算法的数字签名机制等密码技术对设备中的重要信息资源安全标记进行完整性保护，并验证安全标记完整性保护机制是否正确和有效。（密评测 6.3.4）

5）密评指引——（设备和计算安全）日志记录完整性

5.1）基本要求：采用密码技术保证日志记录的完整性。（第一级到第四级）。（密评基 9.3e）

5.2）密评实施：核查是否采用基于对称密码算法或密码杂凑算法的消息鉴别码（MAC）机制、基于公钥密码算法的数字签名机制等密码技术对设备运行的日志记录进行完整性保护，并验证日志记录完整性保护机制是否正确和有效。（密评测 6.3.5）

6）密评指引——（设备和计算安全）重要可执行程序完整性、重要可执行程序来源真实性

6.1）基本要求：采用密码技术对重要可执行程序进行完整性保护，并对其来源进行真实性验证。（第三级到第四级）。（密评基 9.3f）

6.2）密评实施：核查是否采用密码技术对重要可执行程序进行完整性保护并实现其来源的真实性保护，并验证重要可执行程序完整性保护机制和其来源真实性实现机制是否正确和有效。（密评测 6.3.6）

7）密评指引——（应用和数据安全）访问控制信息完整性

7.1）基本要求：采用密码技术保证信息系统应用的访问控制信息的完整性。（第一级到第四级）。（密评基 9.4b）

7.2）密评实施：核查信息系统是否采用基于对称密码算法或密码杂凑算法的消息鉴别码（MAC）机制、基于公钥密码算法的数字签名机制等密码技术对应用的访问控制信息进行完整性保护，并验证应用的访问控制信息完整性保护机制是否正确和有效。（密评测 6.4.2）

8）密评指引——（应用和数据安全）重要信息资源安全标记完整性

8.1）基本要求：采用密码技术保证信息系统应用的重要信息资源安全标记的完整性（第三级到第四级）。（密评基 9.4c）

8.2）密评实施：核查应用系统是否采用基于对称密码算法或密码杂凑算法的消息鉴别码（MAC）机制、基于公钥密码算法的数字签名机制等密码技术对应用的重要信息资源安全标记进行完整性保护，并验证安全标记完整性保护机制是否正确和有效。（密评测 6.4.3）

9）密评指引——（应用和数据安全）重要数据存储完整性

9.1）基本要求：采用密码技术保证信息系统应用的重要数据在存储过程中的完整性（第一级到第四级）。（密评基 9.4g）

9.2）密评实施：核查应用系统是否采用基于对称密码算法或密码杂凑算法的消息鉴别码（MAC）机制、基于公钥密码算法的数字签名机制等密码技术对重要数据在存储过程中进行完整性保护，并验证存储数据完整性保护机制是否正确和有效。（密评测 6.4.7）

9.3）缓解措施：应用系统具有符合要求的身份鉴别措施，保证只有授权人员才能访问应用系统的重要数据，且定期对重要数据进行备份。（密评高 9.4d）

适用范围	第三级及以上等级保护系统
9.4）风险评价：潜在安全问题：a）存在密码算法、密码技术、密码产品和密码服务相关安全问题；b）未采用基于对称密码算法或密码杂凑算法的消息鉴别码（MAC）机制、基于公钥密码算法的数字签名机制等密码技术对重要数据在存储过程中进行完整性保护；c）重要数据存储完整性实现机制不正确或无效；d）采用的密码产品未获得商用密码认证机构颁发的商用密码产品认证证书（适用时）。若未采用密码技术保证信息系统应用的重要数据在存储过程中的完整性，或重要数据存储完整性实现机制不正确或无效，但应用系统具有符合要求的身份鉴别措施，保证只有授权人员才能访问应用系统的重要数据，且定期对重要数据进行备份，可酌情降低风险等级。（密评高 9.4e）	

CE5c 在可能涉及法律责任认定的应用中，应采用密码技术提供数据原发证据和数据接收证据，实现数据原发行为的抗抵赖和数据接收行为的抗抵赖

适用范围	第四级等级保护系统
访谈对象	系统/云计算专业负责人
评估对象	业务应用系统和数据库管理系统等；业务应用以及提供不可否认性功能的密码产品
评估内容	1）应核查相关系统及密码产品是否采用了密码技术保证数据发送和数据接收操作的不可抵赖性。 2）应核查相关系统及密码产品是否采取技术措施保证数据发送和数据接收操作的不可抵赖性。 3）应测试验证是否能够检测到数据在传输过程中不能被篡改

评估参考：

1）证据包括应用系统操作与管理记录，至少应包括操作时间、操作人员及操作类型、操作内容等记录，交易系统还应能够详细记录用户合规交易数据，如业务流水号、账户名、IP 地址、交易指令等信息以供审计，并能够追溯到用户。（金融 L4-CES1-35）

2）密评指引——（应用和数据安全）不可否认性

2.1）基本要求：在可能涉及法律责任认定的应用中，采用密码技术提供数据原发证据和数据接收证据，实现数据原发行为的不可否认性和数据接收行为的不可否认性（第三级到第四级）。（密评基 9.4h）

2.2）密评实施：核查应用系统是否采用基于公钥密码算法的数字签名机制等密码技术对数据原发行为和接收行为实现不可否认性，并验证不可否认性实现机制是否正确和有效。（密评测 6.4.8）

2.3）缓解措施：无。（密评高 9.5d）

2.4）风险评价：这些安全问题：1）存在密码算法、密码技术、密码产品和密码服务相关安全问题；2）在可能涉及法律责任认定的应用中，未采用基于公钥密码算法的数字签名机制等密码技术对数据原发行为和接收行为实现不可否认性；3）不可否认性的密码技术实现机制不正确或无效；4）采用的密码产品未获得商用密码认证机构颁发的商用密码产品认证证书（适用时），一旦被威胁利用后，可能会导致信息系统面临高等级安全风险。（密评高 9.5e）

CE5d 应采用密码技术保证重要数据在传输过程中的保密性，重要数据包括但不限于鉴别数据、重要业务数据和重要个人信息等

适用范围	第三级及以上等级保护系统
访谈对象	各专业负责人
评估对象	业务应用系统、数据库管理系统、中间件和系统管理软件及系统设计文档等；业务应用及提供机密性保护功能的密码产品
评估内容	1）应核查系统设计文档，查看鉴别数据、重要业务数据和重要个人信息等在传输过程中是否采用密码技术保证其完整性。 2）应通过嗅探等方式抓取传输过程中的数据包，查看鉴别数据、重要业务数据和重要个人信息等在传输过程中是否进行了加密处理

续表

适用范围	第三级及以上等级保护系统
FOP 描述	重要数据明文传输
评估场景	鉴别信息、个人敏感信息或重要业务敏感信息等以明文方式在不可控网络环境中传输
补偿因素	1）使用多种身份鉴别技术、限定管理地址，获得的鉴别信息无法直接登录应用系统或设备，评估员可根据实际措施效果，酌情判定风险等级。 2）评估员可从被测对象的作用、重要程度及信息泄露后对整个系统或个人产生的影响等角度进行综合风险分析，根据分析结果，酌情判定风险等级
整改建议	建议采用密码技术为重要敏感数据在传输过程中的保密性提供保障，相关密码技术需符合国家密码管理部门的规定

评估参考：

1）密评指引——（应用和数据安全）重要数据传输机密性

1.1）基本要求：采用密码技术保证信息系统应用的重要数据在传输过程中的机密性。（第一级到第四级）。（密评基 9.4d）

1.2）密评实施：核查应用系统是否采用密码技术的加解密功能对重要数据在传输过程中进行机密性保护，并验证传输数据机密性保护机制是否正确和有效。（密评测 6.4.4）

1.3）缓解措施：在"网络和通信安全"层面采用符合要求的密码技术保证重要数据在传输过程中的机密性。（密评高 9.2d）

1.4）风险评价：潜在安全问题：1）存在密码算法、密码技术、密码产品和密码服务相关安全问题；2）未采用密码技术的加解密功能对重要数据在传输过程中进行机密性保护；3）重要数据传输机密性实现机制不正确或无效；4）采用的密码产品未获得商用密码认证机构颁发的商用密码产品认证证书（适用时）。若未采用密码技术的加解密功能对重要数据在传输过程中进行机密性保护，或重要数据机密性实现机制不正确或无效，但在 网络和通信安全 层面采用符合要求的密码技术保证重要数据在传输过程中的机密性，可酌情降低风险等级。（密评高 9.2e）

CE5e 应采用密码技术保证重要数据在存储过程中的保密性，包括但不限于鉴别数据、重要业务数据和重要个人信息等

适用范围	第三级及以上等级保护系统
访谈对象	各专业负责人
评估对象	业务应用系统、数据库管理系统、中间件、系统管理软件及系统设计文档、数据安全保护系统、终端和服务器等设备中的操作系统及网络设备和安全设备等；业务应用及提供机密性保护功能的密码产品
评估内容	1）应核查相关系统及密码产品是否采用密码技术保证鉴别数据、重要业务数据和重要个人信息等在存储过程中的保密性。 2）应核查是相关单位和组织否采用技术措施（如数据安全保护系统等）保证鉴别数据、重要业务数据和重要个人信息等在存储过程中的保密性。 3）应测试验证相关系统及密码产品是否对指定的数据进行了加密处理
FOP 描述	重要数据存储保密性保护措施缺失
评估场景	1）鉴别信息、个人敏感信息、行业主管部门规定需加密存储的数据等以明文方式存储。 2）未采取数据访问限制、部署数据库防火墙、使用数据防泄露产品等其他有效保护措施

适用范围	第三级及以上等级保护系统
补偿因素	无
整改建议	建议采用密码技术保证重要数据在存储过程中的保密性，且相关密码技术符合国家密码管理部门的规定

评估参考：

1）个人敏感信息：个人金融信息中的客户鉴别信息以及与账号结合使用可鉴别用户身份的鉴别辅助信息等，其他直接反应特定自然人某些情况的信息。（金融 L4-CES1-37）

2）密评指引——（应用和数据安全）重要数据存储机密性

2.1）基本要求：采用密码技术保证信息系统应用的重要数据在存储过程中的机密性。（第一级到第四级）。（密评基 9.4e）

2.2）密评实施：核查应用系统是否采用密码技术的加解密功能对重要数据在存储过程中进行机密性保护，并验证存储数据机密性保护机制是否正确和有效。（密评测 6.4.5）

2.3）缓解措施：无。（密评高 9.3d）

2.4）风险评价：潜在安全问题：1）存在密码算法、密码技术、密码产品和密码服务相关安全问题；2）未采用密码技术的加解密功能对重要数据在存储过程中进行机密性保护；3）重要数据存储机密性实现机制不正确或无效；4）采用的密码产品未获得商用密码认证机构颁发的商用密码产品认证证书（适用时）。这些安全问题一旦被威胁利用后，可能会导致信息系统面临高等级安全风险。（密评高 9.3e）

CE5f 应确保云服务客户数据、用户个人信息等存储于中国境内，如需出境应遵循国家相关规定

适用范围	第一级及以上等级保护系统
访谈对象	系统/云计算专业负责人
评估对象	数据库服务器、数据存储设备和管理文档记录
评估内容	1）应核查承载云服务客户数据、用户个人信息服务器及数据存储设备是否位于中国境内。 2）应核查上述数据的出境是否符合国家相关规定
FOP 描述	云服务客户数据和用户个人信息违规出境
评估场景	云服务客户数据、用户个人信息等数据的出境未遵循国家相关规定
补偿因素	无
整改建议	建议云服务客户数据、用户个人信息等存储于中国境内，如需出境应遵循国家相关规定

评估参考：

1）关键信息基础设施的运营者在中华人民共和国境内运营中收集和产生的个人信息和重要数据应当在境内存储。因业务需要，确需向境外提供的，应当按照国家网信部门会同国务院有关部门制定的办法进行安全评估；法律、行政法规另有规定的，依照其规定。（网安法第三十七条）

2）关键信息基础设施运营者和处理个人信息达到国家网信部门规定数量的个人信息处理者，应当将在中华人民共和国境内收集和产生的个人信息存储在境内。确需向境外提供的，应当通过国家网信部门组织的安全评估；法律、行政法规和国家网信部门规定可以不进行安全评估的，从其规定。（个信法第四十条）

CE5g 应保证只有在云服务客户授权下，云服务供应商或第三方才能拥有云服务客户数据的管理权限

适用范围	第二级及以上等级保护系统
访谈对象	系统/云计算专业负责人
评估对象	云管理平台、数据库、相关授权文档和管理文档
评估内容	1）应核查云服务客户数据管理权限授权流程、授权方式、授权内容。 2）应核查云计算平台是否具有云服务客户数据的管理权限，若有，核查其是否有相关授权证明

CE5h 应使用校验技术或密码技术保证虚拟机迁移过程中重要数据的完整性，并在检测到重要数据完整性遭到破坏时采取必要的恢复措施

适用范围	第三级及以上等级保护系统
访谈对象	系统/云计算专业负责人
评估对象	虚拟机
评估内容	1）应核查在虚拟资源迁移过程中，是否采取校验技术或密码技术等措施保证虚拟资源数据及重要数据的完整性，并在检测到重要数据的完整性遭到破坏时采取必要的恢复措施。 2）对于第二级等级保护系统，应确保虚拟机迁移过程中重要数据的完整性，并在检测到重要数据的完整性遭到破坏时采取必要的恢复措施

CE5i 应支持云服务客户部署密钥管理解决方案，保证云服务客户自行实现数据的加密/解密过程

适用范围	第三级及以上等级保护系统
访谈对象	系统/云计算专业负责人
评估对象	密钥管理解决方案
评估内容	1）当云服务客户已部署密钥管理解决方案，应核查密钥管理解决方案是否能保证云服务客户自行实现数据的加密/解密过程。 2）应核查云服务供应商支持云服务客户部署密钥管理解决方案所采取的技术手段或管理措施是否能保证云服务客户自行实现数据的加密/解密过程

评估参考：

1）当测评对象是云计算平台，应核查云计算平台是否支持云服务客户选择第三方密钥管理机制加解密数据，密钥是否支持云服务客户自管理、云服务供应商管理和第三方机构管理；当测评对象是云服务客户，应核查云服务客户是否已部署密钥管理解决方案，是否可以自行选择第三方密钥管理机制加解密数据，并记录所采取的密钥管理机制（如云服务客户自管理、云服务供应商管理和第三方机构管理等）。（金融 L4-CES2-29）

2）当测评对象是云计算平台，应核查云计算平台是否支持云服务客户对云计算平台上的数据进行加密存储；当测评对象是云服务客户，应核查云服务客户是否可以对云计算平台上的数据进行加密存储。（金融 L4-CES2-30）

6.6 数据备份恢复 CE6

业绩目标

制定并执行数据中心（包括租用云服务）数据备份恢复安全要求、管理流程和记录表单，实现重要系统热冗余及重要数据的本地备份和恢复、异地实时备份、异地灾备等，保证系统和数据的高可用性及业务的连续性。

评估准则

CE6a	应提供重要数据的本地数据备份与恢复功能
CE6b	应提供异地实时备份功能，利用通信网络将重要数据实时备份至备份场地
CE6c	应提供重要数据处理系统的热冗余，保证系统的高可用性
CE6d	应建立异地灾备中心，提供业务应用的实时切换功能
CE6e	云服务客户应在本地保存其业务数据的备份
CE6f	应为云服务客户提供查询数据及备份存储位置的能力
CE6g	云服务供应商的云存储服务应保证云服务客户数据存在若干个可用的副本，各副本的内容应保持一致
CE6h	应为云服务客户将业务系统及数据迁移到其他云计算平台和本地系统提供技术支持，并协助其完成迁移过程

使用指引

CE6a 应提供重要数据的本地数据备份与恢复功能

适用范围	第一级及以上等级保护系统
访谈对象	系统/云计算专业负责人
评估对象	配置数据和业务数据
评估内容	1）应核查相关单位和组织是否按照备份策略进行本地备份。 2）应核查备份策略的设置是否合理、配置是否正确。 3）应核查实际备份结果与备份策略中的备份结果是否一致。 4）应核相关系统是否能够进行正常的数据恢复
FOP 描述	数据备份措施缺失
评估场景	1）应用系统未提供任何重要数据备份措施，一旦数据遭到破坏，将无法进行数据恢复。 2）将重要数据、源代码等备份到互联网网盘、代码托管平台等不可控环境中，可能造成重要信息泄露

续表

适用范围	第一级及以上等级保护系统
补偿因素	针对采用多数据中心或冗余方式部署，重要数据存在多个副本的情况，评估员可从技术实现效果、恢复效果等角度进行综合风险分析，根据分析结果，酌情判定风险等级
整改建议	建议建立备份恢复机制，定期对重要数据进行备份及恢复测试，确保在数据遭到破坏时，可利用备份数据进行恢复；此外，应对备份文件进行妥善保存，不要将其放在互联网网盘、开源代码平台等不可控环境中，避免重要信息被泄露

评估参考：

1）关键信息基础设施的运营者还应当：（三）对重要系统和数据库进行容灾备份。（网安法第三十四条）

2）采取实时备份与异步备份或增量备份与完全备份的方式，增量数据备份每天一次，完全数据备份可根据系统的业务连续性保障相关指标（如 RPO，RTO）以及系统数据的重要程度、行业监管要求，制定备份策略。备份介质场外存放，数据保存期限依照国家相关规定。（应核查备份介质是否场外存放；应核查备份数据保存期限是否满足国家相关规定）。（金融 L4-CES1-38）

3）完全数据备份至少每周一次，增量备份或差分备份至少每天一次。（广电 9.1.3.9a）

4）建立敏感数据样本库并进行定期维护及时更新，支持其他应用通过多种接口方式使用。（广电 9.1.3.9e）

5）大数据备份恢复：a）备份数据应采取与原数据一致的安全保护措施；b）大数据平台应保证用户数据存在若干个可用的副本，各副本之间的内容应保持一致；c）应提供对关键溯源数据的异地备份。（大数据 7.4.9bcd）

CE6b 应提供异地实时备份功能，利用通信网络将重要数据实时备份至备份场地

适用范围	第三级及以上等级保护系统
访谈对象	系统/云计算专业负责人
评估对象	配置数据和业务数据
评估内容	1）应核查相关单位和组织是否提供异地实时备份功能，并通过网络将重要配置数据、重要业务数据实时备份至备份场地。 2）对于第二级等级保护系统，应提供异地数据备份功能，利用通信网络将重要数据定时、批量地传送至备份场地
FOP 描述	异地备份措施缺失
评估场景	数据容灾要求较高的定级对象，无异地数据灾备措施，或异地备份机制无法满足业务或行业主管部门的要求
补偿因素	无
整改建议	建议设置异地灾备机房，并利用通信网络将重要数据实时备份至备份场地；异地灾备机房的距离应满足行业主管部门的相关要求

CE6c 应提供重要数据处理系统的热冗余，保证系统的高可用性

适用范围	第三级及以上等级保护系统
访谈对象	系统/云计算专业负责人
评估对象	重要数据处理系统
评估内容	应核查重要数据处理系统（包括边界路由器、边界防火墙、核心交换机、应用服务器和数据库服务器等）是否采用热冗余方式进行部署
FOP 描述	数据处理系统冗余措施缺失

适用范围	第三级及以上等级保护系统
评估场景	对于数据处理可用性要求较高的定级对象，处理重要数据的设备，如服务器、数据库等未采用热冗余技术，发生故障后可能导致系统停止运行
补偿因素	针对采取其他技术防范措施的情况，评估员可从技术实现效果、恢复方式、RTO 等角度进行综合风险分析，根据分析结果，酌情判定风险等级
整改建议	建议对重要数据处理系统采用热冗余技术，提高系统的可用性

评估参考：

核查发电厂和变电站关键设备（控制器、可编程逻辑控制单元、工业以太网交换机、工控主机等）、特别重要设备（如现场运行系统及设备关键部位）数据备份设施、备份介质，评估内容包括但不限于：1）是否定期对数据进行备份，备份方式、备份频度等策略设置是否合理，是否按照策略执行备份操作；2）关键设备是否以双机或双工的方式实现冗余备份；3）特别重要设备是否配备自动化控制机制和手动操作设施两种控制方式，并对手动操作相关设备设施有计划进行检修。（电力 9.1.2b）

CE6d 应建立异地灾备中心，提供业务应用的实时切换功能

适用范围	第四级等级保护系统
访谈对象	系统/云计算专业负责人
评估对象	灾备中心及相关组件
评估内容	1）应核查相关单位和组织是否建立了异地灾备中心，配备灾难恢复所需的通信线路、网络设备和数据处理设备。 2）应核查相关单位和组织是否提供业务应用的实时切换功能
FOP 描述	未建立异地灾备中心
评估场景	针对灾备、可用性要求较高的系统，未设立异地应用级灾备中心，或异地应用级灾备中心无法实现业务切换
补偿因素	对于采取其他技术防范措施的情况，评估员可从技术实现效果、恢复方式、RTO 等角度进行综合风险分析，根据分析结果，酌情判定风险等级
整改建议	建议建立异地应用级灾备中心，通过技术手段实现业务应用的实时切换，提高系统的可用性

评估参考：

1）应核查是否建立了同城应用级灾备中心，且与生产中心直线距离至少达到 30km；应核查同城应用级灾备中心是否可以接管所有核心业务的运行；应核查是否建立了异地应用级灾备中心，且与生产中心直线距离至少达到 100km。（金融 L4-CES1-42）

2）应核查是否对技术方案中关键技术应用的可行性进行验证测试；应核查是否记录和保存验证测试的结果。（金融 L4-CES1-43）

3）应核查数据备份是否至少保存两个副本，且至少一份副本异地存放；应核查完全数据备份是否至少保证以一个月为周期的数据冗余。（金融 L4-CES1-44）

4）应核查异地灾备中心是否配备恢复所需的运行环境，并处于就绪状态或运行状态；应核查备份中心的所需资源（相关软硬件以及数据等资源）是否已完全满足，设备 CPU 还没有运行或者已经处于运行状态中。"就绪状态"指备份中心的所需资源（相关软硬件以及数据等资源）已完全满足但设备 CPU 还没有运行，"运行状态"指备份中心除所需资源完全满足要求外，CPU 也在运行状态。（金融 L4-CES1-45）

5）应建立异地灾备中心，**配备灾难恢复所需的通信线路、网络设备和数据处理设备，提供业务应用的实时切换。**（广电 9.1.3.9d）

CE6e 云服务客户应在本地保存其业务数据的备份

适用范围	第二级及以上等级保护系统
访谈对象	系统/云计算专业负责人
评估对象	云管理平台或相关组件、备份系统、备份数据、数据备份恢复相关的管理制度
评估内容	应核查相关单位和组织是否提供了备份措施保证云服务客户可以在本地备份其业务数据

评估参考：

　　应核查云服务供应商是否周期性测试云计算平台的备份系统和备份数据，支持故障识别和备份重建；应核查云计算平台的备份系统和备份数据是否能够正常进行备份和恢复；应核查是否具有数据备份系统和备份数据的测试记录；应核查数据备份恢复相关的管理制度是否有相关的备份要求。（金融 L4-CES2-35）

CE6f 应为云服务客户提供查询数据及备份存储位置的能力

适用范围	第二级及以上等级保护系统
访谈对象	系统/云计算专业负责人
评估对象	云管理平台或相关组件
评估内容	应核查云服务供应商是否为云服务客户提供数据及备份存储位置查询的接口或其他技术、管理手段

CE6g 云服务供应商的云存储服务应保证云服务客户数据存在若干个可用的副本，各副本的内容应保持一致

适用范围	第三级及以上等级保护系统
访谈对象	系统/云计算专业负责人
评估对象	云管理平台、云存储系统或相关组件
评估内容	1）应核查云服务客户数据副本存储方式，核查是否存在若干个可用的副本。 2）应核查各副本内容是否保持一致

CE6h 应为云服务客户将业务系统及数据迁移到其他云计算平台和本地系统提供技术支持，并协助完成迁移过程

适用范围	第三级及以上等级保护系统
访谈对象	系统/云计算专业负责人
评估对象	相关技术措施和手段
评估内容	1）应核查是否有相关技术手段保证云服务客户能够将业务系统及数据迁移到其他云计算平台和本地系统中。 2）应核查云服务供应商是否提供了技术支持，协助云服务客户完成迁移过程

6.7　剩余信息和个人信息保护 CE7

> 业绩目标

　　制定并执行剩余信息和个人信息保护的安全要求、管理流程和记录表单，保护鉴别信息、敏感数据和用户个人信息在采集、存储、使用、备份或删除全生命周期中的信息安全。

评估准则

CE7a	应保证存有鉴别信息的存储空间在被释放或重新分配前得到完全清除
CE7b	应保证存有敏感数据的存储空间在被释放或重新分配前得到完全清除
CE7c	应保证虚拟机所使用的内存和存储空间回收时得到完全清除
CE7d	云服务客户删除业务应用数据时，云计算平台应将云存储中所有副本删除
CE7e	应仅采集和保存业务必需的用户个人信息
CE7f	应禁止非授权访问和非法使用用户个人信息

使用指引

CE7a 应保证存有鉴别信息存储空间在被释放或重新分配前得到完全清除

适用范围	第二级及以上等级保护系统
访谈对象	各专业负责人
评估对象	终端和服务器等设备中的操作系统、业务应用系统、数据库管理系统、中间件和系统管理软件及系统设计文档等
评估内容	应核查相关配置信息或系统设计文档，用户的鉴别信息所在的存储空间被释放或重新分配前是否得到完全清除
FOP 描述	鉴别信息释放措施失效
评估场景	1）身份鉴别信息释放或清除机制存在缺陷，利用剩余鉴别信息，可非授权访问系统资源或进行操作。 2）无其他技术措施，消除或降低非授权访问系统资源或进行操作所带来的影响
补偿因素	无
整改建议	建议完善鉴别信息释放或清除机制，确保在执行释放或清除等操作后，鉴别信息得到完全释放或清除

CE7b 应保证存有敏感数据的存储空间在被释放或重新分配前得到完全清除

适用范围	第三级及以上等级保护系统
访谈对象	各专业负责人
评估对象	终端和服务器等设备中的操作系统、业务应用系统、数据库管理系统、中间件和系统管理软件及系统设计文档等
评估内容	应核查相关配置信息或系统设计文档，查看敏感数据所在的存储空间被释放或重新分配给其他用户前是否得到完全清除
FOP 描述	敏感数据释放措施失效
评估场景	个人敏感信息、业务敏感信息等敏感数据释放或清除机制存在缺陷，可造成敏感数据泄露

续表

适用范围	第三级及以上等级保护系统
补偿因素	无
整改建议	建议完善敏感数据释放或清除机制，确保在执行释放或清除操作后，敏感数据得到完全释放或清除

评估参考：

　　大数据平台剩余信息保护：大数据平台应提供主动迁移功能，数据整体迁移的过程中应杜绝数据残留；应基于数据分类分级保护策略，明确数据销毁要求和方式；大数据平台应能够根据服务客户提出的数据销毁要求和方式实施数据销毁。（大数据 7.4.10bcd）

CE7c 应保证虚拟机所使用的内存和存储空间回收时得到完全清除

适用范围	第二级及以上等级保护系统
访谈对象	系统/云计算专业负责人
评估对象	云计算平台
评估内容	1）应核查虚拟机的内存和存储空间回收时，是否得到完全清除。 2）应核查在迁移或删除虚拟机后，数据及备份数据（如镜像文件、快照文件等）是否已清理

CE7d 云服务客户删除业务应用数据时，云计算平台应将云存储中所有副本删除

适用范围	第二级及以上等级保护系统
访谈对象	系统/云计算专业负责人
评估对象	云存储和云计算平台
评估内容	应核查当云服务客户删除业务应用数据时，云存储中所有副本是否被删除

评估参考：

　　1）应核查当云服务客户删除业务应用数据时，云存储中所有副本是否被删除，且不能通过软件工具恢复。（金融 L4-CES2-37）

　　2）应核查存储介质相关的管理制度是否规定对于更换或报废的存储介质，应采取安全删除、强化消磁或者物理损坏磁盘等方式，防止恢复已清除数据；应核查对于更换或报废的存储介质，是否采取了安全删除、强化消磁或者物理损坏磁盘等方式防止恢复已清除数据。（金融 L4-CES2-37）

CE7e 应仅采集和保存业务必需的用户个人信息

适用范围	第二级及以上等级保护系统
访谈对象	应用/互联网应用专业负责人
评估对象	业务应用系统和数据库管理系统等
评估内容	1）应核查采集的用户个人信息是否是业务应用所必需的。 2）应核查相关单位和组织是否制定了有关用户个人信息保护的管理制度和流程
FOP 描述	违规采集和存储个人信息
评估场景	1）在未授权的情况下，采集、存储用户个人隐私信息。 2）采集、保存法律法规、主管部门严令禁止采集、保存的用户隐私信息
补偿因素	无

123

适用范围	第二级及以上等级保护系统
整改建议	建议根据国家，行业主管部门及相关标准的规定，明确向用户表明采集信息的内容、用途及相关的安全责任并在用户同意、授权的情况下采集、保存业务必需的用户个人信息

评估参考：

1）个人信息是以电子或者其他方式记录的与已识别或者可识别的自然人有关的各种信息，不包括匿名化处理后的信息。个人信息的处理包括个人信息的收集、存储、使用、加工、传输、提供、公开、删除等。（个信法第四条）

2）任何组织、个人不得非法收集、使用、加工、传输他人个人信息，不得非法买卖、提供或者公开他人个人信息；不得从事危害国家安全、公共利益的个人信息处理活动。（个信法第十条）

3）个人信息处理者在处理个人信息前，应当以显著方式、清晰易懂的语言真实、准确、完整地向个人告知下列事项：（一）个人信息处理者的名称或者姓名和联系方式；（二）个人信息的处理目的、处理方式，处理的个人信息种类、保存期限；（三）个人行使本法规定权利的方式和程序；（四）法律、行政法规规定应当告知的其他事项。前款规定事项发生变更的，应当将变更部分告知个人。个人信息处理者通过制定个人信息处理规则的方式告知第一款规定事项的，处理规则应当公开，并且便于查阅和保存。（个信法第十七条）

4）有下列情形之一的，个人信息处理者应当事前进行个人信息保护影响评估，并对处理情况进行记录：（一）处理敏感个人信息；（二）利用个人信息进行自动化决策；（三）委托处理个人信息、向其他个人信息处理者提供个人信息、公开个人信息；（四）向境外提供个人信息；（五）其他对个人权益有重大影响的个人信息处理活动。（个信法第五十五条）

5）个人信息保护影响评估应当包括下列内容：（一）个人信息的处理目的、处理方式等是否合法、正当、必要；（二）对个人权益的影响及安全风险；（三）所采取的保护措施是否合法、有效并与风险程度相适应。个人信息保护影响评估报告和处理情况记录应当至少保存三年。（个信法第五十六条）

6）网络产品、服务具有收集用户信息功能的，其提供者应当向用户明示并取得同意；涉及用户个人信息的，还应当遵守本法和有关法律、行政法规关于个人信息保护的规定。（网安法第二十二条）

7）应核查是否具有隐私政策；应核查隐私政策中是否向个人金融信息主体明示收集、使用信息的目的、方式和范围；应核查隐私政策是否获得个人信息主体的明示同意。（金融 L4-CES1-48）

8）应具备用户个人信息全生命周期管理功能。（广电 9.1.3.11c）

9）（在自行软件开发和外包软件开发控制中）应对个人信息的收集进行明示，并符合国家法律法规要求。（广电 12.1.4.4h、12.1.4.5d）

10）大数据平台个人信息保护：采集、处理、使用、转让、共享、披露个人信息应在个人信息处理的授权同意范围内，并保留操作审计记录；应采取措施防止在数据处理、使用、分析、导出、共享、交换等过程中识别出个人身份信息；对个人信息的重要操作应设置内部审批流程，审批通过后才能对个人信息进行相应的操作；保存个人信息的时间应满足最小化要求，并能够对超出保存期限的个人信息进行删除或匿名化处理。（大数据 7.4.11bcde）

CE7f 应禁止非授权访问和非法使用用户个人信息

适用范围	第二级及以上等级保护系统
访谈对象	应用/互联网应用专业负责人
评估对象	业务应用系统和数据库管理系统等
评估内容	1）应核查相关系统是否采用技术措施限制对用户个人信息的访问和使用。 2）应核查相关单位和组织是否制定了有关用户个人信息保护的管理制度和流程
FOP 描述	违规访问和使用个人信息

适用范围	第二级及以上等级保护系统
评估场景	1）未按国家、行业主管部门及相标准的规定使用个人信息，如在未获授权的情况下将用户信息提交给第三方处理，未脱敏的个人信息用于其他非核心业务系统或测试环境，非法买卖、泄露用户个人信息等。 2）个人信息可被非授权访问，如未严格控制个人信息查询及导出权限等
补偿因素	无
整改建议	建议根据国家、行业主管部门及相关标准的规定，通过技术和管理手段，防止非授权访问和非法使用用户个人信息

评估参考：

1）个人信息处理者利用个人信息进行自动化决策，应当保证决策的透明度和结果公平、公正，不得对个人在交易价格等交易条件上实行不合理的差别待遇。通过自动化决策方式向个人进行信息推送、商业营销，应当同时提供不针对其个人特征的选项，或者向个人提供便捷的拒绝方式。通过自动化决策方式作出对个人权益有重大影响的决定，个人有权要求个人信息处理者予以说明，并有权拒绝个人信息处理者仅通过自动化决策的方式作出决定。（个信法第二十四条）

2）在公共场所安装图像采集、个人身份识别设备，应当为维护公共安全所必需，遵守国家有关规定，并设置显著的提示标识。所收集的个人图像、身份识别信息只能用于维护公共安全的目的，不得用于其他目的；取得个人单独同意的除外。（个信法第二十六条）

3）个人信息处理者向中华人民共和国境外提供个人信息的，应当向个人告知境外接收方的名称或者姓名、联系方式、处理目的、处理方式、个人信息的种类以及个人向境外接收方行使本法规定权利的方式和程序等事项，并取得个人的单独同意。（个信法第三十九条）

4）有下列情形之一的，个人信息处理者应当主动删除个人信息；个人信息处理者未删除的，个人有权请求删除：（一）处理目的已实现、无法实现或者为实现处理目的不再必要；（二）个人信息处理者停止提供产品或者服务，或者保存期限已届满；（三）个人撤回同意；（四）个人信息处理者违反法律、行政法规或者违反约定处理个人信息；（五）法律、行政法规规定的其他情形。法律、行政法规规定的保存期限未届满，或者删除个人信息从技术上难以实现的，个人信息处理者应当停止除存储和采取必要的安全保护措施之外的处理。（个信法第四十七条）

5）网络运营者收集、使用个人信息，应当遵循合法、正当、必要的原则，公开收集、使用规则，明示收集、使用信息的目的、方式和范围，并经被收集者同意。（网安法第四十一条）

6）应核查是否采用技术措施限制对用户个人金融信息的访问和使用；应核查是否根据"业务需要"和"最小权限"原则，进行个人金融信息相关权限管理；应核查是否制定了有关用户个人金融信息保护的管理制度和流程；应验证未经授权是否不能访问用户个人金融信息。（金融 L4-CES1-50）

7）应访谈是否对个人金融信息生命周期过程进行安全检查与评估；应核查是否具有个人金融信息生命周期过程进行安全检查与评估的报告；应核查是否对个人金融信息生命周期过程的安全检查与评估中发现的高风险问题进行补充测试（金融 L4-CES1-51）

8）应访谈并核查个人金融信息以何种方式展示，如计算机屏幕、客户端软件、银行卡受理设备、ATM 设备、自助终端设备、纸面（如受理终端打印出的支付交易凭条等交易凭证）等；应核查展示个人金融信息的界面是否采取字段屏蔽（或截词）等处理措施，降低个人金融信息在展示环节的泄露风险。（金融 L4-CES1-52）

9）应访谈并核查是否存在个人金融信息共享、转让的情况。查看用户隐私政策，是否明确告知个人金融信息主体共享、转让个人金融信息的目的、数据接收方的身份和数据安全保护能力；应核查隐私政策是否获得个人信息主体的明示同意；应核查共享、转让的个人金融信息是否经去标识化处理，且数据接收方无法重新识别个人金融信息主体。（金融 L4-CES1-53）

10）应核查系统开发环境和测试环境中的数据是否使用虚构的个人金融信息；如果使用真实的个人金融信息，是否对真实的个人金融信息进行去标识化处理，账号、卡号、协议号、支付指令等测试确需除外。（金融 L4-CES1-54）

6.8　云计算环境镜像和快照保护 CE8

业 绩 目 标

　　制定并执行虚拟机镜像和快照的安全要求、管理流程和记录表单，采取操作系统安全加固、完整性校验和密码技术等手段，防止镜像或快照被恶意篡改或非法访问。

评 估 准 则

CE8a	应针对重要业务系统提供加固的操作系统镜像或操作系统安全加固服务
CE8b	应提供虚拟机镜像、快照完整性校验功能，防止虚拟机镜像被恶意篡改
CE8c	应采取密码技术或其他技术手段防止虚拟机镜像、快照中可能存在的敏感资源被非法访问

使 用 指 引

CE8a 应针对重要业务系统提供加固的操作系统镜像或操作系统安全加固服务

适用范围	第二级及以上等级保护系统
访谈对象	系统/云计算专业负责人
评估对象	虚拟机镜像文件
评估内容	应核查相关单位和组织是否对生成的虚拟机镜像采取了必要的加固措施，如关闭不必要的端口、服务及进行安全加固配置

CE8b 应提供虚拟机镜像、快照完整性校验功能，防止虚拟机镜像被恶意篡改

适用范围	第二级及以上等级保护系统
访谈对象	系统/云计算专业负责人
评估对象	云管理平台和虚拟机镜像、快照或相关组件
评估内容	1）应核查相关系统是否对虚拟机镜像或快照文件进行完整性校验，是否具有严格的校验记录机制，防止虚拟机镜像或快照被恶意篡改。 2）应测试验证相关系统是否能够对虚拟机镜像、快照进行完整性验证

评估参考：

　1）应核查云平台虚拟机镜像文件是否备份在不同的物理服务器；应核查云平台虚拟机快照文件是否备份在不同的物理服务器。（金融 L4-CES2-23）

　2）应保证虚拟机镜像和快照文件备份在不同物理存储。（广电 9.2.3.4d）

　3）测评对象是云计算平台时，应核查云计算平台是否支持自动虚拟机快照功能，应检验快照是否可以恢复；测评对象是云服务客户时，应检验快照是否可以恢复。（金融 L4-CES2-24）

CE8c 应采取密码技术或其他技术手段防止虚拟机镜像、快照中可能存在的敏感资源被非法访问

适用范围	第三级及以上等级保护系统
访谈对象	系统/云计算专业负责人
评估对象	云管理平台和虚拟机镜像、快照或相关组件
评估内容	应核查是否对虚拟机镜像或快照中的敏感资源采用加密、访问控制等技术手段进行保护，防止可能存在的针对快照的非法访问

6.9 移动终端和应用管控 CE9

业绩目标

制定并执行移动终端和应用管控安全要求、管理流程和记录表单，通过移动终端管理系统、证书签名和设置白名单等方式对移动终端和应用软件实施安全管控，有效防范针对移动终端和应用的社会工程学攻击。

评估准则

CE9a	应保证移动终端安装、注册并运行终端管理客户端软件
CE9b	移动终端应接受移动终端管理服务端的设备生命周期管理、设备远程控制
CE9c	应保证移动终端只用于处理指定业务
CE9d	移动终端应具有选择应用软件安装、运行的功能
CE9e	应只允许系统管理者指定证书签名的应用软件安装、运行
CE9f	移动终端应具有软件白名单功能，应能根据白名单控制应用软件的安装、运行
CE9g	移动终端应具有接受移动终端管理服务端推送的移动应用软件管理策略并根据该策略对软件实施管控的能力

使用指引

CE9a 应保证移动终端安装、注册并运行终端管理客户端软件

适用范围	第三级及以上等级保护系统
访谈对象	终端与客服专业负责人
评估对象	移动终端和移动终端管理系统；移动客户端软件
评估内容	应核查移动终端是否安装、注册并运行移动终端客户端软件

适用范围	第三级及以上等级保护系统

评估参考：

1）客户端应用软件应配合业务交易风险控制策略，以安全的方式将相关信息上送至风险控制系统：核查风险控制策略是否有对客户端软件的要求；核查客户端软件是否上传相应的风险控制信息至风险控制系统。（金融 L4-CES3-12）

2）客户端应用软件应对软件接口进行保护，防止其他应用对客户端应用软件接口进行非授权调用：核查客户端应用软件是否对软件接口进行保护，是否能防止其他应用对客户端应用软件接口进行非授权调用。（金融 L4-CES3-13）

3）客户端应用软件应具备基本的抗攻击能力，能抵御静态分析、动态调试等操作：核查客户端应用软件是否具备基本的抗攻击能力，是否能抵御静态分析、动态调试等操作。（金融 L4-CES3-14）

4）客户端代码应使用代码加壳、代码混淆、检测调试器等手段对客户端应用软件进行安全保护：核查客户端应用软件是否具有代码应使用代码加壳、代码混淆、检测调试器等手段对客户端应用软件进行安全保护。（金融 L4-CES3-15）

5）客户端应用软件安装、启动、更新时应对自身的完整性和真实性进行校验，具备抵御篡改、替换或劫持的能力：核查客户端应用软件在安装、启动、更新时是否对自身的完整性和真实性进行校验以抵御篡改、替换或劫持。（金融 L4-CES3-16）

CE9b 移动终端应接受移动终端管理服务端的设备生命周期管理、设备远程控制

适用范围	第三级及以上等级保护系统
访谈对象	终端与客服专业负责人
评估对象	移动终端和移动终端管理系统
评估内容	1）应核查移动终端管理系统是否设置了对移动终端进行设备远程控制及设备生命周期管理等安全策略。 2）应测试验证是否能够对移动终端进行远程锁定和远程擦除等

CE9c 应保证移动终端只用于处理指定业务

适用范围	第四级等级保护系统
访谈对象	终端与客服专业负责人
评估对象	移动终端和移动终端管理系统
评估内容	应核查移动终端是否只用于处理指定业务

评估参考：

用于发布直播数据的移动终端宜为专用终端。（广电 9.3.2.1d）

CE9d 移动终端应具有选择应用软件安装、运行的功能

适用范围	第一级及以上等级保护系统
访谈对象	应用/互联网应用专业负责人
评估对象	移动终端管理客户端
评估内容	应核查移动终端是否具有选择应用软件安装、运行的功能

CE9e 应只允许系统管理者指定证书签名的应用软件安装、运行

适用范围	第二级及以上等级保护系统
访谈对象	应用/互联网应用专业负责人
评估对象	移动终端管理客户端
评估内容	对于第四级等级保护系统，应核查全部移动应用的签名证书是否由系统管理者指定；对于第三级等级保护系统，应核查全部移动应用是否有指定证书签名；对于第二级等级保护系统，应核查全部移动应用是否有可靠证书签名

CE9f 移动终端应具有软件白名单功能，应能根据白名单控制应用软件安装、运行

适用范围	第三级及以上等级保护系统
访谈对象	应用/互联网应用专业负责人
评估对象	移动终端管理客户端
评估内容	1）应核查是否具有软件白名单功能。 2）应测试验证白名单功能是否能够控制应用软件安装、运行

CE9g 移动终端应具有接受移动终端管理服务端推送的移动应用软件管理策略并根据该策略对软件实施管控的能力

适用范围	第四级等级保护系统
访谈对象	应用/互联网应用专业负责人
评估对象	移动终端
评估内容	应核查移动终端是否具有接受移动终端管理服务端远程管控的能力

评估参考：

1）移动终端应能够接受移动终端管理服务端推动的移动应用软件管理策略，并根据策略对软件实施管控。（广电 9.3.2.2d）

2）专用移动应用软件应具备防二次打包工具篡改程序文件，以防止移动应用程序的代码、图片、配置、布局等被增加、修改或删除。（广电 9.3.2.2e）

3）专用移动应用软件应根据实际业务对移动应用上传文件的类型、大小进行限制。（广电 9.3.2.2f）

6.10　物联网设备和数据安全 CE10

业绩目标

制定并执行物联网感知和网关等节点设备及应用系统的安全策略、管理流程和记录表单，通过软件应用配置控制、身份标识和鉴别、关键密钥和配置参数在线更新、抗数据重放攻击等措施，保证物联网设备和数据的安全。

CE10a	应保证只有经过授权的用户可以对感知节点设备上的软件应用进行配置或变更
CE10b	物联网设备应具有对其连接的网关节点设备（包括读卡器）进行身份标识和鉴别的能力
CE10c	物联网设备应具有对其连接的其他感知节点设备（包括路由节点）进行身份标识和鉴别的能力
CE10d	物联网设备应具备对合法连接设备（包括终端节点、路由节点、数据处理中心）进行标识和鉴别的能力
CE10e	物联网设备应具备过滤非法节点和伪造节点所发送的数据的能力
CE10f	授权用户应能够在设备使用过程中对关键密钥进行在线更新
CE10g	授权用户应能够在设备使用过程中对关键配置参数进行在线更新
CE10h	物联网设备应能够鉴别数据的新鲜性，避免历史数据的重放攻击
CE10i	物联网设备应能够鉴别历史数据的非法修改，避免数据的修改重放攻击
CE10j	物联网设备应对来自传感网的数据进行数据融合处理，使不同种类的数据可以在同一个平台被使用
CE10k	物联网设备应对不同数据之间的依赖关系和制约关系等进行智能处理，如一类数据达到某个门限时可以影响对另一类数据采集终端的管理指令

CE10a 应保证只有经过授权的用户可以对感知节点设备上的软件应用进行配置或变更

适用范围	第三级及以上等级保护系统
访谈对象	通信/物联网专业负责人
评估对象	感知节点设备和系统设计文档
评估内容	1）应核查感知节点设备是否采取了一定的技术手段防止非授权用户对设备上的软件应用进行配置或变更。 2）应通过试图接入和控制传感网访问未授权的资源，测试验证感知节点设备的访问控制措施对非法访问和非法使用感知节点设备资源的行为控制是否有效

评估参考：

应核查针对可编程的感知节点设备是否进行了代码安全审计（金融 L4-CES4-05），是否具有代码安全审计记录。（金融 L4-CES4-13）

CE10b 物联网设备应具有对其连接的网关节点设备（包括读卡器）进行身份标识和鉴别的能力

适用范围	第三级及以上等级保护系统
访谈对象	通信/物联网专业负责人
评估对象	网关节点设备（包括读卡器）
评估内容	1）应核查物联网设备是否对与其连接的网关节点设备（包括读卡器）进行身份标识与鉴别，是否配置了符合安全策略的参数。 2）应测试验证是否存在绕过身份标识与鉴别功能的方法

评估参考：

应核查是否至少支持基于网络标识、MAC 地址、通信协议、通信端口、口令其一的身份鉴别机制。（金融 L4-CES4-02）

CE10c 物联网设备应具有对其连接的其他感知节点设备（包括路由节点）进行身份标识和鉴别的能力

适用范围	第三级及以上等级保护系统
访谈对象	通信/物联网专业负责人
评估对象	其他感知节点设备（包括路由节点）
评估内容	1）应核查物联网设备是否对与其连接的其他感知节点设备（包括路由节点）设备进行身份标识与鉴别，是否配置了符合安全策略的参数。 2）应测试验证是否存在绕过身份标识与鉴别功能的方法

评估参考：

  应核查是否至少支持基于网络标识、MAC 地址、通信协议、通信端口、口令其一的身份鉴别机制。（金融 L4-CES4-03）

CE10d 物联网设备应具备对合法连接设备（包括终端节点、路由节点、数据处理中心）进行标识和鉴别的能力

适用范围	第三级及以上等级保护系统
访谈对象	通信/物联网专业负责人
评估对象	网关节点设备、感知节点设备、感知网关节点及处理应用层和设计文档
评估内容	1）应核查网关节点设备是否能够对连接设备（包括终端节点、路由节点、数据处理中心）进行标识并配置了鉴别功能。 2）应测试验证是否存在绕过身份标识与鉴别功能的方法

评估参考：

  1）能够对感知终端进行鉴别，是否至少支持基于网络标识、MAC 地址、通信协议、通信端口、口令其一的身份鉴别机制。（金融 L4-CES4-06）

  2）未经过鉴别和授权的感知节点、感知网关节点、处理应用层不应相互访问：核查感知节点、感知网关节点及处理应用层任意两者间是否相互进行鉴别和授权才能访问；核查感知节点、感知网关节点及处理应用层任意两者间是否设置了访问控制机制，机制是否覆盖访问资源及相关操作。（金融 L4-CES4-18）

CE10e 物联网设备应具备过滤非法节点和伪造节点所发送的数据的能力

适用范围	第三级及以上等级保护系统
访谈对象	通信/物联网专业负责人
评估对象	网关节点设备
评估内容	1）应核查网关节点设备否具备过滤非法节点和伪造节点发送的数据的功能。 2）应测试验证网关节点设备是否能够过滤非法节点和伪造节点发送的数据

评估参考：

  1）对于具有数据处理能力的网关节点设备，应核查是否支持对相关处理逻辑进行在线更新，并核查在线更新方式是否有效。（金融 L4-CES4-10）

  2）对于具有数据处理能力的网关节点设备，应核查是否具备计算逻辑主动校验功能，并核查校验是否有效。（金融 L4-CES4-11）

CE10f 授权用户应能够在设备使用过程中对关键密钥进行在线更新

适用范围	第三级及以上等级保护系统
访谈对象	通信/物联网专业负责人
评估对象	感知节点设备和系统设计文档
评估内容	应核查感知节点设备是否对其关键密钥进行在线更新

评估参考：

应核查感知节点设备是否具备保存密码、密钥、设备标识等安全相关数据的安全单元。（金融 L4-CES4-04，L4-CES4-12）

CE10g 授权用户应能够在设备使用过程中对关键配置参数进行在线更新

适用范围	第三级及以上等级保护系统
访谈对象	通信/物联网专业负责人
评估对象	感知节点设备
评估内容	应核查感知节点设备是否支持对其关键配置参数进行在线更新及在线更新方式是否有效

CE10h 物联网设备应能够鉴别数据的新鲜性，避免历史数据的重放攻击

适用范围	第三级及以上等级保护系统
访谈对象	通信/物联网专业负责人
评估对象	感知节点设备
评估内容	1）应核查感知节点设备所采取的鉴别数据新鲜性的措施，是否能够避免历史数据重放。 2）应将感知节点设备历史数据进行重放测试，验证其保护措施是否有效

CE10i 物联网设备能够鉴别历史数据的非法修改，避免数据的修改重放攻击

适用范围	第三级及以上等级保护系统
访谈对象	通信/物联网专业负责人
评估对象	感知节点设备
评估内容	1）应核查感知层是否配备了检测感知节点设备历史数据被非法篡改的措施，在检测到感知节点设备历史数据被修改时是否能采取必要的恢复措施。 2）应测试验证感知节点设备是否能够避免数据的修改重放攻击

CE10j 对来自传感网的数据进行数据融合处理，使不同种类的数据可以在同一个平台被使用

适用范围	第三级及以上等级保护系统
访谈对象	通信/物联网专业负责人
评估对象	物联网应用系统
评估内容	1）应核查物联网应用系统是否提供对来自传感网的数据进行数据融合处理的功能。 2）应测试验证物联网应用系统的数据融合处理功能是否能够处理不同种类的数据

CE10k 对不同数据之间的依赖关系和制约关系等进行智能处理，如一类数据达到某个门限时可以影响对另一类数据采集终端的管理指令

适用范围	第四级等级保护系统
访谈对象	通信/物联网专业负责人
评估对象	物联网应用系统
评估内容	应核查物联网应用系统是否能够智能处理不同数据之间的依赖关系和制约关系

6.11 工业控制系统控制设备安全 CE11

业绩目标

制定并执行不同等级工业控制系统控制设备的安全要求、安全策略、控制措施和记录表单，通过身份鉴别、访问控制、安全审计、外设和端口最少化、上线前或维修中安全性检测或评估等方式，保证工业控制系统控制设备的安全运行和维护管理。

评估准则

CE11a	控制设备自身应实现相应级别安全通用要求，如受条件限制，控制设备无法实现上述要求，应由其上位进行控制或由管理设备实现同等功能或通过管理手段进行控制
CE11b	应在经过充分测试评估后，在不影响系统安全稳定运行的情况下，进行控制设备的补丁更新、固件更新等工作
CE11c	应关闭或拆除控制设备的软盘驱动、光盘驱动、USB 接口、串行口或多余网口等，确需保留的应通过相关的技术措施实施严格的监控管理
CE11d	应使用专用设备和专用软件对控制设备进行更新
CE11e	应保证控制设备在上线前经过安全性检测，避免控制设备固件中存在恶意代码程序

使用指引

CE11a 控制设备自身应实现相应级别安全通用要求，如受条件限制，控制设备无法实现上述要求，应由其上位进行控制或由管理设备实现同等功能或通过管理手段进行控制

适用范围	第一级及以上等级保护系统
访谈对象	工业控制系统专业负责人

适用范围	第一级及以上等级保护系统
评估对象	控制设备
评估内容	1）应核查控制设备是否具有身份鉴别、访问控制和安全审计等功能，如控制设备具备上述功能，则按照通用要求进行测评。 2）如控制设备不具备上述功能，则核查是否由其上位进行控制或由管理设备实现同等功能或通过管理手段进行控制

评估参考：

1）核查重要电力监控系统中的操作系统、数据库、中间件等基础软件和厂商提供的检测报告或认证证书，评估是否通过了国家有关机构的安全检测认证。（电力 8.4.3.2a）

2）核查生产控制大区业务系统的操作系统、数据库、中间件等基础软件，评估身份鉴别、访问控制、安全审计等安全功能和策略是否已启用并配置合理。（电力 8.4.3.2b）

3）核查生产控制大区业务系统的操作系统和基础软件，评估软件安装更新情况。评估内容包括但不限于：a）是否存在不必要的组件和应用程序；b）是否在确保不影响业务运行前提下及时升级安装补丁；c）漏洞补丁安装前是否进行安全性和兼容性测试；d）是否存在直接连接因特网在线更新的情况。（电力 8.4.3.2c）

4）核查电力监控系统中的计算机和网络设备、电力自动化设备、继电保护设备、安全稳定控制设备、IED、测控设备等厂商提供的检测报告或认证证书，评估是否通过了满足国家或行业要求的权威机构安全检测认证。（电力 8.4.4.2a）

5）核查生产控制大区的计算机和网络设备，评估身份鉴别、访问控制、安全审计等安全功能和策略是否已启用并合理配置。（电力 8.4.4.2b）

CE11b 应在经过充分测试评估后，在不影响系统安全稳定运行的情况下对控制设备进行补丁更新、固件更新等工作

适用范围	第一级及以上等级保护系统
访谈对象	工业控制系统专业负责人
评估对象	控制设备
评估内容	1）应核查是否有测试报告或测试评估记录。 2）应核查控制设备版本、补丁及固件是否在经过充分测试后进行了更新

CE11c 应关闭或拆除控制设备的软盘驱动、光盘驱动、USB 接口、串行口或多余网口等，确需保留的应通过相关的技术措施实施严格的监控管理

适用范围	第三级及以上等级保护系统
访谈对象	工业控制系统专业负责人
评估对象	控制设备
评估内容	1）应核查是否关闭或拆除了设备的软盘驱动、光盘驱动、USB 接口、串行口或多余网口等。 2）应核查对保留的软盘驱动、光盘驱动、USB 接口、串行口或多余网口等是否通过相关措施实施严格的监控管理

评估参考：

核查生产控制大区的计算机和网络设备，评估是否使用防撕封条等工具封闭计算机和网络设备的空闲网络端口和其他无用端口，除调度数字证书所需的 USB 接口外的其他不必要的移动存储设备接口是否均拆除或封闭。（电力 8.4.4.2c）

CE11d 应使用专用设备和专用软件对控制设备进行更新

适用范围	第三级及以上等级保护系统
访谈对象	工业控制系统专业负责人
评估对象	控制设备
评估内容	应核查是否使用专用设备和专用软件对控制设备进行更新

CE11e 应保证控制设备在上线前经过安全性检测，避免控制设备固件中存在恶意代码程序

适用范围	第三级及以上等级保护系统
访谈对象	工业控制系统专业负责人
评估对象	控制设备
评估内容	应核查由相关部门出具或认可的控制设备的检测报告，明确控制设备固件中是否存在恶意代码程序

评估参考：

　　核查重要电力监控系统中的处理器芯片和厂商提供的检测报告或认证证书，评估处理器芯片安全情况，安全要求包括：a）重要电力监控系统中的核心处理器芯片应通过国家有关机构的安全检测认证，防范芯片存在恶意指令或模块；b）重要电力监控系统应采用符合国家相关要求的处理器芯片（见 GB/T22186－2016 中的 7.1），采用安全可靠的密码算法、真随机数发生器、存储器加密、总线传输加密等措施进行安全防护）。评估内容包括但不限于：a）核心处理器芯片是否通过了国家有关机构的安全检测认证；b）处理器芯片设计方案或安全测试报告等文档中是否包含安全可靠的密码算法、真随机数发生器、存储器加密、总线传输加密等安全防护措施的相关内容。（电力 8.4.5.2）

6.12　大数据安全计算环境 CE12

业 绩 目 标

　　依据行业相关数据分类分级规则，制定分级分类安全保护策略；制定并执行大数据平台、大数据应用和数据管理系统的安全要求、管理流程和记录表单，通过身份鉴别、访问控制、安全标记、数据脱敏、数据溯源、清洗转换控制、隔离存放、故障屏蔽、区分处置和集中管控等措施，保证大数据计算环境及其应用的安全。

评 估 准 则

CE12a	大数据平台应对使用数据采集终端、数据导入服务组件、数据导出终端、数据导出服务组件的主体实施身份鉴别
CE12b	大数据平台应能对使用大数据应用的主体进行标识和鉴别
CE12c	大数据平台应为大数据应用提供集中管控其计算和存储资源使用状况的能力

续表

CE12d	大数据平台应对其提供的辅助工具或服务组件，实施有效管理
CE12e	大数据平台应屏蔽计算、内存、存储资源等方面的故障，保障业务正常运行
CE12f	大数据平台应提供静态脱敏和去标识化的工具或服务组件技术
CE12g	对外提供服务的大数据平台，平台或第三方只有在大数据应用授权后才可以对大数据应用的数据资源进行访问、使用和管理
CE12h	大数据平台应提供数据分类分级安全管理功能，供大数据应用针对不同类别、不同级别的数据采取不同的安全保护措施
CE12i	大数据平台应提供设置数据安全标记功能，基于安全标记的授权和访问控制措施，满足细粒度授权访问控制管理能力要求
CE12j	大数据平台应在数据采集、存储、处理、分析等各个环节，支持对数据进行分类分级处置，并保证各环节的安全保护策略的一致性
CE12k	涉及重要数据接口、重要服务接口的调用，应实施访问控制，包括但不限于数据处理、使用、分析、导出、共享、交换等相关操作
CE12l	应在数据清洗和转换过程中对重要数据进行保护，以保证重要数据在清洗和转换后的一致性，避免数据失真，并在出现问题时能有效还原和恢复相关数据
CE12m	应跟踪和记录数据采集、处理、分析和挖掘等过程，保证溯源数据能重现相应过程，溯源数据需满足合规审计要求
CE12n	大数据平台应保证将不同客户大数据应用的审计数据隔离存放，并为不同客户提供审计数据收集汇总和集中分析的能力
CE12o	大数据平台应具备对不同类别、不同级别的数据进行全生命周期区分处置的能力

使用指引

CE12a 大数据平台应对使用数据采集终端、数据导入服务组件、数据导出终端、数据导出服务组件的主体实施身份鉴别

适用范围	第二级及以上等级保护系统
访谈对象	数据/大数据专业负责人
评估对象	数据采集终端、导入服务组件、业务应用系统、数据管理系统和系统管理软件等
评估内容	1）应核查大数据平台是否对使用数据采集终端、数据导入服务组件、数据导出终端、数据导出服务组件的主体采取了身份鉴别措施。 2）应测试验证身份鉴别措施是否能够不被绕过

评估参考：

1）大数据平台应对导入的数据源进行统一管理：核查大数据应用的数据导入是否必须通过大数据平台的统一管控；测试数据源导入管控措施是否能够不被绕过。（金融 B.3.3.1 BDS-L4-01）

2）大数据平台应提供双向认证功能，能对不同客户的大数据应用、大数据资源进行双向身份鉴别。（大数据 7.4.1b）

3）应采用口令和密码技术组合的鉴别技术对使用数据采集终端、数据导入服务组件、数据导出终端、数据导出服务组件的主体实施身份鉴别。（大数据 7.4.1c）

4）应对向大数据系统提供数据的外部实体实施身份鉴别。（大数据 7.4.1d）

5）大数据系统提供的各类外部调用接口应依据调用主体的操作权限实施相应强度的身份鉴别。（大数据 7.4.1e）

CE12b 大数据平台应能对使用大数据应用的主体进行标识和鉴别

适用范围	第二级及以上等级保护系统
访谈对象	数据/大数据专业负责人
评估对象	大数据平台、大数据应用系统和系统管理软件等
评估内容	1）应核查大数据平台是否对使用大数据应用的主体进行标识和鉴别。 2）应测试验证身份鉴别措施是否能够不被绕过

评估参考：

应测试验证身份标识是否具有唯一性，唯一性由用户名、IP、端口等因素确定，相同的身份标识会被合并管控。（金融 B.3.3.2 BDS-L4-02）

CE12c 大数据平台应为大数据应用提供集中管控其计算和存储资源使用状况的能力

适用范围	第二级及以上等级保护系统
访谈对象	数据/大数据专业负责人
评估对象	大数据平台和大数据应用
评估内容	1）应核查大数据平台是否为大数据应用提供计算和存储资源集中管控模块。 2）应建立大数据应用测试账户，核查大数据平台是否提供计算和存储资源集中监测和集中管控功能

CE12d 大数据平台应对其提供的辅助工具或服务组件，实施有效管理

适用范围	第二级及以上等级保护系统
访谈对象	数据/大数据专业负责人
评估对象	辅助工具、服务组件和大数据平台
评估内容	1）应核查提供的辅助工具或服务组件是否可以进行安装、部署、升级和卸载等。 2）应核查提供的辅助工具或服务组件是否提供日志。 3）应核查大数据平台是否采用技术手段或管理手段对辅助工具或服务组件进行统一管理，以避免组件冲突

评估参考：

应核查大数据平台管控业务动作是否包含注册/认证、权限设置、工具升级、注销等环节而无遗漏。（金融 B.3.3.4 BDS-L4-04）

CE12e 大数据平台应屏蔽计算、内存、存储资源等方面的故障，保障业务正常运行

适用范围	第二级及以上等级保护系统
访谈对象	数据/大数据专业负责人
评估对象	设计文档、建设文档、计算节点和存储节点
评估内容	1）应核查设计文档或建设文档等是否具备屏蔽计算、内存、存储资源等方面故障的措施和技术手段。 2）应测试验证单一计算节点或存储节点关闭时，是否影响业务正常运行

CE12f 大数据平台应提供静态脱敏和去标识化的工具或服务组件技术

适用范围	第二级及以上等级保护系统
访谈对象	数据/大数据专业负责人
评估对象	设计或建设文档、大数据应用和大数据平台
评估内容	1）应核查大数据平台设计或建设文档中是否有数据静态脱敏和去标识化措施或方案，如核查工具或服务组件是否具备配置不同的脱敏算法的能力。 2）应核查静态脱敏和去标识化工具或服务组件是否进行了策略配置。 3）应核查大数据平台是否为大数据应用提供静态脱敏和去标识化的工具或服务组件技术。 4）应测试验证脱敏后的数据是否实现了对敏感信息的屏蔽和隐藏，验证脱敏处理是否具备不可逆性

评估参考：

1）应测试验证脱敏算法至少应该包括统计、抑制、假名化、泛化、随机化等方法，并准确实现对应数据的脱敏处理；应测试验证大数据平台可以实现数据流出的数据实时、透明脱敏，大数据应用中的敏感数据展示内容为屏蔽后的数据内容。（金融 B.3.3.6 BDS-L4-06）

2）数据保密性：大数据平台应提供静态脱敏和去标识化的工具或服务组件技术；应依据相关安全策略和数据分类分级标识对数据进行静态脱敏和去标识化处理；数据在存储过程中的保密性保护应满足数据提供方系统的安全保护要求；应采取技术措施保证汇聚大量数据时不暴露敏感信息；可采用多方计算、同态加密等数据隐私计算技术实现数据共享的安全性。（大数据 7.4.8b-f）

CE12g 对外提供服务的大数据平台，平台或第三方只有在大数据应用授权后才可以对大数据应用的数据资源进行访问、使用和管理

适用范围	第二级及以上等级保护系统
访谈对象	数据/大数据专业负责人
评估对象	大数据平台、大数据应用系统、数据管理系统和系统设计文档等
评估内容	1）应核查是否由授权主体负责配置访问控制策略。 2）应核查授权主体是否依据安全策略配置了主体对客体的访问规则。 3）应测试验证是否存在可越权访问情形

评估参考：

1）对外提供服务的大数据平台，平台或内部其他系统只有在大数据应用授权下才可以对大数据应用的数据资源进行访问、使用和管理；授权的颗粒度应达到记录或字段级。（金融 B.3.3.7 BDS-L4-07）

2）对外提供服务的大数据平台，平台或第三方应**在服务客户**授权下才可以对其数据资源进行访问，使用和管理。（大数据 7.4.2b）

CE12h 大数据平台应提供数据分类分级安全管理功能，供大数据应用针对不同类别、不同级别的数据采取不同的安全保护措施

适用范围	第三级及以上等级保护系统
访谈对象	数据/大数据专业负责人
评估对象	大数据平台、大数据应用系统、数据管理系统和系统设计文档等

续表

适用范围	第三级及以上等级保护系统
评估内容	1）应就相关单位和组织是否依据行业相关数据分类分级规范制定了数据分类分级策略与管理员进行沟通。 2）应核查大数据平台是否具备分类分级管理功能，是否依据分类分级策略对数据进行分类和等级划分；大数据平台是否能够为大数据应用提供分类分级安全管理功能。 3）应核查大数据平台、大数据应用和数据管理系统等对不同类别和级别的数据在标识、使用、传输和存储等方面采取何种安全防护措施，进而根据不同需要对关键数据进行重点防护

评估参考：

1）应依据数据分类分级安全管理要求，针对大数据应用的数据提供相应的安全保护措施；核查大数据平台是否具有分类分级管理功能，是否依据分类分级策略对数据进行分类和等级划分，分类分级结果应可通过自动扫描或者手工指定，且分类分级应当与访问策略、加解密策略、脱敏策略等联动；核查大数据平台、大数据应用和数据管理系统等对不同类别级别的数据，是否可以在合理安全访问的基础上对数据进行跟踪和标识。（金融 BDS-L4-08）

2）大数据系统应提供数据分类分级标识功能。（大数据 7.4.2c）

CE12i 大数据平台应提供设置数据安全标记功能，基于安全标记的授权和访问控制措施，满足细粒度授权访问控制管理能力要求

适用范围	第三级及以上等级保护系统
访谈对象	数据/大数据专业负责人
评估对象	大数据平台、数据管理系统和系统设计文档等
评估内容	1）应核查大数据平台是否依据安全策略对数据设置安全标记。 2）应核查大数据平台是否为大数据应用提供基于安全标记的细粒度访问控制授权功能。 3）应测试验证依据安全标记是否能够实现主体对客体的细粒度的访问控制管理功能

评估参考：

1）大数据平台应提供设置数据安全标记功能，基于安全标记的授权和访问控制措施，满足细粒度授权访问控制管理能力要求，**访问控制粒度达到记录或字段级**。（金融 BDS-L4-09）

2）应授予大数据平台的用户、工具或服务组件最小权限，实现组件的管理和服务权限分离，访问控制粒度应达到记录或字段级；核查大数据平台或大数据应用系统是否能够对平台用户、工具、服务组件等进行权限设置；核查权限控制措施是否实现最小化；测试验证访问控制策略设置是否达到记录或字段级的控制粒度。（金融 BDS-L4-11）

3）大数据系统应具备设置数据安全标记功能，并基于安全标记进行访问控制。（大数据 7.4.2e）

CE12j 大数据平台应在数据采集、存储、处理、分析等各个环节，支持对数据进行分类分级处置，并保证各环节的安全保护策略的一致性

适用范围	第三级及以上等级保护系统
访谈对象	数据/大数据专业负责人
评估对象	数据采集终端、导入服务组件、大数据应用系统、数据管理系统和系统管理软件等
评估内容	1）应就相关单位和组织是否依据行业相关数据分类分级规则制定了数据分类分级策略与管理员进行沟通。 2）应核查相关单位和组织是否依据分类分级策略在数据采集、处理、分析过程中对数据进行分类和等级划分。 3）应核查相关单位和组织是否采用有效措施保障内部数据安全保护策略的一致性

适用范围	第三级及以上等级保护系统

评估参考：

1）应对数据主体访问大数据平台进行限制，限制内容包含单次数据查看量、数据查看频次、总查看次数等；应核查数据主体访问大数据平台是否具备多层次的数据访问控制措施，是否支持单次数据查看量、数据查看频次、总查看次数等方面的管控和限制；应核查单次数据查看量、数据查看频次、总查看次数等设置是否无法被绕过。（金融 BDS-L4-15）

2）针对大数据应用导出的数据文件，应根据安全需求对数据文件进行脱敏、水印或加密等；应核查大数据平台是否具备对数据文件进行脱敏、水印或加密的技术措施，是否可以通过策略的设定进行控制；应测试验证大数据应用导出的数据文件是否会进行脱敏、水印或加密；应核查上述数据文件的控制是否无法被绕过。（金融 BDS-L4-16）

3）应在数据采集、传输、存储，处理、交换及销毁等各个环节，根据数据分类分级标识对数据进行不同处置，最高等级数据的相关保护措施不低于第三级安全要求，安全保护策略在各环节保持一致。（大数据 7.4.2d）

CE12k 涉及重要数据接口、重要服务接口的调用，应实施访问控制，包括但不限于数据处理、使用、分析、导出、共享、交换等相关操作

适用范围	第三级及以上等级保护系统
访谈对象	数据/大数据专业负责人
评估对象	大数据平台、大数据应用系统、数据管理系统和系统管理软件等
评估内容	1）应核查大数据平台或大数据应用系统是否面向重要数据接口、重要服务接口的调用提供有效访问控制措施。 2）应核查访问控制措施是否包括但不限于数据处理、使用、分析、导出、共享、交换等操作。 3）应测试验证访问控制措施是否不被绕过

评估参考：

1）访问权限在自有的授权管理机制基础上，实现细粒度的权限管控，如记录或字段级的授权控制；对重要数据接口和重要服务接口的调用可单独设置为高危预警行为，并对该调用行为可采取审计或阻断；核查访问权限的设置是否实现细粒度的管控，达到记录或字段级。（金融 BDS-L4-13）

2）应核查大数据平台是否设置并使用了数据隔离区、数据沙箱等安全技术实现单独的系统安全区域；应核查大数据平台在数据建模分析时敏感数据和个人金融信息的处理和流转处理等是否均在安全域中；应测试验证安全区域的控制措施是否不被绕过。（金融 BDS-L4-12）

3）大数据系统应对其提供的各类接口的调用实施访问控制,包括但不限于数据采集、处理、使用、分析、导出、共享、交换等相关操作。（大数据 7.4.2f）

4）应最小化各类接口操作权限。（大数据 7.4.2g）

5）应最小化数据使用、分析、导出、共享、交换的数据集。（大数据 7.4.2h）

CE12l 应在数据清洗和转换过程中对重要数据进行保护，以保证重要数据在清洗和转换后的一致性，避免数据失真，并在出现问题时能有效还原和恢复相关数据

适用范围	第三级及以上等级保护系统
访谈对象	数据/大数据专业负责人
评估对象	管理员、清洗和转换的数据、数据清洗和转换工具或脚本
评估内容	1）应与数据清洗转换相关的管理员进行沟通，询问数据清洗后是否较少出现失真或前后不一致的情况。 2）应核查清洗和转换的数据，查看重要数据清洗前后的字段或者内容是否一致，能否避免数据失真

续表

适用范围	第三级及以上等级保护系统
评估内容	3）应核查数据清洗和转换工具或脚本，针对重要数据是否具备回滚机制等，在出现问题时是否可对重要数据进行有效还原和恢复

评估参考：

1）应采用技术手段限制在终端输出重要数据。（大数据 7.4.2j）

2）应对重要数据的数据流转、泄露和滥用情况进行监控，及时对异常数据操作行为进行预警，并能够对突发的严重异常操作及时定位和阻断。（大数据 7.4.2k）

CE12m 应跟踪和记录数据采集、处理、分析和挖掘等过程，保证溯源数据能重现相应过程，溯源数据需满足合规审计要求

适用范围	第三级及以上等级保护系统
访谈对象	数据/大数据专业负责人
评估对象	数据溯源措施或系统和大数据系统
评估内容	1）应核查数据溯源措施或系统是否对数据采集、处理、分析和挖掘等过程进行溯源。 2）应核查重要业务数据处理流程是否包含在数据溯源范围中。 3）应测试验证大数据平台是否对测试产生的数据的采集、处理、分析或挖掘的过程进行了记录，是否可溯源测试过程。 4）应核查数据溯源措施或系统是否能满足数据业务要求，确保重要业务数据可溯源。 5）对于自研发溯源措施或系统，应核查溯源数据能否满足合规审计要求。 6）对于采购的溯源措施或系统，应核查其是否符合国家产品和服务合规审计要求，溯源数据是否符合合规审计要求

评估参考：

1）大数据源管理：应通过合法正当渠道获取各类数据。（大数据 7.9.12）

2）大数据溯源：a）应跟踪和记录数据采集，处理、分析和挖掘等过程，保证溯源数据能重现相应过程；b）应对重要数据的全生命周期实现数据审计，保证数据活动的所有操作可追溯；c）溯源数据应满足数据业务要求和合规审计要求；d）应采取技术手段保证溯源数据真实性和保密性；e）应采取技术手段保证数据源的真实可信。（大数据 7.4.12abcde）

CE12n 大数据平台应保证将不同客户大数据应用的审计数据隔离存放，并为不同客户提供审计数据收集汇总和集中分析的能力

适用范围	第三级及以上等级保护系统
访谈对象	数据/大数据专业负责人
评估对象	大数据应用的审计数据
评估内容	1）应核查对外提供服务的大数据平台，查看其审计数据的存储方式和不同客户的大数据应用的审计数据是否隔离存放。 2）应核查大数据平台是否为不同客户提供审计数据收集汇总和集中分析的能力

评估参考：

1）大数据系统应提供隔离不同客户应用数据资源的能力。（大数据 7.4.2i）

2）大数据系统应对其提供的各类接口的调用情况以及各类账号的操作情况进行审计。（大数据 7.4.3c）

3）应保证大数据系统服务供应商对服务客户数据的操作可被服务客户审计。（大数据 7.4.3d）

CE12o 大数据平台应具备对不同类别、不同级别的数据进行全生命周期区分处置的能力

适用范围	第四级等级保护系统
访谈对象	数据/大数据专业负责人
评估对象	设计文档或建设文档和大数据平台
评估内容	1）应核查设计文档或建设文档中是否具有对不同类别、不同级别的数据进行区分处置的策略或措施。
	2）应核查大数据平台针对不同类别、不同级别的数据是否进行全生命周期区分处置

第 7 章 安全建设管理评估准则及使用指引

安全建设管理领域（SC）的业绩目标，就是按照《中华人民共和国网络安全法》"三同步"原则，开展网络安全等级保护，明确并落实在方案设计、产品采购、软件开发、工程实施、测试交付和服务供应商选择等关键环节，以及移动应用、工业控制系统、大数据平台建设等重要业务的网络安全要求，从建设源头提升本质安全能力。

安全建设管理领域包括定级备案和等级测评（SC1）、方案设计和产品采购（SC2）、软件开发（SC3）、工程实施与测试交付（SC4）、服务供应商的选择（SC5）、移动应用安全建设扩展要求（SC6）、工业控制系统安全建设扩展要求（SC7）、大数据安全建设扩展要求（SC8）8 个子领域。本章详细介绍了安全建设管理 8 个子领域的业绩目标、评估准则及各评估项的使用指引，如图 7-1 所示。

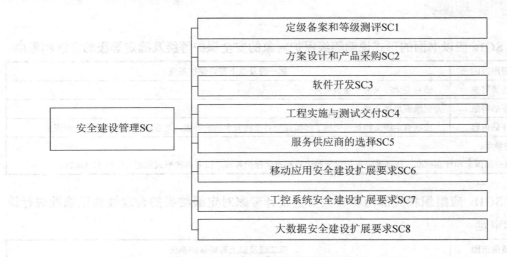

图 7-1 安全建设管理领域构成示意图

7.1 定级备案和等级测评 SC1

业绩目标

按照国家、行业网络安全等级保护管理要求和技术标准，规范专业地开展网络与信息系统安全定级、论证审定、审批备案和测评整改，确保合规，促进设计、建设和运维等关键环节的安全水平提升。

评估准则

SC1a	应以书面的形式说明等级保护对象的安全保护等级及确定等级的方法和理由
SC1b	应组织相关部门和有关安全设计专家对定级结果的合理性和正确性进行论证和审定
SC1c	应保证定级结果经过相关部门的批准
SC1d	应将备案材料报主管部门和公安机关备案
SC1e	应定期进行等级测评，发现不符合相应等级保护标准要求的及时整改
SC1f	应在发生重大变更或级别发生变化时进行等级测评
SC1g	应确保测评机构的选择符合国家有关规定

使用指引

SC1a 应以书面的形式说明等级保护对象的安全保护等级及确定等级的方法和理由

适用范围	第一级及以上等级保护系统
访谈对象	信息安全与保密专业负责人
评估对象	记录表单类文档
评估内容	应核查定级文档是否明确了等级保护对象的安全保护等级，是否说明了定级的方法和理由

评估参考：

应按照国家和行业标准、规范确定保护对象的边界和安全保护等级，以书面的形式说明（广电 12.1.4.1a）

SC1b 应组织相关部门和有关安全设计专家对定级结果的合理性和正确性进行论证和审定

适用范围	第二级及以上等级保护系统
访谈对象	信息安全与保密专业负责人
评估对象	记录表单类文档
评估内容	应核查在定级结果的论证评审会议记录中是否有相关部门和有关安全设计专家对定级结果的论证意见

续表

适用范围	第二级及以上等级保护系统

评估参考：
　　核查电力监控系统等级保护定级报告、专家论证和审定记录等相关文档，评估是否依照国家标准及行业相关要求进行合理定级，系统定级结果是否经过定级系统相关部门和安全技术专家的论证和审定。（电力 8.3.1.2d）

SC1c 应保证定级结果经过相关部门的批准

适用范围	第二级及以上等级保护系统
访谈对象	信息安全与保密专业负责人
评估对象	记录表单类文档
评估内容	应核查相关审批文档中是否有上级主管部门或本单位相关部门的审批意见

评估参考：
　　应保证定级结果经过本单位批准；应将定级和备案材料报本级广播电视行政主管部门审核。（广电 12.1.4.1c、d）

SC1d 应将备案材料报主管部门和公安机关备案

适用范围	第二级及以上等级保护系统
访谈对象	信息安全与保密专业负责人
评估对象	记录表单类文档
评估内容	应核查是否具有公安机关出具的备案证明文档

评估参考：
　　应将定级和备案材料报相应公安机关备案；应将定级和备案结果报本级广播电视行政主管部门备案；应指定专门的部门或人员负责管理系统定级的相关材料，并控制这些材料的使用。（广电 12.1.4.1e、f、g）

SC1e 应定期进行等级测评，发现不符合相应等级保护标准要求的及时整改

适用范围	第二级及以上等级保护系统
访谈对象	信息安全与保密专业负责人
评估对象	运维负责人和记录表单类文档
评估内容	1）应就本次测评是否为首次测评与运维负责人进行沟通，若非首次测评，核查相关单位和组织是否根据以往测评结果进行了相应的安全整改。 2）应核查相关单位和组织是否有以往等级测评报告和安全整改方案

SC1f 应在发生重大变更或级别发生变化时进行等级测评

适用范围	第二级及以上等级保护系统
访谈对象	信息安全与保密专业负责人
评估对象	运维负责人和记录表单类文档
评估内容	1）应核查等级保护对象是否有过重大变更或级别发生变化的情况及是否进行了相应的等级测评。 2）应核查相关单位和组织是否有相应情况下的等级测评报告

SC1g 应确保测评机构的选择符合国家有关规定

适用范围	第二级及以上等级保护系统
访谈对象	信息安全与保密专业负责人
评估对象	等级测评报告和相关资质文件
评估内容	应核查以往对等级保护对象进行等级测评的测评单位是否具有等级测评机构资质

评估参考：

1）应选择公安部认可的全国等级保护测评机构推荐目录中的测评单位进行等级测评，并与测评单位签订安全保密协议；核查以往等级测评的测评单位是否具有等级测评机构资质；核查是否具有与测评单位签订的安全保密协议。（金融 L4-CMS1-49）

2）应选择国家和行业认可的测评机构进行等级测评；播出直接相关系统测评宜委托行业内测评机构。（广电 12.1.4.9c、d）

7.2 方案设计和产品采购 SC2

业 绩 目 标

编制、论证和审定安全整体规划、安全专项方案和安全措施，审核验证拟采购网络安全产品、密码产品与服务的合规性，从方案设计、产品选型测试和专项测试等关键环节提升网络结构和系统本体安全能力。

评 估 准 则

SC2a	应根据安全保护等级选择基本安全措施，依据风险分析的结果补充和调整安全措施
SC2b	应根据等级保护对象的安全保护等级及与其他级别等级保护对象的关系进行安全整体规划和安全方案设计，设计内容应包含密码技术和网络结构安全相关内容，并形成配套文件
SC2c	应组织相关部门和有关安全专家对安全整体规划及其配套文件的合理性和正确性进行论证和审定，经过批准后才能正式实施
SC2d	**应确保网络安全产品采购和使用符合国家的有关规定**
SC2e	应确保密码产品与服务的采购和使用符合国家密码管理主管部门的要求
SC2f	应预先对产品进行选型测试，确定产品的候选范围，并定期审定和更新候选产品名单
SC2g	应将重要部位的候选产品委托专业测评单位进行专项测试，根据测试结果选用产品

使 用 指 引

SC2a 应根据安全保护等级选择基本安全措施，依据风险分析的结果补充和调整安全措施

适用范围	第一级及以上等级保护系统
访谈对象	项目建设负责人

续表

适用范围	第一级及以上等级保护系统
评估对象	安全规划设计类文档
评估内容	应核查相关单位和组织是否根据安全保护等级选择安全措施，是否根据安全需求调整安全措施

SC2b 应根据等级保护对象的安全保护等级及与其他级别等级保护对象的关系进行安全整体规划和安全方案设计，设计内容应包含密码技术和网络结构安全相关内容，并形成配套文件

适用范围	第三级及以上等级保护系统
访谈对象	信息安全与保密专业负责人
评估对象	安全规划设计类文档；密码应用方案
评估内容	1）应核查相关单位和组织是否有总体规划和安全设计方案等配套文件，设计方案中应包括密码技术的相关内容和网络结构安全设计要求。 2）对于第二级等级保护系统，应根据等级保护对象的安全保护等级进行安全方案设计

评估参考：

1）总体设计要求（电力 GB/T 36572—2018 第 6.2.1 节）

结构安全是电力监控系统网络安全防护体系的基础框架，也是所有其他安全防护措施的重要基础。电力监控系统结构安全应采用"安全分区、网络专用、横向隔离、纵向认证"的基本防护策略。

2）分区分级设计要求（电力 GB/T 36572—2018 第 6.2.2 节）

a）电力监控系统应划分为生产控制大区和管理信息大区；

b）生产控制大区可以分为控制区（安全区Ⅰ）和非控制区（安全区Ⅱ）；管理信息大区内部在不影响生产控制大区安全的前提下，可以根据各企业不同安全要求划分安全区；

c）生产控制大区的控制区（安全区Ⅰ）的安全等级最高，非控制区（安全区Ⅱ）次之，管理信息大区再次之；

d）生产控制大区的纵向互联应与相同安全区互联，避免跨安全区纵向交叉连接；

e）生产控制大区的业务系统在与其终端的纵向连接中使用无线通信网、电力企业其他数据网（非电力调度数据网）或者外部公用数据网的虚拟专用网络方式（VPN）等进行通信的，应设立安全接入区；

f）各区域安全边界应采取必要的安全防护措施，禁止任何穿越生产控制大区和管理信息大区之间边界的通用网络服务（如 FTP、HTTP、TELNET、MAIL、RLOGIN、SNMP 等）。

具体参见 SN3a 评估项使用指引。

3）网络专用设计要求（电力 GB/T 36572—2018 第 6.2.3 节）

a）电力监控系统的生产控制大区应在专用通道上使用独立的网络设备组网，采用基于 SDH 不同通道、不同光波长、不同纤芯等方式，在物理层面上实现与其他通信网及外部公用网络的安全隔离。

b）生产控制大区通信网络可进一步划分为逻辑隔离的实时子网和非实时子网，采用 MPLS-VPN 技术、安全隧道技术、PVC 技术、静态路由等构造子网。

c）生产控制大区数据通信的七层协议均采用相应安全措施，在物理层应与其他网络实行物理隔离，在链路层应合理划分 VLAN，在网络层应设立安全路由和虚拟专网，在传输层应设置加密隧道，在会话层应采用安全认证，在表示层应有数据加密，在应用层应采用数字证书和安全标签进行身份认证。

具体参见 SN3c 评估项使用指引。

4）横向隔离设计要求（电力 GB/T 36572—2018 第 6.2.4 节）

a）在生产控制大区与管理信息大区之间应设置通过国家有关机构安全检测认证的电力专用横向单向安全隔离装置，隔离强度应接近或达到物理隔离，只允许单向数据传输，禁止 HTTP、TELNET 等双向的通用网络安全服务通信。

适用范围	第三级及以上等级保护系统
	b）生产控制大区内部的安全区之间应采用具有访问控制功能的设备、防火墙或者相当功能的设施，实现逻辑隔离。

c）生产控制大区到管理信息大区的数据传输采用正向安全隔离设施，仅允许单向数据传输；管理信息大区到生产控制大区的数据传输采用反向安全隔离设施，仅允许单向数据传输，并采取基于非对称密钥技术的签名验证、内容过滤、有效性检查等安全措施。

d）安全接入区与生产控制大区中其他部分的连接处应设置通过国家有关机构安全检测认证的电力专用横向单向安全隔离装置。

e）生产控制大区内不同系统间应采用逻辑隔离措施，实现逻辑隔离、报文过滤、访问控制等功能。

具体参见 SN3b 评估项使用指引。

5）纵向认证设计要求（电力 GB/T 36572—2018 第 6.2.5 节）

在生产控制大区与广域网的纵向连接处应设置通过国家有关机构安全检测认证的电力专用纵向加密认证装置或者加密认证网关及相应设施。（参见 SN4e 评估项使用指引）

6）密评指引——制定密码应用方案

6.1）基本要求：依据密码相关标准和密码应用需求，制定密码应用方案。（第一级到第四级）。（密评基 9.7a）

6.2）密评实施：核查在信息系统规划阶段，是否依据密码相关标准和信息系统密码应用需求，制定密码应用方案，并核查方案是否通过评估。（密评测 6.7.1）

6.3）缓解措施：无。（密评高 10.2d）

6.4）风险评价：对于新建信息系统，在规划阶段未制定密码应用方案或密码应用方案未通过评审，一旦被威胁利用后，可能会导致信息系统面临高等级安全风险。（密评高 10.2e）

7）密评指引——制定密码实施方案

7.1）基本要求：按照应用方案实施建设。（第一级到第四级）。（密评基 9.7c）

7.2）密评实施：核查是否有通过评估的密码应用方案，并核查是否按照密码应用方案，制定密码实施方案。（密评测 6.7.3）

SC2c 应组织相关部门和有关安全专家对安全整体规划及其配套文件的合理性和正确性进行论证和审定，经过批准后才能正式实施

适用范围	第三级及以上等级保护系统
访谈对象	信息安全与保密专业负责人
评估对象	记录表单类文档
评估内容	1）应核查配套文件的论证评审记录或文档是否有相关部门和有关安全设计专家对总体安全规划、安全设计方案等相关配套文件的批准意见和论证意见。 2）对于第二级等级保护系统，相关单位和组织应组织相关部门和安全专家对安全方案的合理性和正确性进行论证和审定，经过批准后才能正式实施

评估参考：

1）应核查使用上一级机构信息系统资源或对其他机构信息系统资源与配置造成影响的区域性建设项目的项目建设方案是否通过上一级机构业务与科技部门的审核、批准。（金融 L4-CMS1-08）

2）核查新建或新开发的电力监控系统和不具备升级改造条件的在运系统，评估不具备升级改造条件的在运系统是否已通过健全和落实安全管理制度和安全应急机制、加强安全管控、强化网络隔离等方式降低安全风险。新建或新开发的电力监控系统是否符合本体安全相关基本要求（在电力监控系统网络安全防护体系架构中，构成体系的各个模块应实现自身的安全，依次分为电力监控系统软件的安全、操作系统和基础软件的安全、计算机和网络设备及电力专用监控设备的安全、核心处理器芯片的安全，均应采用安全、可控、可靠的软硬件产品，并通过国家有关机构的安全检测认证）。（电力 8.4.1.2）

适用范围	第三级及以上等级保护系统
3）核查电力监控系统软件，评估软件设计安全情况。评估内容包括但不限于：a）软件设计方案中是否包含安全防护理念和防护措施；b）通过软件设计方案和逻辑结构图进行分析、判断，确认业务系统软件的各业务模块是否合理部署在相应安全等级的安全区；c）实时闭环控制核心模块是否得到有效防护。（电力 8.4.2.2b）	
4）应根据国家和行业标准，设计保护对象的网络安全方案和策略，制定详细的安全整体规划和安全建设方案；应组织相关部门和有关安全专家对安全整体规划、安全建设方案等进行论证和审定，经过批准后才能正式实施。（广电 12.1.4.2b、c）	

SC2d 应确保网络安全产品采购和使用符合国家的有关规定

适用范围	第一级及以上等级保护系统
访谈对象	项目建设负责人
评估对象	记录表单类文档
评估内容	应核查有关网络安全产品是否符合国家的有关规定，如网络安全产品是否获得了销售许可等
FOP 描述	违规采购和使用网络安全产品
评估场景	网络安全产品的采购和使用违反国家有关规定。例如，采购、使用的安全产品未获得销售许可证、未通过国家有关机构的安全检测等
补偿因素	针对使用开源、自研的网络安全产品（非销售类安全产品）的情况，评估员可以从该网络安全产品的作用、功能、使用场景、国家及行业主管部门的要求等角度进行综合风险分析，充分考虑该网络安全产品未通过专业机构检测，一旦出现功能缺陷、安全漏洞等问题对等级保护对象带来的影响，根据分析结果，酌情判定风险等级
整改建议	建议依据国家有关规定，采购和使用网络安全产品。例如，采购或使用获得销售许可证或通过相关机构的检测认证的网络安全产品

评估参考：

1）网络关键设备和网络安全专用产品应当按照相关国家标准的强制性要求，由具备资格的机构安全认证合格或者安全检测符合要求后，方可销售或者提供。国家网信部门会同国务院有关部门制定、公布网络关键设备和网络安全专用产品目录，并推动安全认证和安全检测结果互认，避免重复认证、检测。（网安法第二十三条）

2）关键信息基础设施的运营者采购网络产品和服务，可能影响国家安全的，应当通过国家网信部门会同国务院有关部门组织的国家安全审查。

关键信息基础设施的运营者采购网络产品和服务，应当按照规定与提供者签订安全保密协议，明确安全和保密义务与责任。（网安法第三十五、三十六条）

3）运营者应当优先采购安全可信的网络产品和服务；采购网络产品和服务可能影响国家安全的，应当按照国家网络安全规定通过安全审查。（关基条例第十九条）

4）运营者采购网络产品和服务，应当按照国家有关规定与网络产品和服务提供者签订安全保密协议，明确提供者的技术支持和安全保密义务与责任，并对义务与责任履行情况进行监督。（关基条例第二十条）

5）运营者采购可能影响国家安全的网络产品和服务，未按照国家网络安全规定进行安全审查的，由国家网信部门等有关主管部门依据职责责令改正，处采购金额 1 倍以上 10 倍以下罚款，对直接负责的主管人员和其他直接责任人员处 1 万元以上 10 万元以下罚款。（关基条例第四十一条）

6）关键信息基础设施运营者采购网络产品和服务，网络平台运营者开展数据处理活动，影响或者可能影响国家安全的，应当按照本办法进行网络安全审查。（网安审第二条）

续表

适用范围	第一级及以上等级保护系统
	7）关键信息基础设施运营者采购网络产品和服务的，应当预判该产品和服务投入使用后可能带来的国家安全风险。影响或者可能影响国家安全的，应当向网络安全审查办公室申报网络安全审查。关键信息基础设施安全保护工作部门可以制定本行业、本领域预判指南。（网安审第五条）
	8）对于申报网络安全审查的采购活动，关键信息基础设施运营者应当通过采购文件、协议等要求产品和服务提供者配合网络安全审查，包括承诺不利用提供产品和服务的便利条件非法获取用户数据、非法控制和操纵用户设备，无正当理由不中断产品供应或者必要的技术支持服务等。（网安审第六条）
	9）当事人申报网络安全审查，应当提交以下材料：（一）申报书；（二）关于影响或者可能影响国家安全的分析报告；（三）采购文件、协议、拟签订的合同或者拟提交的首次公开募股（IPO）等上市申请文件；（四）网络安全审查工作需要的其他材料。（网安审第八条）
	10）本办法所称网络产品和服务主要指核心网络设备、重要通信产品、高性能计算机和服务器、大容量存储设备、大型数据库和应用软件、网络安全设备、云计算服务，以及其他对关键信息基础设施安全、网络安全和数据安全有重要影响的网络产品和服务。 （网安审第二十一条）
	11）应核查是否具有扫描、检查类网络安全产品购置前本机构科技主管部门的批准、备案记录。（金融 L4-CMS1-11）
	12）应核查网络安全产品使用记录，是否仅限于本机构网络安全管理人员或经主管领导授权的技术人员使用。（金融 L4-CMS1-14）
	13）应核查是否具有定期对各类网络安全产品相关日志和报表信息进行汇总分析的记录或分析报；应核查一旦发现重大问题，是否具有相应的控制措施和报告程序。（金融 L4-CMS1-15）
	14）应核查是否具有对各类网络安全产品日志和报表进行定期备份存档的记录；应核查备份存档记录是否至少保存6个月。（金融 L4-CMS1-16）
	15）应核查网络安全产品维护和报废相关管理制度中是否有及时升级维护规定以及报废审批流程；应核查是否具有网络安全产品升级维护记录；应核查对于超过使用期限或不能继续使用的网络安全产品是否具有报废、审批记录。（金融 L4-CMS1-17）
	16）应核查是否在本地配置网络安全产品。（金融 L4-CMS1-18）

SC2e 应确保密码产品与服务的采购和使用符合国家密码管理主管部门的要求

适用范围	第二级及以上等级保护系统
访谈对象	项目建设负责人
评估对象	建设负责人和记录表单类文档
评估内容	1）应就相关单位和组织是否采用了密码产品及其相关服务与项目建设负责人进行沟通。 2）应核查密码产品与服务的采购和使用是否符合国家密码管理主管部门的要求

SC2f 应预先对产品进行选型测试，确定产品的候选范围，并定期审定和更新候选产品名单

适用范围	第三级及以上等级保护系统
访谈对象	项目建设负责人
评估对象	记录表单类文档
评估内容	应核查相关单位和组织是否有产品选型测试结果文档、候选产品采购清单及审定或更新的记录

SC2g 应对重要部位的产品委托专业测评单位进行专项测试，根据测试结果选用产品

适用范围	第四级等级保护系统
访谈对象	项目建设负责人
评估对象	记录表单类文档
评估内容	应核查相关单位和组织是否有重要产品专项测试记录

7.3　软件开发 SC3

业绩目标

　　制定并执行软件开发安全要求、管理流程和记录表单，通过开发和运行环境、测试数据、开发过程控制、代码编写安全规范、安全性测试、软件源代码审查、程序资源库管控、软件设计文档控制、外包软件开发管理等措施，有效提升软件本体质量和抗攻击能力。

评估准则

SC3a	应将开发环境与实际运行环境物理分开，测试数据和测试结果受到控制
SC3b	应制定软件开发管理制度，明确说明开发过程的控制方法和人员行为准则
SC3c	应制定代码编写安全规范，要求开发人员参照安全规范编写代码
SC3d	应具备软件设计的相关文档和使用指南，并对文档的使用进行控制
SC3e	应在软件开发过程中对安全性进行测试，在软件安装前对可能存在的恶意代码进行检测
SC3f	应对程序资源库的修改、更新、发布进行授权和批准，并严格进行版本控制
SC3g	应保证开发人员为专职人员，开发人员的开发活动受到控制、监视和审查
SC3h	应在软件交付前检测其中可能存在的恶意代码
SC3i	应保证开发单位提供软件设计文档和使用指南
SC3j	应保证开发单位提供软件源代码，并审查软件中可能存在的后门和隐蔽信道

使用指引

SC3a 应将开发环境与实际运行环境物理分开，测试数据和测试结果受到控制

适用范围	第二级及以上等级保护系统
访谈对象	应用/互联网应用专业负责人
评估对象	项目建设负责人

适用范围	第二级及以上等级保护系统
评估内容	1）应就自主开发软件是否在独立的物理环境中完成了编码和测试，与实际运行环境分开与项目建设的使用负责人进行沟通。 2）应核查测试数据和结果是否受控

评估参考：

应确保开发人员和测试人员分离，开发人员不能兼任系统管理员或业务操作人员；应访谈开发人员和测试人员是否分离，开发人员是否不能兼任系统管理员或业务操作人员。（金融 L4-CMS1-19；广电 12.1.4.4a）

SC3b 应制定软件开发管理制度，明确说明开发过程的控制方法和人员行为准则

适用范围	第三级及以上等级保护系统
访谈对象	应用/互联网应用专业负责人
评估对象	管理制度类文档
评估内容	应核查在软件开发管理制度中是否明确了软件设计、开发、测试、验收过程的控制方法和人员行为准则，是否明确了哪些开发活动应经过授权、审批

SC3c 应制定代码编写安全规范，要求开发人员参照安全规范编写代码

适用范围	第三级及以上等级保护系统
访谈对象	应用/互联网应用专业负责人
评估对象	管理制度类文档
评估内容	应核查在代码编写安全规范中是否明确了代码安全编写规则

SC3d 应具备软件设计的相关文档和使用指南，并对文档的使用进行控制

适用范围	第三级及以上等级保护系统
访谈对象	应用/互联网应用专业负责人
评估对象	记录表单类文档
评估内容	应核查相关单位和组织是否有软件开发文档和使用指南，并对文档的使用进行控制

评估参考：

应确保提供软件设计的相关文档和使用指南，并由专人负责保管，对文档使用进行控制。（广电 12.1.4.4d）

SC3e 应在软件开发过程中对安全性进行测试，在软件安装前对可能存在的恶意代码进行检测

适用范围	第二级及以上等级保护系统
访谈对象	应用/互联网应用专业负责人
评估对象	记录表单类文档
评估内容	应核查相关单位和组织是否具有软件安全测试报告和代码审计报告，相关报告中是否明确了软件存在的安全问题及可能存在的恶意代码

续表

适用范围	第二级及以上等级保护系统

评估参考：

　1）应在软件开发过程中对代码规范、代码质量、代码安全性进行审查，在软件安装前对可能存在的恶意代码进行检测。（金融 L4-CMS1-24）

　2）应保证在软件开发过程中对安全性进行测试，在软件安装前对可能存在的恶意代码进行检测，并审查软件中可能存在的后门漏洞等（广电 12.1.4.4e）

SC3f 应对程序资源库的修改、更新、发布进行授权和批准，并严格进行版本控制

适用范围	第三级及以上等级保护系统
访谈对象	应用/互联网应用专业负责人
评估对象	记录表单类文档
评估内容	应核查对程序资源库的修改、更新、发布进行授权和审批的文档或记录是否有批准人的签字

评估参考：

　在软件开发过程中，应同步完成相关文档手册的编写工作，保证相关资料的完整性和准确性；核查在软件开发过程中是否同步完成相关文档手册的编写工作。（金融 L4-CMS1-26）

SC3g 应保证开发人员为专职人员，开发人员的开发活动受到控制、监视和审查

适用范围	第三级及以上等级保护系统
访谈对象	应用/互联网应用专业负责人
评估对象	项目建设负责人
评估内容	应就开发人员是否为专职，是否对开发人员活动进行控制等，与项目建设负责人进行沟通

SC3h 应在软件交付前检测其中可能存在的恶意代码

适用范围	第二级及以上等级保护系统
访谈对象	应用/互联网应用专业负责人
评估对象	记录表单类文档
评估内容	应核查相关单位和组织是否有软件交付前的恶意代码检测报告

评估参考：

　应在软件安装之前检测软件包中可能存在的恶意代码。（广电 12.1.4.5a）

SC3i 应保证开发单位提供软件设计文档和使用指南

适用范围	第二级及以上等级保护系统
访谈对象	应用/互联网应用专业负责人
评估对象	记录表单类文档
评估内容	应核查相关单位和组织是否有软件开发的相关文档，如需求分析说明书、软件设计说明书等，是否有软件操作手册或使用指南

SC3j 应保证开发单位提供软件源代码，并审查软件中可能存在的后门和隐蔽信道

适用范围	第三级及以上等级保护系统
访谈对象	应用/互联网应用专业负责人
评估对象	项目建设负责人和记录表单类文档
评估内容	1）应就委托开发单位是否提供软件源代码与项目建设负责人进行沟通。 2）应核查相关单位和组织是否审查了软件可能存在的后门和隐蔽信道
FOP 描述	外包开发代码审计措施缺失
评估场景	1）涉及国计民生的核心业务系统，被测单位未对开发单位开发的系统进行源代码安全审查。 2）开发单位未提供任何第三方机构提供的安全性检测证明
补偿因素	1）定级对象建成时间较长，虽未进行源代码安全审查，但定期进行了安全检测，并能够提供安全检测报告，且当前管理制度中明确规定外包开发代码审计，评估员可根据实际措施效果，酌情判定风险等级。 2）针对被测单位通过合同等方式与开发单位明确安全责任并采取相关技术手段进行防控的情况，评估员可从已采取的技术防范措施等角度进行综合风险分析.根据分析结果，酌情判定风险等级。 3）针对部分模块外包开发的情况，评估员可从外包开发模块的用途、重要性等角度进行综合风险分析，根据分析结果，酌情判定风险等级
整改建议	建议对开发单位开发的核心系统进行源代码审查，检查其是否存在后门和隐蔽信道。如没有利用技术手段进行源代码审查的，可聘请第三方专业机构对相关代码进行安全检测

7.4 工程实施与测试交付 SC4

业绩目标

制定并执行工程实施与测试交付安全要求、管理流程和记录表单，通过第三方监理，开展上线前安全性测试和运维人员技能培训，按要求完成设备、软件的测试验收和文档交付等措施，有效夯实工程实施与测试交付环节的安全基础。

评估准则

SC4a	应指定或授权专门的部门或人员负责工程实施过程的管理
SC4b	应制定安全工程实施方案控制工程实施过程
SC4c	应通过第三方工程监理控制项目的实施过程
SC4d	应制定测试验收方案，并依据测试验收方案实施测试验收，形成测试验收报告
SC4e	**应进行上线前的安全性测试，并出具安全测试报告，安全测试报告应包含密码应用安全性测试相关内容**
SC4f	应制定交付清单，并根据交付清单对所交接的设备、软件和文档等进行清点
SC4g	应对负责运行维护的技术人员进行相应的技能培训
SC4h	应保证提供建设过程文档和运行维护文档

使用指引

SC4a 应指定或授权专门的部门或人员负责工程实施过程的管理

适用范围	第一级及以上等级保护系统
访谈对象	项目建设负责人
评估对象	记录表单类文档
评估内容	应核查相关单位和组织是否指定专门的部门或人员对工程实施进行进度和质量控制

SC4b 应制定安全工程实施方案控制工程实施过程

适用范围	第二级及以上等级保护系统
访谈对象	项目建设负责人
评估对象	记录表单类文档
评估内容	应核查安全工程实施方案是否包括工程时间限制、进度控制和质量控制等方面内容，是否按照工程实施方面的管理制度进行各类控制、产生阶段性文档等

评估参考：

　1）应核查新旧数据系统切换的工程实施，是否选择对客户影响较小的时间段进行；应核查系统切换时间超过一个工作日时，是否至少提前 5 个工作日发布提示公告，并提供应急服务途径。（金融 L4-CMS1-35）

　2）应核查是否制定灾备系统集成与测试计划并组织实施；应核查灾备系统技术和业务测试记录，灾备系统的功能与性能是否达到设计指标要求。（金融 L4-CMS1-37）

　3）应核查是否具有系统建设、升级、扩充等工程的规划、论证和审核材料并妥善保存。（金融 L4-CMS1-38）

SC4c 应通过第三方工程监理控制项目的实施过程

适用范围	第三级及以上等级保护系统
访谈对象	项目建设负责人
评估对象	记录表单类文档
评估内容	应核查工程监理报告是否明确了工程进展、时间计划、控制措施等

SC4d 应制定测试验收方案，并依据测试验收方案实施测试验收，形成测试验收报告

适用范围	第二级及以上等级保护系统
访谈对象	项目建设负责人
评估对象	记录表单类文档
评估内容	1）应核查工程测试验收方案是否明确了参与测试的部门、人员、测试验收内容、现场操作过程等。 2）应核查测试验收报告中是否有相关部门和人员对测试验收报告进行审定的意见。 3）对第一级等级保护系统应进行安全性测试验收

评估参考：

　应根据设计方案或合同要求等制订测试验收方案，并依据测试验收方案实施测试验收，应详细记录测试验收结果，形成测试验收报告。（金融 L4-CMS1-39）

SC4e 应进行上线前的安全性测试，并出具安全测试报告，安全测试报告应包含密码应用安全性测试相关内容

适用范围	第三级及以上等级保护系统
访谈对象	项目建设负责人
评估对象	记录表单类文档；密码应用安全性评估报告、系统负责人
评估内容	1）应核查相关系统是否具有上线前的安全测试报告，报告应包含密码应用安全性测试相关内容。 2）对第二级等级保护系统应进行上线前的安全性测试，并出具安全测试报告
FOP 描述	系统上线前未开展安全测试
评估场景	系统上线前未开展任何安全性测试，或未对测试发现的高风险问题进行安全评估和整改
补偿因素	定级对象建成时间较长，上线前虽未进行安全性测试.但上线后定期开展安全检测，且检测未发现高危风险隐患，评估员可根据实际措施效果，酌情判定风险等级。 注：安全测试内容包括但不限于等级保护测评、扫描渗透测试、安全功能验证、源代码安全审核等
整改建议	建议在新系统上线前，对其进行安全性评估，及时解决在评估过程中发现的问题，确保系统安全上线

评估参考：

1）应由项目承担单位（部门）或公正的第三方制定安全测试方案，进行上线前的安全性测试，并出具安全测试报告，安全测试报告应包含密码应用安全性测试相关内容，并将测试报告报科技部门审查。（金融 L4-CMS1-40）

2）应核查新建应用系统投入生产运行前是否进行不少于 1 个月的模拟运行和不少于 3 个月的试运行。（金融 L4-CMS1-41）

3）针对在生产系统上进行测试的情况：应核查是否事先进行了风险分析和告知；应核查是否具有详细的系统测试方案、数据备份与系统恢复措施、应急处置措施；应核查是否有系统用户和主管领导的审批记录。（金融 L4-CMS1-42）

4）应进行上线前的安全性测试，并出具安全测试报告，安全测试报告应包含密码应用安全性测试相关内容，播出直接相关系统测评应确保安全播出不受影响，宜委托行业内测评机构进行等级测评。（广电 12.1.4.7b）

5）密评指引——投入运行前进行密码应用安全性评估

5.1）基本要求：投入运行前进行密码应用安全性评估，评估通过后系统方可正式运行（第三级到第四级）。（密评基 9.7d）

5.2）密评实施：核查信息系统投入运行前，是否组织进行密码应用安全性评估；核查是否具有系统投入运行前编制的密码应用安全性评估报告且系统通过评估。（密评测 6.7.4）

SC4f 应制定交付清单，并根据交付清单对所交接的设备、软件和文档等进行清点

适用范围	第一级及以上等级保护系统
访谈对象	项目建设负责人
评估对象	记录表单类文档
评估内容	应核查交付清单是否明确了系统交付的各类设备、软件、文档等

SC4g 应对负责运行维护的技术人员进行相应的技能培训

适用范围	第一级及以上等级保护系统
访谈对象	项目建设负责人

续表

适用范围	第一级及以上等级保护系统
评估对象	记录表单类文档
评估内容	应核查交付技术培训记录是否包括培训内容、培训时间和参与培训的人员等

SC4h 应保证提供建设过程文档和运行维护文档

适用范围	第二级及以上等级保护系统
访谈对象	项目建设负责人
评估对象	记录表单类文档
评估内容	应核查交付文档是否包括建设过程文档和运行维护文档等，提交的文档是否符合管理规定的要求

评估参考：

1）应核查交付文档是否包括建设过程文档和运行维护文档等，建设过程文档和运维文档是否全部移交科技部门。（金融 L4-CMS1-45）

2）核查电力监控系统及设备运维单位的验收记录、验收意见等相关文档，评估安全防护专项验收的验收记录、验收意见等相关文档是否齐全，是否存在未验收或验收未通过即已上线运行的情况。（电力 10.4.2d）

3）应提供系统建设过程中的文档和指导用户进行系统运行维护的文档；应对安全管理人员进行网络安全方面专业培训。（广电 12.1.4.8c、d）

7.5　服务供应商的选择 SC5

业 绩 目 标

制定并执行服务供应商选择和使用的安全要求、管理流程和记录表单，通过服务协议、保密协议、定期审核、服务水平评价等措施，有效控制安全服务、云服务、数据服务等相关安全风险，提升供应链攻击防范能力。

评 估 准 则

SC5a	应确保服务供应商的选择符合国家的有关规定
SC5b	应与选定的服务供应商签订相关协议，明确整个服务供应链各方需履行的网络安全相关义务
SC5c	应定期监督、评审和审核服务供应商提供的服务，并对其变更服务内容加以控制
SC5d	应选择安全合规的云服务供应商，其所提供的云计算平台应为其所承载的业务应用系统提供相应等级的安全保护能力
SC5e	应在服务水平协议中规定云服务的各项服务内容和具体技术指标
SC5f	应在服务水平协议中规定云服务供应供应商的权限与责任，包括管理范围、职责划分、访问授权、隐私保护、行为准则、违约责任等

续表

SC5g	应在服务水平协议中规定服务合约到期时，完整提供云服务客户数据，并承诺在云计算平台上清除相关数据
SC5h	应与选定的云服务供应商签署保密协议，要求其不得泄露云服务客户数据
SC5i	应将供应链安全事件信息或安全威胁信息及时告知云服务客户
SC5j	应保证将供应商的重要变更及时告知云服务客户，并评估变更带来的安全风险，采取措施对风险进行控制

使用指引

SC5a 应确保服务供应商的选择符合国家的有关规定

适用范围	第一级及以上等级保护系统
访谈对象	项目建设负责人
评估对象	建设负责人和记录表单类文档
评估内容	1）应就相关单位和组织选择的安全服务供应商是否符合国家有关规定与项目建设负责人进行沟通。 2）应核查云服务供应商的选择是否符合国家的有关规定

评估参考：

1）网络产品、服务应当符合相关国家标准的强制性要求。网络产品、服务的提供者不得设置恶意程序；发现其网络产品、服务存在安全缺陷、漏洞等风险时，应当立即采取补救措施，按照规定及时告知用户并向有关主管部门报告。网络产品、服务的提供者应当为其产品、服务持续提供安全维护；在规定或者当事人约定的期限内，不得终止提供安全维护。（网安法第二十二条）

2）应访谈建设负责人是否评估服务供应商的资质、经营行为、业绩、服务体系和服务品质等要素。（金融 L4-CMS1-50）

3）应确保**服务供应商**供应商的选择符合国家和行业的有关规定。（广电 12.1.4.10a）

4）应确保选定的**云服务平台**符合国家和行业的有关规定。（广电 12.2.1.2 a）

SC5b 应与选定的服务供应商签订相关协议，明确整个服务供应链各方需履行的网络安全相关义务

适用范围	第二级及以上等级保护系统
访谈对象	项目建设负责人
评估对象	记录表单类文档；外包合同商务类文档
评估内容	1）应核查在与服务供应商签订的服务合同或安全责任书中是否明确了后期的技术支持和服务承诺等内容。 2）对于第一级等级保护系统，相关单位和组织应与选定的服务供应商签订与安全相关的协议，明确约定相关责任

评估参考：

1）关键信息基础设施发生重大和特别重大网络安全事件，经调查确定为责任事故的，除应当查明运营者责任并依法予以追究外，还应查明相关网络安全服务机构及有关部门的责任，对有失职、渎职及其他违法行为的，依法追究责任。（关基条例第四十七条）

2）当事人应当督促产品和服务提供者履行网络安全审查中作出的承诺。网络安全审查办公室通过接受举报等形式加强事前事中事后监督。（网安审第十九条）

3）应访谈建设负责人是否要求外包服务供应商保留操作痕迹、记录完整的日志；应核查相关内容和保存期限是否满足事件分析、安全取证、独立审计和监督检查需要。（金融 L4-CMS1-30）

适用范围	第二级及以上等级保护系统
	4）应核查外包合同等商务文件是否具有控制外包服务供应商分包的条款。（金融 L4-CMS1-31）
	5）应访谈建设负责人是否要求外包服务供应商每年至少开展一次网络安全风险评估，并核查是否具有外包服务供应商提交的风险评估报告；应访谈建设负责人是否要求外包服务供应商聘请外部机构定期对其进行安全审计，并核查是否具有外包服务供应商提交的安全审计报告；应核查外包服务供应商是否及时整改风险评估和安全审计发现的问题。（金融 L4-CMS1-32）
	6）应核查金融机构与外部建设单位之间是否签署知识产权保护协议和保密协议，并核查协议中是否具有禁止将系统关键安全技术措施和核心安全功能对外公开的相关条款。（金融 L4-CMS1-46）
	7）应核查云服务供应商是否分析外包服务或采购产品对云服务安全性的影响；应核查是否具有分析外包服务或采购产品对云服务安全性的影响报告。（金融 L4-CMS2-09）
	8）核查软硬件产品采购合同、技术服务合同及相关文件，评估内容包括但不限于：a）供应商是否在软硬件产品采购合同或其他文件中明确保证所提供的设备及系统符合 GB/T 36572—2018《电力监控系统网络安全防护导则》及国家和行业信息系统安全等级保护的相关规定，并在设备及系统生命周期内对此负责的相关承诺，是否包含开发制造单位承诺其产品无恶意安全隐患并终身负责的内容；b）检测评估单位、规划设计单位是否在技术服务合同或其他文件中承诺对其工作终身负责。（电力 10.4.2b）
	9）核查保密协议、安全协议等相关文件，评估是否与重要电力监控系统及专用安全防护产品的开发、使用人员签订保密协议，是否与产品的开发、使用及供应商签订保密协议或安全协议，明确安全责任。（电力 10.4.2c）
	10）大数据供应链管理：应确保供应商的选择符合国家有关规定；应以书面方式约定数据交换、共享的接收方对数据的保护责任，并明确数据安全保护要求；应将供应链安全事件信息或安全威胁信息及时传达到数据交换、共享的接收方。（大数据 7.9.11abc）

SC5c 应定期监督、评审和审核服务供应商提供的服务，并对其变更服务内容加以控制

适用范围	第三级及以上等级保护系统
访谈对象	项目建设负责人
评估对象	管理制度类文档和记录表单类文档
评估内容	1）应核查相关单位和组织是否有服务供应商定期提交的安全服务报告。 2）应核查相关单位和组织是否定期审核评价服务供应商所提供的服务及服务内容变更情况，是否有服务审核报告。 3）应核查相关单位和组织是否有服务供应商评价审核管理制度，明确针对服务供应商的评价指标、考核内容等

SC5d 应选择安全合规的云服务供应商，其所提供的云计算平台应为其所承载的业务应用系统提供相应等级的安全保护能力

适用范围	第一级及以上等级保护系统
访谈对象	项目建设负责人
评估对象	系统建设负责人和服务合同
评估内容	1）应就相关单位和组织是否根据业务系统的安全保护等级选择具有相应等级安全保护能力的云计算平台及云服务供应商与系统建设负责人进行沟通。 2）应核查云服务供应商提供的相关服务合同中是否明确了云计算平台具有与所承载的业务应用系统相应或更高的安全保护能力

SC5e 应在服务水平协议中规定云服务的各项服务内容和具体技术指标

适用范围	第一级及以上等级保护系统
访谈对象	项目建设负责人
评估对象	服务水平协议或服务合同
评估内容	应核查在服务水平协议或服务合同中是否规定了云服务的各项服务内容和具体指标等

SC5f 应在服务水平协议中规定云服务供应商的权限与责任，包括管理范围、职责划分、访问授权、隐私保护、行为准则、违约责任等

适用范围	第一级及以上等级保护系统
访谈对象	项目建设负责人
评估对象	服务水平协议或服务合同
评估内容	应核查在服务水平协议或服务合同中是否规范了云服务供应商的权限与责任，包括管理范围、职责划分、访问授权、隐私保护、行为准则、违约责任等

评估参考：

1）提供重要互联网平台服务、用户数量巨大、业务类型复杂的个人信息处理者，应当履行下列义务：（一）按照国家规定建立健全个人信息保护合规制度体系，成立主要由外部成员组成的独立机构对个人信息保护情况进行监督；（二）遵循公开、公平、公正的原则，制定平台规则，明确平台内产品或者服务提供者处理个人信息的规范和保护个人信息的义务；（三）对严重违反法律、行政法规处理个人信息的平台内的产品或者服务提供者，停止提供服务；（四）定期发布个人信息保护社会责任报告，接受社会监督。（个信法第五十八条）

2）应核查云服务供应商与供应商是否签订服务水平协议；应核查云服务供应商与云服务客户是否签订服务水平协议；应核查云服务供应商与供应商签订的服务水平协议中的相关指标是否不低于云服务供应商与云服务客户签订的服务水平协议中的相关指标。（金融 L4-CMS2-10）

3）应核查云服务供应商在进行供应商变更时，是否对供应商变更带来的安全风险进行评估；应核查云服务供应商对供应商变更带来的安全风险进行评估后，是否采取有效措施控制风险；应核查是否具有相应的安全风险评估报告。（金融 L4-CMS2-11）

SC5g 应在服务水平协议中规定服务合约到期时，完整提供云服务客户数据，并承诺在云计算平台上清除相关数据

适用范围	第二级及以上等级保护系统
访谈对象	项目建设负责人
评估对象	服务水平协议或服务合同
评估内容	1）应核查在服务水平协议或服务合同中是否明确了服务合约到期时，云服务供应商完整提供云服务客户数据，并承诺相关数据在云计算平台上清除。 2）应核查服务水平协议或服务合同中是否规范了云服务供应商的权限与责任，包括管理范围、职责划分、访问授权、隐私保护、行为准则、违约责任等

SC5h 应与选定的云服务供应商签署保密协议，要求其不得泄露云服务客户数据

适用范围	第三级及以上等级保护系统
访谈对象	项目建设负责人
评估对象	保密协议或服务合同
评估内容	应核查在保密协议或服务合同中是否包含对云服务供应商不得泄露云服务客户数据的规定

SC5i 应将供应链安全事件信息或安全威胁信息及时告知云服务客户

适用范围	第二级及以上等级保护系统
访谈对象	项目建设负责人
评估对象	供应链安全事件报告或威胁报告
评估内容	应核查相关单位和组织是否将供应链安全事件报告或威胁报告及时发给云服务客户，报告中是否明确了相关事件信息或威胁信息

SC5j 应保证将供应商的重要变更及时告知云服务客户，并评估变更带来的安全风险，采取措施对风险进行控制

适用范围	第三级及以上等级保护系统
访谈对象	项目建设负责人
评估对象	供应商重要变更记录、安全风险评估报告和风险预案
评估内容	应核查相关单位和组织是否将供应商的重要变更及时告知云服务客户，是否对供应商的重要变更进行了风险评估并采取了控制措施

7.6　移动应用安全建设扩展要求 SC6

业 绩 目 标

　　制定并执行移动应用软件开发和安装使用安全技术要求，加强开发者或外包服务供应商的资格审查和安全监督，保证分发渠道或证书签名的安全可靠，有效控制移动应用成为攻击入口所带来的安全风险。

评 估 准 则

SC6a	应保证移动终端安装、运行的应用软件来自可靠的分发渠道或使用可靠的证书签名
SC6b	应保证移动终端安装、运行的应用软件由指定的开发者开发
SC6c	应对移动业务应用软件开发者进行资格审查
SC6d	应保证开发移动业务应用软件的签名证书的合法性

使 用 指 引

SC6a 应保证移动终端安装、运行的应用软件来自可靠的分发渠道或使用可靠的证书签名

适用范围	第一级及以上等级保护系统
访谈对象	应用/互联网应用专业负责人
评估对象	移动终端
评估内容	应核查移动应用软件是否来自可靠的分发渠道或使用可靠的证书签名

SC6b 应保证移动终端安装、运行的应用软件由指定的开发者开发

适用范围	第三级及以上等级保护系统
访谈对象	应用/互联网应用专业负责人
评估对象	移动终端
评估内容	1）应核查移动应用软件是否由指定的开发者开发。 2）对于第二级等级保护系统，应核查移动应用软件是否由可靠的开发者开发

SC6c 应对移动业务应用软件开发者进行资格审查

适用范围	第二级及以上等级保护系统
访谈对象	应用/互联网应用专业负责人
评估对象	系统建设负责人
评估内容	应就是否对开发者进行了资格审查与系统建设负责人进行沟通

SC6d 应保证开发移动业务应用软件的签名证书的合法性

适用范围	第二级及以上等级保护系统
访谈对象	应用/互联网应用专业负责人
评估对象	软件的签名证书
评估内容	应核查开发移动业务应用软件的签名证书是否具有合法性

评估参考：

移动应用软件应对运行环境进行安全检测，限制其在不安全环境下使用，包括但不限于普通用户获取系统最高权限、模拟器等。（广电 12.3.1.2c）

7.7 工业控制系统安全建设扩展要求 SC7

业 绩 目 标

制定并执行工业控制系统重要设备、开发单位和供应商相关安全和保密要求，开展安全性检测和供应商履责评估，有效控制重要设备供应、关键技术扩散和设备行业专用等方面的安全风险。

评 估 准 则

SC7a	工业控制系统重要设备应通过专业机构的安全性检测后方可采购使用
SC7b	应在外包开发合同中规定针对开发单位、供应商的约束条款，包括设备及系统在生命周期内保密、禁止关键技术扩散和设备行业专用等方面的内容

SC7a 工业控制系统重要设备应通过专业机构的安全性检测后方可采购使用

适用范围	第二级及以上等级保护系统
访谈对象	工业控制系统专业负责人
评估对象	安全管理员和检测报告类文档
评估内容	1）应就系统使用的工业控制系统重要设备及网络安全专用产品是否通过专业机构的安全性检测与安全管理员进行沟通。 2）应核查工业控制系统是否有专业机构出具的安全性检测报告
评估参考： 　核查电力监控系统中的控制软件和厂商提供的检测报告或认证证书，评估是否通过了满足国家或行业要求的权威机构安全检测认证及代码安全审计。（电力 8.4.2.2a）	

SC7b 应在外包开发合同中规定针对开发单位、供应商的约束条款，包括设备及系统在生命周期内保密、禁止关键技术扩散和设备行业专用等方面的内容

适用范围	第二级及以上等级保护系统
访谈对象	工业控制系统专业负责人
评估对象	外包合同
评估内容	应核查是否在外包开发合同中规定针对开发单位、供应商的约束条款，包括设备及系统在生命周期内保密、禁止关键技术扩散和设备行业专用等方面的内容

7.8　大数据安全建设扩展要求 SC8

　　制定并执行关于大数据平台及服务的安全要求，通过服务合同、服务水平协议和安全声明等，保证数据、数据应用与服务的安全。

SC8a	应选择安全合规的大数据平台，其所提供的大数据平台服务应为其所承载的大数据应用提供相应等级的安全保护能力
SC8b	应以书面方式约定大数据平台提供者的权限与责任、各项服务内容和具体技术指标等，尤其是安全服务内容
SC8c	应明确约束数据交换、共享的接收方对数据的保护责任，并确保接收方有足够或相当的安全防护能力

使 用 指 引

SC8a 应选择安全合规的大数据平台，其所提供的大数据平台服务应为其所承载的大数据应用提供相应等级的安全保护能力

适用范围	第二级及以上等级保护系统
访谈对象	数据/大数据专业负责人
评估对象	大数据应用建设负责人、大数据平台安全规划和方案、大数据平台资质及安全服务能力报告和大数据平台服务合同等
评估内容	1）应就所选择的大数据平台是否满足国家的有关规定与大数据应用建设负责人进行沟通。 2）应查阅大数据平台相关资质及安全服务能力报告，明确大数据平台是否能为其所承载的大数据应用提供相应等级的安全保护能力。 3）应核查大数据平台提供者的相关服务合同，明确大数据平台是否提供了其所承载的大数据应用相应等级的安全保护能力

评估参考：
　　大数据平台的安全整体规划和安全方案设计内容应包含所提供的数据安全防护能力，并形成配套文件，确保其安全规划符合网络安全法等国家法律法规相关要求；核查大数据平台安全规划和设计方案等材料，是否详细描述了大数据平台的安全保护措施，是否符合网络安全法等国家法律法规相关要求；核查大数据平台安全规划和方案的配套材料是否完备，包括实施管理办法、实施手册、专家评审意见等。（金融 B.3.4.4 BDS-L4-04）

SC8b 应以书面方式约定大数据平台提供者的权限与责任、各项服务内容和具体技术指标等，尤其是安全服务内容

适用范围	第二级及以上等级保护系统
访谈对象	数据/大数据专业负责人
评估对象	服务合同、协议和服务水平协议、安全声明等
评估内容	应核查服务合同、协议或服务水平协议、安全声明等，是否规范了大数据平台提供者的权限与责任，包括管理范围、职责划分、访问授权、隐私保护、行为准则、违约责任等方面的内容；是否规定了大数据平台的各项服务内容（含安全服务）和具体指标、服务期限等，并有双方签字或盖章

SC8c 应明确约束数据交换、共享的接收方对数据的保护责任，并确保接收方有足够或相当的安全防护能力

适用范围	第三级及以上等级保护系统
访谈对象	数据/大数据专业负责人
评估对象	数据交换、共享策略和与数据交换、共享相关的合同或协议等
评估内容	1）应核查相关单位和组织是否制定了数据交换、共享的策略，其内容包含对接收方安全防护能力的约束性要求。 2）应核查在与数据交换、共享相关的合同或协议中是否明确了数据接收方对数据的保护责任

第8章　安全运维管理评估准则及使用指引

安全运维管理领域（SO）的业绩目标，就是按照常态化要求，建立、应用和不断完善安全运维工作体系，将 IT 环境、资产和配置、设备维护和介质、网络和系统安全、漏洞和恶意代码防范、密码、变更、备份和恢复、外包运维、感知节点和大数据运维等的安全管理和技术要求纳入日常 IT 运维工作，保证常态化运维工作的安全有效。

安全运维管理包括环境管理（SO1）、资产和配置管理（SO2）、设备维护和介质管理（SO3）、网络和系统安全管理（SO4）、漏洞和恶意代码防范（SO5）、密码管理（SO6）、变更管理（SO7）、备份与恢复管理（SO8）、外包运维管理（SO9）、物联网感知节点管理（SO10）和大数据安全运维管理（SO11）共 11 个子领域。本章详细介绍了安全通信网络 11 个子领域的业绩目标、评估准则以及各评估项的使用指引，如图 8-1 所示。

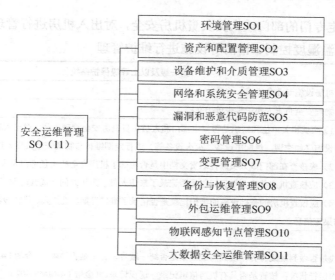

图 8-1　安全运维管理子领域构成示意图

8.1 环境管理 SO1

业绩目标

　　制定并执行机房安全管理制度，明确安全管理责任人、人员和物品出入控制要求及机房设施维护作业规程，落实信息安全保密和重要安全区域实时监视等安全措施，确保各类机房和云计算平台的环境安全。

评估准则

SO1a	应指定专门的部门或人员负责机房安全，对出入机房进行管理，定期对机房供配电、空调、温湿度控制、消防等设施进行维护管理
SO1b	应建立机房安全管理制度，对有关物理访问、物品进出和环境安全等方面的管理做出规定
SO1c	应不在重要区域接待来访人员，不随意放置含有敏感信息的纸档文件和移动介质等
SO1d	应对出入机房的人员进行相应级别的授权，对进入重要安全区域的人员及其活动进行实时监视
SO1e	**云计算平台的运维地点应位于中国境内，境外对境内云计算平台实施运维操作应遵循国家相关规定**

使用指引

　　SO1a 应指定专门的部门或人员负责机房安全，对出入机房进行管理，定期对机房供配电、空调、温湿度控制、消防等设施进行维护管理

适用范围	第一级及以上等级保护系统
访谈对象	机房设施专业负责人
评估对象	物理安全负责人和记录表单类文档
评估内容	1）应就相关单位和组织是否指定部门和人员负责机房安全管理工作，对出入机房进行管理、对基础设施（如空调、供配电设备、灭火设备等）进行定期维护与物理安全负责人进行沟通。 　2）应核查在部门或人员岗位职责文档中是否明确了机房安全的责任部门及人员。 　3）应核查机房的出入登记记录是否记录了来访人员、来访时间、离开时间、携带物品等信息。 　4）应核查机房的基础设施的维护记录是否记录了维护日期、维护人、维护设备、故障原因、维护结果等信息

评估参考：
　1）应核查机房布线是否做到跳线整齐，跳线与配线架是否统一编号，标记是否清晰。（金融 L4-MMS1-01）
　2）应每天巡查机房运行状况：核查是否具有机房值班记录、巡视记录。（金融 L4-MMS1-02）
　3）应核查机房管理制度是否要求进出机房人员应经主管部门审批同意后，由机房管理员陪同进入；应核查是否具有进出机房人员审批记录。（金融 L4-MMS1-04）

适用范围	第一级及以上等级保护系统
4）应核查人员管理或培训相关制度是否要求机房管理员经过相关培训后才能上岗；应核查是否具有机房管理员培训记录。（金融 L4-MMS1-05） 5）应核查机房设施维修养记录是否记录机房设施定期维护保养的情况。（金融 L4-MMS1-06） 6）应核查机房所在区域是否安装 24 小时视频监控录像装置；应核查重要机房区域是否实行 24 小时警卫值班，是否设置一个主出入口和一个或多个备用出入口；应核查出入口控制、入侵报警和电视监控设备运行资料是否妥善保管，保存期限是否不少于 3 个月；应核查销毁录像等资料时是否有单位主管领导审批记录。（金融 L4-MMS1-07） 7）应核查机房是否设置弱电井；应核查弱电井是否留有足够的可扩展空间。（金融 L4-MMS1-08）	

SO1b 应建立机房安全管理制度，对有关物理访问、物品进出和环境安全等方面的管理做出规定

适用范围	第三级及以上等级保护系统
访谈对象	机房设施专业负责人
评估对象	管理制度类文档和记录表单类文档
评估内容	1）应核查机房安全管理制度是否覆盖物理访问、物品进出和环境安全等方面。 2）应核查物理访问、物品进出和环境安全等相关记录是否与制度相符。 3）对于第一级和第二级等级保护系统，相关单位和组织应对机房的安全管理做出规定，包括物理访问、物品进出和环境安全方面的规定

SO1c 应不在重要区域接待来访人员，不随意放置含有敏感信息的纸档文件和移动介质等

适用范围	第二级及以上等级保护系统
访谈对象	机房设施专业负责人
评估对象	管理制度类文档和办公环境
评估内容	1）应核查在机房安全管理制度中是否明确了来访人员的接待区域。 2）应核查在办公桌面等位置是否随意放置了含有敏感信息的纸档文件和移动介质等

SO1d 应对出入机房的人员进行相应级别的授权，对进入重要安全区域的人员及其活动进行实时监视等

适用范围	第四级等级保护系统
访谈对象	机房设施专业负责人
评估对象	记录表单类文档
评估内容	1）应核查在出入机房人员授权审批记录中是否明确了对不同人员进行不同的授权。 2）应核查重要区域是否安装监控系统，实时监控进入重要区域的人员及其活动

SO1e 云计算平台的运维地点应位于中国境内，境外对境内云计算平台实施运维操作应遵循国家相关规定

适用范围	第二级及以上等级保护系统
访谈对象	系统/云计算专业负责人

适用范围	第二级及以上等级保护系统
评估对象	运维设备、运维地点、运维记录和相关管理文档
评估内容	应核查运维地点是否位于中国境内，从境外对境内云计算平台实施远程运维操作的行为是否遵循国家相关规定
FOP 描述	云计算平台运维方式不当
评估场景	1）云计算平台的运维地点不在中国境内。 2）境外对境内云计算平台实施运维操作未遵循国家相关规定
补偿因素	无
整改建议	建议云计算平台在中国境内设置运维场所，如需从境外对境内云计算平台实施运维操作，则应遵循国家相关规定

8.2　资产和配置管理 SO2

业绩目标

　　制定并执行设备、软件和移动终端等 IT 资产管理规定，建立资产清单，采取分类管理措施，明确资产管理、系统管理和配置管理等关键责任人，记录和变更维护基本配置信息，确保资产和配置信息的完整和准确。

评估准则

SO2a	应编制并保存与等级保护对象相关的资产清单，包括资产责任部门、重要程度和所处位置等
SO2b	应根据资产的重要程度对资产进行标识管理，根据资产的价值，选择相应的管理措施
SO2c	应对信息分类与标识方法做出规定，并对信息的使用、传输和存储等进行规范化管理
SO2d	应记录和保存基本配置信息，包括网络拓扑结构、各个设备安装的软件组件、软件组件的版本和补丁信息、各个设备或软件组件的配置参数等
SO2e	应将基本配置信息改变纳入系统变更范畴，实施对配置信息改变的控制，并及时更新基本配置信息库
SO2f	应建立合法无线接入设备和合法移动终端配置库，用于对非法无线接入设备和非法移动终端的识别

使用指引

　　SO2a 应编制并保存与等级保护对象相关的资产清单，包括资产责任部门、重要程度和所处位置等

适用范围	第二级及以上等级保护系统
访谈对象	各专业负责人

续表

适用范围	第二级及以上等级保护系统
评估对象	记录表单类文档
评估内容	应核查资产清单是否包括资产类别（含设备设施、软件、文档等）、资产责任部门、重要程度和所处位置等

评估参考：

　　核查电力监控系统中全部业务系统软件模块和硬件设备（特别是安全防护设备）台账或资产清单，包括但不限于：a) 设备台账或资产清单是否包括全部业务系统的软件模块和硬件设备，其中记录的软件模块和硬件设备信息是否详细准确；b) 采购的安全防护设备和重要电力监控系统及设备中是否包含被国家相关部门检测通报存在漏洞和风险的系统及设备（包括控制器、可编程逻辑控制单元、工业以太网交换机、工控主机等）。（电力 10.3.2a）

SO2b 应根据资产的重要程度对资产进行标识管理，根据资产的价值，选择相应的管理措施

适用范围	第三级及以上等级保护系统
访谈对象	各专业负责人
评估对象	资产管理员、管理制度类文档和设备
评估内容	1）应就相关单位和组织是否根据资产的重要程度对资产进行标识，不同类别的资产在管理措施的选取方面是否不同等与资产管理员进行沟通。 2）应核查在资产管理制度中是否明确了资产的标识方法及不同资产的管理措施要求。 3）应核查资产清单中的设备是否具有相应标识，其标识方法是否符合相关要求

评估参考：

　　大数据平台资产管理：应建立数据资产安全管理策略，对数据全生命周期的操作规范、保护措施、管理人员职责等进行规定，包括但不限于数据采集、传输、存储、处理、交换、销毁等过程；应制定并执行数据分类分级保护策略，针对不同类别级别的数据制定相应强度的安全保护要求；应定期评审数据的类别和级别，如需要变更数据所属类别或级别，应依据变更审批流程执行变更；应对数据资产和对外数据接口进行登记管理，建立相应的资产清单。（大数据 7.10.2bcde）

SO2c 应对信息分类与标识方法做出规定，并对信息的使用、传输和存储等进行规范化管理

适用范围	第三级及以上等级保护系统
访谈对象	各专业负责人
评估对象	管理制度类文档
评估内容	1）应核查信息分类文档是否规定了分类标识的原则和方法（如根据信息的重要程度、敏感程度或用途等进行分类标识）。 2）应核查在信息资产管理办法中是否规定了不同类别信息的使用、传输和存储等要求

SO2d 应记录和保存基本配置信息，包括网络拓扑结构、各个设备安装的软件组件、软件组件的版本和补丁信息、各个设备或软件组件的配置参数等

适用范围	第二级及以上等级保护系统
访谈对象	各专业负责人

适用范围	第二级及以上等级保护系统
评估对象	系统管理员
评估内容	应就是否对基本配置信息进行记录和保存与系统管理员进行沟通

SO2e 应将基本配置信息改变纳入系统变更范畴，实施对配置信息改变的控制，并及时更新基本配置信息库

适用范围	第三级及以上等级保护系统
访谈对象	各专业负责人
评估对象	系统管理员和记录表单类文档
评估内容	1）应就基本配置信息改变后是否及时更新基本配置信息库与配置管理员进行沟通。 2）应核查配置信息的变更流程是否具有相应的申报审批程序

评估参考：
  应制定对恶意代码库、入侵检测规则库、防火墙规则库、漏洞库等网络安全相关重要配置项定期更新的制度。（广电 12.1.5.8c）

SO2f 应建立合法无线接入设备和合法移动终端配置库，用于对非法无线接入设备和非法移动终端的识别

适用范围	第三级及以上等级保护系统
访谈对象	通信/物联网专业负责人
评估对象	记录表单类文档、移动终端管理系统或相关组件
评估内容	应核查相关单位和组织是否建立了无线接入设备和合法移动终端配置库，并通过配置库识别非法无线接入设备和非法移动终端

评估参考：
  应保证用于发布直播数据的移动终端只接入到安全的无线网络中。（广电 12.3.2.1b）

8.3 设备维护和介质管理 SO3

业 绩 目 标

制定并执行设备设施维护、介质和存储信息的安全要求、管理流程和记录表单，明确设备维护和介质管理责任人，实现对设备维护过程与质量、介质及其存储信息的安全管理。

评 估 准 则

SO3a	应指定专门的部门或人员定期对各种设备（包括备份设备和冗余设备）、线路等进行维护管理

续表

SO3b	应建立配套设施、软硬件维护方面的管理制度，对其维护进行有效的管理，包括明确维护人员的责任、维修和服务的审批、维修过程的监督控制等
SO3c	信息处理设备应经过审批才能带离机房或办公地点，将含有存储介质的设备带出工作环境时其中重要数据应加密
SO3d	应将介质存放在安全的环境中，对各类介质进行控制和保护，实行存储介质专人管理，并根据存档介质的目录清单定期盘点
SO3e	应对介质在物理传输过程中的人员选择、打包、交付等情况进行控制，并对介质的归档和查询等进行登记记录
SO3f	含有存储介质的设备在报废或重用前，应进行完全清除或被安全覆盖，保证该设备上的敏感数据和授权软件无法被恢复重用

使 用 指 引

SO3a 应指定专门的部门或人员定期对各种设备（包括备份设备和冗余设备）、线路等进行维护管理

适用范围	第一级及以上等级保护系统
访谈对象	各专业负责人
评估对象	设备管理员和管理制度类文档
评估内容	1）应就相关单位和组织是否指定专人或专门的部门对各类设备、线路进行定期维护与设备管理员进行沟通。 2）应核查在部门或人员岗位职责文档中是否明确了设备维护管理的责任部门

评估参考：

1）应核查设备维护管理制度是否明确新购置的设备应经过验收，验收合格后方能投入使用；应核查新购置设备的验收报告和使用记录。（金融 L4-MMS1-27）

2）应核查设备管理制度是否落实设备使用者的安全保护责任；应核查是否根据设备使用年限，及时进行更换升级，并核查是否具有相关记录。（金融 L4-MMS1-28）

SO3b 应建立配套设施、软硬件维护方面的管理制度，对其维护进行有效的管理，包括明确维护人员的责任、维修和服务的审批、维修过程的监督控制等

适用范围	第三级及以上等级保护系统
访谈对象	各专业负责人
评估对象	管理制度类文档和记录表单类文档
评估内容	1）应核查在设备维护管理制度中是否明确了维护人员的责任、维修和服务的审批、维修过程的监督控制等方面的内容。 2）应核查相关单位和组织是否有维修和服务的审批、维修过程等记录，审批和记录的内容是否与制度相符。 3）对于第二级等级保护系统，相关单位和组织应对配套设施及软硬件的维护做出规定，包括明确维护人员的责任、维修和服务的审批、维修过程的监督控制等

评估参考：

应核查设备故障处理制度是否包含规范化的故障处理流程；应核查故障日志是否包括故障发生的时间、范围、现象、处理结果和处理人员等内容。（金融 L4-MMS1-26）

SO3c 信息处理设备应经过审批才能带离机房或办公地点，将含有存储介质的设备带出工作环境时其中重要数据应加密

适用范围	第三级及以上等级保护系统
访谈对象	各专业负责人
评估对象	设备管理员和记录表单类文档
评估内容	1）应就含有重要数据的设备带出工作环境是否采取加密措施与设备管理员进行沟通。 2）应就带离机房的设备是否经过审批与设备管理员进行沟通。 3）应核查相关单位和组织是否有设备带离机房或办公地点的审批记录

评估参考：

1）应核查设备维护管理制度是否要求设备送外单位维修应彻底清除所存的工作相关信息并拆除与密码有关的硬件；应核查是否与设备维修厂商签订保密协议；应核查密码设备配套使用的设备送修前是否请生产设备的科研单位拆除与密码有关的硬件，并彻底清除与密码有关的软件和信息，并派专人在场监督。（金融 L4-MMS1-25）

2）需要废止的设备，应由科技部门使用专用工具进行数据信息消除处理或物理粉碎等不可恢复性销毁处理，同时备案；信息消除处理仅限于废止设备仍将在金融机构内部使用的情况，否则应进行信息的不可恢复性销毁。（金融 L4-MMS1-30）

SO3d 应将介质存放在安全的环境中，对各类介质进行控制和保护，实行存储介质专人管理，并根据存档介质的目录清单定期盘点

适用范围	第一级及以上等级保护系统
访谈对象	各专业负责人
评估对象	资产管理员和记录表单类文档
评估内容	1）应就介质存放环境是否安全，存放环境是否由专人进行管理与资产管理员进行沟通。 2）应核查介质管理记录是否记录介质归档、使用和定期盘点等情况

评估参考：

1）应访谈资产管理员并核查存放数据备份介质的环境是否防磁、防潮、防尘、防高温、防挤压。（金融 L4-MMS1-15）

2）对于重要文档，如是纸质文档则应实行借阅登记制度，未经相关部门领导批准，任何人不得将文档转借、复制或对外公开，如是电子文档则应进行电子化审批流转登记管理。（金融 L4-MMS1-17）

3）应核查是否具有移动存储介质使用规范；应核查是否具有移动存储介质的使用记录等。（金融 L4-MMS1-19）

4）应核查重要数据是否多重备份；应核查是否至少 1 份备份介质存放于科技部门指定的同城或异地安全区域。（金融 L4-MMS1-20）

5）应确保介质存放在安全的环境中，并根据所承载数据和软件的重要程度对介质进行分类和标识管理，进行相应的控制和保护，并根据存档介质的目录清单定期盘点。（广电 12.1.5.3a）

6）大数据平台介质管理：应在中国境内对数据进行清除或销毁；对存储重要数据的存储介质或物理设备应采取难恢复的技术手段，如物理粉碎、消磁、多次擦写等。（大数据 7.10.3bc）

SO3e 应对介质在物理传输过程中的人员选择、打包、交付等情况进行控制，并对介质的归档和查询等进行登记记录

适用范围	第二级及以上等级保护系统
访谈对象	各专业负责人

续表

适用范围	第二级及以上等级保护系统
评估对象	资产管理员和记录表单类文档
评估内容	1）应就相关单位和组织是否对介质在物理传输过程中的人员选择、打包、交付等进行控制与资产管理员进行沟通。 2）应核查是否对介质的归档和查询等进行登记记录

评估参考：

1）应选择安全可靠的传递、交接方式，做好防信息泄漏控制措施。（金融 L4-MMS1-16）

2）应核查是否具有定期对主要备份业务数据进行恢复验证的记录；应核查是否根据介质使用期限及时转储数据。（金融 L4-MMS1-22）

SO3f 含有存储介质的设备在报废或重用前，应进行完全清除或被安全覆盖，保证该设备上的敏感数据和授权软件无法被恢复重用

适用范围	第三级及以上等级保护系统
访谈对象	各专业负责人
评估对象	设备管理员
评估内容	应就含有存储介质的设备在报废或重用前，是否采取措施进行完全清除或被安全覆盖，与设备管理员进行沟通

评估参考：

1）应核查载有敏感信息存储介质的销毁制度，是否对介质的销毁严格管理；应核查是否具有销毁介质的备案、销毁记录等；应核查对于存储介质未在金融机构内部使用的情况，是否对存储介质进行信息的不可恢复性销毁。（金融 L4-MMS1-18）

2）应核查技术文档管理制度是否规定了对于超过有效期的技术文档降低保密级别，对已经失效的技术文档定期清理；应核查技术文档处理记录是否与管理制度要求一致，严格执行了技术文档管理制度中的销毁和监销规定。（金融 L4-MMS1-21）

3）核查系统和设备退役报废时含敏感信息的介质和重要安全设备的销毁记录等相关文档，评估是否按照相关要求进行销毁。（电力 10.4.2f）

4）应对存储介质的送出维修以及销毁等进行严格的管理，对送出维修或销毁的介质应首先清除介质中的敏感数据，对保密性较高的存储介质未经批准不应自行销毁。（广电 12.1.5.3c）

8.4　网络和系统安全管理 SO4

业绩目标

制定并执行网络和系统安全管理制度，明确各管理员角色及其责任和权限，制定重要设备的操作手册并严格执行，严格审批和控制变更性运维、运维工具的使用、远程运维开通及与外部的连接，通过对日志、监测记录和报警数据的分析研判，及时发现可疑行为，有效管控网络和系统管理安全风险。

评 估 准 则

SO4a	应划分不同的管理员角色进行网络和系统的运维管理，明确各个角色的责任和权限
SO4b	应指定专门的部门或人员进行账户管理，对申请账户、建立账户、删除账户等进行控制
SO4c	应建立网络和系统安全管理制度，对安全策略、账户管理、配置管理、日志管理、日常操作、升级与打补丁、口令更新周期等方面做出规定
SO4d	应制定重要设备的配置和操作手册，依据操作手册对设备进行安全配置和优化配置等
SO4e	应详细记录运维操作日志，包括系统的日常巡检、运行维护记录、参数的设置和修改等内容
SO4f	应指定专门的部门或人员对日志、监测和报警数据等进行分析、统计，及时发现可疑行为
SO4g	应严格控制变更性运维，经过审批后才可改变连接、安装系统组件或调整配置参数，在操作过程中应保留不可更改的审计日志，在操作结束后应同步更新配置信息库
SO4h	**应严格控制运维工具的使用，经过审批后才可接入进行操作，在操作过程中应保留不可更改的审计日志，在操作结束后应删除工具中的敏感数据**
SO4i	应严格控制远程运维的开通，经过审批后才可开通远程运维接口或通道，在操作过程中应保留不可更改的审计日志，在操作结束后立即关闭接口或通道
SO4j	**应保证所有与外部的连接均得到授权和批准，应定期检查违反规定无线上网及其他违反网络安全策略的行为**

使 用 指 引

SO4a 应划分不同的管理员角色进行网络和系统的运维管理，明确各个角色的责任和权限

适用范围	第一级及以上等级保护系统
访谈对象	系统/云计算专业负责人
评估对象	记录表单类文档
评估内容	应核查网络和系统安全管理文档，查看管理员是否划分了不同角色，并定义各个角色的责任和权限

评估参考：

　　1）应核查系统管理员是否未兼任业务操作人员；应核查网络安全管理制度是否明确规定系统管理员不得对业务数据进行任何增加、删除、修改等操作，系统管理员确需对系统数据库进行技术维护性操作的，应征得业务部门审批，并详细记录维护过程；应核查业务数据维护操作的审批记录是否与管理制度要求一致；应核查业务数据维护操作记录是否包含维护内容、人员、时间等信息。（金融 L4-MMS1-47）

　　2）权限设定应当遵循最小授权原则（广电 12.1.5.6a）

SO4b 应指定专门的部门或人员进行账户管理，对申请账户、建立账户、删除账户等进行控制

适用范围	第一级及以上等级保护系统
访谈对象	系统/云计算专业负责人

续表

适用范围	第一级及以上等级保护系统
评估对象	运维负责人和记录表单类文档
评估内容	1) 应就相关单位和组织是否指定专门的部门或人员进行账户管理与运维负责人进行沟通。 2) 应核查相关相关单位和组织是否对申请账户、建立账户、删除账户等进行控制

SO4c 应建立网络和系统安全管理制度，对安全策略、账户管理、配置管理、日志管理、日常操作、升级与打补丁、口令更新周期等方面做出规定

适用范围	第二级及以上等级保护系统
访谈对象	系统/云计算专业负责人
评估对象	管理制度类文档
评估内容	应核查网络和系统安全管理制度是否包含网络和系统的安全策略、账户管理（用户责任、义务、风险、权限审批、权限分配、账户注销等）、配置文件的生成及备份、变更审批、升级与打补丁、审计日志管理、登录设备和系统的口令更新周期等
评估参考：	大数据网络和系统安全管理：应建立对外数据接口安全管理机制,所有的接口调用均应获得授权和批准。（大数据7.10.6b）

SO4d 应制定重要设备的配置和操作手册，依据操作手册对设备进行安全配置和优化配置等

适用范围	第二级及以上等级保护系统
访谈对象	系统/云计算专业负责人
评估对象	操作规程类文档
评估内容	应核查在重要设备或系统（如操作系统、数据库、网络设备、安全设备、应用和组件）的配置和操作手册中是否明确了操作步骤、参数配置等内容

SO4e 应详细记录运维操作日志，包括系统的日常巡检、运行维护记录、参数的设置和修改等内容

适用范围	第二级及以上等级保护系统
访谈对象	系统/云计算专业负责人
评估对象	记录表单类文档
评估内容	应核查运维操作日志是否包括网络和系统的日常巡检、运行维护、参数的设置和修改等内容
评估参考：	应核查重要运维操作是否要求至少两人在场,保留记录；应核查重要运维操作的记录是否具有操作和复核人员的确认信息；应核查维护记录是否至少保存 6 个月。（金融 L4-MMS1-37）

SO4f 应指定专门的部门或人员对日志、监测和报警数据等进行分析、统计，及时发现可疑行为

适用范围	第三级及以上等级保护系统
访谈对象	网络专业负责人

续表

适用范围	第三级及以上等级保护系统
评估对象	系统管理员和记录表单类文档
评估内容	1）应就相关单位和组织是否指定专门的部门或人员对日志、监测和报警数据等进行分析统计与相关人员进行沟通。 2）应核查相关单位和组织是否有对日志、监测和报警数据等进行分析统计的报告
评估参考： 应至少每周进行分析、统计工作。（广电 12.1.5.6f）	

SO4g 应严格控制变更性运维，经过审批后才可改变连接、安装系统组件或调整配置参数，在操作过程中应保留不可更改的审计日志，在操作结束后应同步更新配置信息库

适用范围	第三级及以上等级保护系统
访谈对象	网络专业负责人
评估对象	系统管理员和记录表单类文档
评估内容	1）应就调整配置参数结束后是否同步更新配置信息库，并核实配置信息库是否为最新版本与相关人员进行沟通。 2）应核查相关单位和组织是否有变更运维的审批记录。 3）应核查相关单位和组织是否有针对变更运维操作过程的记录
评估参考： 应核查网络和系统管理员是否对网络和系统变更进行详细的记录。（金融 L4-MMS1-51）	

SO4h 应严格控制运维工具的使用，经过审批后才可接入进行操作，在操作过程中应保留不可更改的审计日志，在操作结束后应删除工具中的敏感数据

适用范围	第三级及以上等级保护系统
访谈对象	网络专业负责人
评估对象	系统管理员和记录表单类文档
评估内容	1）应就运维工具使用结束后是否删除工具中的敏感数据与相关人员进行沟通。 2）应核查相关单位和组织是否有运维工具接入系统的审批记录。 3）应核查相关单位和组织运维工具的审计日志记录，审计日志是否不可以更改
FOP 描述	运维工具管控措施缺失
评估场景	1）运维工具（特别是未商业化的运维工具）使用前未进行有效性检查，如病毒、漏洞扫描等。 2）对运维工具接入网络未进行严格的控制和审批。 3）运维工具使用结束后未按要求删除可能临时存放的敏感数据
补偿因素	无
整改建议	建议在管理制度及实际运维过程中加强对运维工具的管控，明确运维工具经过审批及必要的安全检查后才能接入使用，运维工具使用结束后应对工具中的数据进行检查，删除敏感数据，避免敏感数据泄露；尽量使用商业化的运维工具，严禁运维人员私自下载第三方未商业化的运维工具

SO4i 应严格控制远程运维的开通，经过审批后才可开通远程运维接口或通道，在操作过程中应保留不可更改的审计日志，在操作结束后立即关闭接口或通道

适用范围	第三级及以上操作系统
访谈对象	网络专业负责人
评估对象	系统管理员、管理制度类文档和记录表单类文档
评估内容	1）应就在日常运维过程中是否存在远程运维，若存在，远程运维结束后是否立即关闭了接口或通道与相关人员进行沟通。 2）应核查开通远程运维的审批记录。 3）应核查针对远程运维的审计日志是否不可以更改

评估参考：

1）应制定远程访问控制规范，严禁跨境远程连接，严格控制国内远程访问范围。确因工作需要进行远程访问的，应由访问发起机构科技部门核准，提请被访问机构科技部门（岗）开启远程访问服务，经过审批后才可开通，操作过程中应保留不可篡改的审计日志，并采取单列账户、最小权限分配、及时关闭远程访问服务等安全防护措施。（金融 L4-MMS1-42）

2）核查内部专用维护设施和维护记录，评估软件运维安全情况。评估内容包括但不限于：a）是否对登录账号进行身份认证，并使用安全审计措施对维护过程实施全程监控；b）是否存在通过因特网进行生产控制大区远程维护的情况。（电力 8.4.2.2c）

3）应严格控制通过外部网络进行运维，经过审批后方可开通运维接口或通道，操作过程中应保留不可更改的审计日志，操作结束后立即关闭接口或通道，播出直接相关系统不应通过外部网络进行运维。（广电 12.1.5.6 i）

SO4j 应保证所有与外部的连接均得到授权和批准，应定期检查违反规定无线上网及其他违反网络安全策略的行为

适用范围	第三级及以上等级保护系统
访谈对象	网络专业负责人
评估对象	安全管理员和记录表单类文档
评估内容	1）应就所有与外部的连接（如互联网、合作伙伴企业网、上级部门网络等）是否都得到了授权与批准与相关人员进行沟通。 2）应就是否定期核查违规联网行为与安全管理员进行沟通。 3）应核查相关单位和组织是否有外联授权的相关记录
FOP 描述	设备外联管控措施缺失
评估场景	1）在管理制度中无与外部连接的授权和审批流程，也未定期进行相关的巡检。 2）未采取技术手段对违规上网及其他违反网络安全策略的行为进行有效控制、检查、阻断
补偿因素	无
整改建议	建议在相关制度中明确所有与外部的连接均需得到授权和批准，并定期对外连行为进行检查，及时关闭不再使用的外部连接；在技术方面采用终端管理系统等具有相关功能的安全产品实现违规外联和违规接入的有效控制措施，并合理设置安全策略，在出现违规外联和违规接入情况时能第一时间进行检测和阻断

评估参考：

1）金融行业网间互联安全应实行统一规范、分级管理、各负其责的安全管理模式，未经金融机构科技主管部门核准，任何机构不得自行与外部机构实施网间互联；访谈系统管理员网间互联安全是否实行统一规范、分级管理、各负其责的安全管理模式；核查与外部机构实施网间互联时是否具有审批记录。（金融 L4-MMS1-39）

适用范围	第三级及以上等级保护系统
	2）核查电力监控系统的相关系统、设备接入技术方案、接入申请单，评估已接入电力监控系统网络的相关系统、设备是否制定接入技术方案，安全防护措施是否合理有效，是否经过安全管理部门审核、批准。（电力 10.3.2b）
	3）应保证所有与外部的连接均得到授权和批准，应定期检查违反规定无线上网、信息系统非法接入和非法外连及其他违反网络安全策略的行为。（广电 12.1.5.6j）

8.5 漏洞和恶意代码防范 SO5

业 绩 目 标

　　制定并执行漏洞、隐患、恶意代码防范等安全要求、管理流程和记录表单，定期开展安全测评，验证防范技术、措施和流程的有效性，及时采取改进措施。

评 估 准 则

SO5a	应采取必要的措施识别安全漏洞和隐患，对发现的安全漏洞和隐患及时进行修补或在评估可能的影响后进行修补
SO5b	应定期开展安全测评，形成安全测评报告，采取措施应对发现的安全问题
SO5c	**应提高所有用户的防恶意代码意识，在外来计算机或存储设备接入系统前进行恶意代码检查等**
SO5d	应定期验证防范恶意代码攻击的技术措施的有效性

使 用 指 引

　　SO5a 应采取必要的措施识别安全漏洞和隐患，对发现的安全漏洞和隐患及时进行修补或评估可能的影响后进行修补

适用范围	第一级及以上等级保护系统
访谈对象	信息安全与保密专业负责人
评估对象	记录表单类文档
评估内容	1）应核查相关单位和组织是否有识别安全漏洞和隐患的安全报告或记录（如漏洞扫描报告、渗透测试报告和安全通报等）。 2）应核查相关相关单位和组织是否对发现的漏洞及时进行修补或在评估可能的影响后进行修补

评估参考：
　　应核查网络安全管理规定是否明确要求每季度进行至少一次漏洞扫描，对发现的系统安全漏洞及时进行修补，扫描结果及时上报；应核查系统漏洞扫描、修补记录是否与管理制度要求一致。（金融 L4-MMS1-48）

SO5b 应定期开展安全测评，形成安全测评报告，采取措施应对发现的安全问题

适用范围	第三级及以上等级保护系统
访谈对象	信息安全与保密专业负责人
评估对象	安全管理员和记录表单类文档
评估内容	1）应就相关单位和组织是否定期开展安全测评与安全管理员进行沟通。 2）应核查相关单位和组织是否有安全测评报告。 3）应核查相关单位和组织是否有安全整改应对措施文档

评估参考：

1）应核查网络安全管理制度是否明确规定网络安全管理人员经本部门主管领导批准后，才能对本机构或辖内网络进行安全检测、扫描，检测、扫描结果属敏感信息，未经授权不得对外公开；应核查任何外部机构与人员未经科技主管部门授权，不应检测或扫描机构内部网络；应核查安全检测、扫描等批准记录是否与管理制度要求一致。（金融 L4-MMS1-44）

2）播出直接相关系统的安全漏洞应先在测试环境中测试通过，并对重要文件备份后进行修补，同时做好应急预案，发现问题后及时回退。（广电 12.1.5.5c）

SO5c 应提高所有用户的防恶意代码意识，在外来计算机或存储设备接入系统前进行恶意代码检查等

适用范围	第一级及以上等级保护系统
访谈对象	信息安全与保密专业负责人
评估对象	运维负责人和管理制度类文档
评估内容	1）应就相关单位和组织是否采取培训和告知等方式提升员工的防恶意代码意识与运维负责人进行沟通。 2）应核查在恶意代码防范管理制度中是否明确了在外来计算机或存储设备接入系统前进行恶意代码检查
FOP 描述	外来接入设备恶意代码检查措施缺失
评估场景	1）管理制度中未明确外来计算机或存储设备接入安全操作规程。 2）外来计算机或存储设备接入网络前未进行恶意代码检查
补偿因素	无
整改建议	建议制定外来设备接入检查制度，任何外来计算机或存储设备在接入系统前必须经过恶意代码检查，在通过检查并经过审批后，外来设备方可接入系统

评估参考：

1）应访谈安全管理员客户端是否统一安装了病毒防治软件，设置了用户口令和屏幕保护口令等安全防护措施，及时更新病毒特征码，以及安装了必要的补丁程序等；应核查客户端病毒防治软件安装、用户口令设置、屏幕保护口令设置、病毒特征码更新以及补丁程序安装情况等是否与访谈结果一致。（金融 L4-MMS1-53）

2）通过移动介质进行数据上传时，应在移动介质接入前采用两种或两种以上病毒库对移动介质进行恶意代码查杀。（广电 9.1.3.5b）

SO5d 应定期验证防范恶意代码攻击的技术措施的有效性

适用范围	第三级及以上等级保护系统
访谈对象	信息安全与保密专业负责人

续表

适用范围	第三级及以上等级保护系统
评估对象	安全管理员和记录表单类文档
评估内容	1）若采用可信验证技术，应就是否发生过恶意代码攻击事件与安全管理员进行沟通。 2）若采用防恶意代码产品，应就是否定期对恶意代码库进行升级，且对升级情况进行记录，对在各类防病毒产品上截获的恶意代码是否进行分析并汇总上报，是否出现过大规模的病毒事件与安全管理员进行沟通。 3）应核查相关单位和组织是否具有恶意代码检测记录、恶意代码库升级记录和分析报告。 4）对于第一级等级保护系统，相关单位和组织应对恶意代码防范做出规定，包括防恶意代码软件的授权使用，恶意代码库升级、恶意代码的定期查杀等；对于第二级等级保护系统，应在第一级等级保护系统要求的基础上，定期检查恶意代码库的升级情况，对截获的恶意代码及时进行分析和处理
评估参考：	核查生产控制大区恶意代码防范措施，评估是否有特征码离线更新前的测试记录，是否存在直接连接因特网在线更新的情况，是否存在与管理信息大区共用一套恶意代码防护措施的情况。（电力 8.3.7.2）

8.6 密码管理 SO6

业绩目标

　　按照国家标准和行业标准，使用国家密码管理主管部门认证的密码技术和产品，保证密码管理与应用工作合规且有效。

评估准则

SO6a	应遵循相关的国家标准和行业标准
SO6b	应使用国家密码管理主管部门认证核准的密码技术和产品
SO6c	应采用硬件密码模块实现密码运算和密钥管理

使用指引

SO6a 应遵循相关国家标准和行业标准

适用范围	第二级及以上等级保护系统
访谈对象	信息安全与保密专业负责人
评估对象	安全管理员；密码应用方案、密钥管理制度及策略类文档
评估内容	应就相关单位和组织在密码管理过程中是否遵循国家标准和行业标准与安全管理员进行沟通

适用范围	第二级及以上等级保护系统

评估参考：

1）应访谈安全管理员选用的密码产品和加密算法是否符合国家相关密码管理政策规定，是否优先使用国产密码算法。（金融 L4-MMS1-58）

2）应核查密钥管理制度是否明确了密钥的产生、分发和接收、使用、存储、更新、销毁等方面的管理要求；应核查密钥管理人员是否为本机构在编的正式员工；应核查密钥管理人员是否逐级进行备案。（金融 L4-MMS1-61）

3）应核查密码管理制度是否要求系统管理员、数据库管理员、网络管理员、业务操作人员均须设置口令密码，至少每 3 个月更换一次，口令密码的强度满足不同安全性要求。（金融 L4-MMS1-62）

4）应核查密码管理制度是否要求系统和设备的口令密码设置应在安全的环境下进行，必要时应将口令密码纸质密封交相关部门保管，未经科技部门主管领导许可，任何人不得擅自拆阅密封的口令密码，拆阅后的口令密码使用后应立即更改并再次密封存放。（金融 L4-MMS1-63）

5）应访谈安全管理员，密钥注入、密钥管理功能调试和密钥档案的保管是否由专人负责；应访谈安全管理员，密钥资料是否保存在保险柜内，保险柜钥匙是否由专人负责；应访谈安全管理员，使用密钥和销毁密钥是否在监督下进行；应核查是否具有密钥使用和销毁记录。（金融 L4-MMS1-64）

6）应核查密码管理制度是否要求确因工作需要经过授权可远程接入内部网络的用户，应妥善保管其身份认证介质及口令密码，不得转借他人使用。（金融 L4-MMS1-65）

7）应核查密码管理制度是否要求各类环境中密码设备使用、管理权限分离。（金融 L4-MMS1-66）

8）密评指引——密钥管理规则

8.1）基本要求：根据密码应用方案建立相应密钥管理规则。（第一级到第四级）。（密评基 9.5b）

8.2）密评实施：核查是否有通过评估的密码应用方案，并核查是否根据密码应用方案建立相应密钥管理规则（如密钥管理制度及策略类文档中的密钥全生存周期的安全性保护相关内容）且对密钥管理规则进行评审，以及核查信息系统中密钥是否按照密钥管理规则进行生存周期的管理。（密评测 6.5.2）

9）密评指引——制定密钥安全管理策略

9.1）基本要求：根据密码应用方案，确定系统涉及的密钥种类、体系及其生存周期环节，各环节密钥管理要求参照 GB/T 39786—2021 附录 B。（第一级到第四级）。（密评基 9.7b）

9.2）密评实施：核查是否有通过评估的密码应用方案，并核查是否根据密码应用方案，确定系统涉及的密钥种类、体系及其生存周期环节；若信息系统没有相应的密码应用方案，则参照附录 A 密钥生存周期管理检查要点核查密钥生存周期的各个环节是否符合要求。（密评测 6.7.2）

SO6b 应使用国家密码管理主管部门认证核准的密码技术和产品

适用范围	第二级及以上等级保护系统
访谈对象	信息安全与保密专业负责人
评估对象	安全管理员；信息系统中的密码产品、密码服务及密码算法实现和密码技术实现
评估内容	应核查相关产品是否获得了有效的国家密码管理主管部门规定的检测报告或密码产品型号证书

评估参考：

1）核查生产控制大区密码设施（对称密码、非对称密码、摘要算法、调度数字证书和安全标签等），评估当前使用的密码设施是否有厂商提供的国家有关机构的检测报告或认证证书。（电力 8.2.2i）

2）密评指引——（通用测评要求）密码算法合规性

2.1）基本要求：信息系统中使用的密码算法应符合法律、法规的规定和密码相关国家标准、行业标准的有关要求（第一级到第五级）。（密评基 5.a）

适用范围	第二级及以上等级保护系统
2.2）密评实施：了解系统使用的算法名称、用途、何处使用、执行设备及其实现方式（软件、硬件或固件），核查密码算法是否以国家标准或行业标准形式发布，或取得国家密码管理部门同意其使用的证明文件。（密评测 5.1c）	

2.3）缓解措施：无。（密评高 5.1d）

2.4）风险评价：安全问题：a）采用存在安全问题或安全强度不足的密码算法对重要数据进行保护，如 MD5、DES、SHA-1、RSA（不足 2048 比特）等密码算法；b）采用安全性未知的密码算法，如自行设计的密码算法、经认证的密码产品中未经安全性论证的密码算法。这些安全问题一旦被威胁利用后，可能会导致信息系统面临高等级安全风险。（密评高 5.1e）

3）密评指引——（通用测评要求）密码技术合规性

3.1）基本要求：信息系统中使用的密码技术应遵循密码相关国家标准和行业标准（第一级到第五级）。（密评基 5.b）

3.2）密评实施：核查系统所使用的密码技术是否以国家标准或行业标准形式发布。（密评测 5.1c）

3.3）缓解措施：无。（密评高 5.2d）

3.4）风险评价：安全问题：a）采用存在缺陷或有安全问题警示的密码技术，如 SSH 1.0、SSL 2.0、SSL 3.0、TLS 1.0 等；b）采用安全性未知的密码技术，如未经安全性论证的自行设计的密码通信协议、经认证的密码产品中未经安全性论证的密码通信协议等。这些安全问题一旦被威胁利用后，可能会导致信息系统面临高等级安全风险。（密评高 5.2e）

SO6c 应采用硬件密码模块实现密码运算和密钥管理

适用范围	第四级等级保护系统
访谈对象	信息安全与保密专业负责人
评估对象	安全管理员；信息系统中的密钥体系，以及相应的密码产品、密码服务及密码算法实现和密码技术实现
评估内容	应核查相关产品是否采用硬件密码模块实现密码运算和密钥管理

评估参考：

1）密评指引——（通用测评要求）密钥管理安全性

1.1）基本要求：信息系统中使用的密码产品、密码服务应符合法律法规的相关要求。（第一级到第五级）：采用的密码产品，达到 GB/T 37092 一级及以上安全要求（第二级）；采用的密码产品，达到 GB/T 37092 二级及以上安全要求（第三级）；采用的密码产品，达到 GB/T 37092 三级及以上安全要求（第四级）；采用的密码服务，符合法律法规的相关要求，需依法接受检测认证的，应经商用密码认证机构认证合格（第一级到第四级）。（密评基 5.c）

1.2）密评实施：a）核查信息系统中密钥体系中的密钥（除公钥外）是否不能被非授权的访问、使用、泄露、修改和替换，公钥是否不能被非授权的修改和替换；b）核查信息系统中用于密钥管理和密码计算的密码产品是否符合法律法规的相关要求，需依法接受检测认证的，核查是否经商用密码认证机构认证合格；了解密码产品的型号和版本等配置信息，核查密码产品是否符合 GB/T 37092 相应安全等级及以上安全要求，并核查密码产品的使用是否满足其安全运行的前提条件，如其安全策略或使用手册说明的部署条件；c）核查信息系统中用于密钥管理和密码计算的密码服务是否符合法律法规的相关要求，需依法接受检测认证的，核查是否经商用密码认证机构认证合格。（密评测 5.2c）

1.3）缓解措施：无。（密评高 5.3d）

1.4）风险评价：安全问题：a）采用自实现且未提供安全性证据的密码产品；b）采用存在高危安全漏洞的密码产品，如存在 Heartbleed 漏洞的 OpenSSL 产品；c）密码产品的使用不满足其安全运行的前提条件，如其安全策略或使用手册说明的部署条件；d）选用的密码服务提供商不具有相关资质；d）存在密钥管理相关安全问题。这些安全问题一旦被威胁利用后，可能会导致信息系统面临高等级安全风险。（密评高 5.3e）

适用范围	第四级等级保护系统

2）密评指引——密钥生存周期管理检查要点（密评测附录 A）

2.1 密钥管理：密钥管理对于保证密钥全生存周期的安全性是至关重要的，可以保证密钥（除公钥外）不被非授权的访问、使用、泄露、修改和替换，可以保证公钥不被非授权的修改和替换。信息系统的应用与数据层面的密钥体系由业务系统根据密码应用需求在密码应用方案中明确。密钥管理包括密钥的产生、分发、存储、使用、更新、归档、撤销、备份、恢复和销毁等环节。以下给出各个环节的检查要点建议，检查结果可用于密码应用测评结果评判参考。

2.2 密钥产生：a）检查目的：密钥产生所使用的随机数发生器或密钥协商算法是否为经国家密码管理部门核准的。b）检查对象：密钥、密钥管理制度及策略类文档，以及信息系统中的密码产品、密码服务以及密码算法实现和密码技术实现。c）检查要点：1）确认密钥是否在符合 GB/T 37092 的密码产品中产生；2）确认密钥协商算法是否符合法律、法规的规定和密码相关国家标准、行业标准的有关要求；3）核实密钥产生功能的正确性和有效性，如随机数发生器的运行状态、所产生密钥的关联信息，密钥关联信息包括密钥种类、长度、拥有者、使用起始时间、使用终止时间等。

2.3 密钥分发：a）检查目的：密钥分发过程是否保证了密钥的机密性、完整性以及分发者、接收者身份的真实性等。b）检查对象：密钥、密钥管理制度及策略类文档，以及信息系统中的密码产品、密码服务以及密码算法实现和密码技术实现。c）检查要点：1）确认系统内部采用何种密钥分发方式—离线分发方式、在线分发方式、混合分发方式；2）确认密钥传递过程中信息系统使用了哪些密码技术对密钥进行处理以保护其机密性、完整性与真实性，并核实保护措施使用的正确性和有效性。

2.4 密钥存储：a）检查目的：密钥（除公钥）存储过程是否保证了不被非授权的访问或篡改，公钥存储过程是否保证了不被非授权的篡改。b）检查对象：密钥、密钥管理制度及策略类文档，以及信息系统中的密码产品、密码服务以及密码算法实现和密码技术实现。c）检查要点：1）确认系统内部所有密钥（除公钥）是否均以密文形式进行存储，或者位于受保护的安全区域；2）确认密钥（除公钥）存储过程中信息系统使用了哪些密码技术对密钥进行处理以保护其机密性（除公钥）、完整性，并核实保护措施使用的正确性和有效性；3）确认公钥存储过程中信息系统使用了哪些密码技术对公钥进行处理以保护其完整性，并核实保护措施使用的正确性和有效性。

2.5 密钥使用：a）检查目的：所有密钥是否都有明确的用途且各类密钥是否均被正确地使用、管理。b）检查对象：密钥、密钥管理制度及策略类文档，以及信息系统中的密码产品、密码服务以及密码算法实现和密码技术实现。c）检查要点：1）确认信息系统内部是否具有严格的密钥使用管理机制，以及所有密钥是否有明确的用途并按用途被正确使用；2）确认信息系统是否具有公钥认证机制，以鉴别公钥的真实性与完整性，公钥密码算法是否符合法律、法规的规定和密码相关国家标准、行业标准的有关要求；3）确认信息系统采用了何种安全措施来防止密钥泄露或替换，是否使用了密码算法以及算法是否符合相关法规和标准的要求，并核实当发生密钥泄漏时，系统是否具备应急处理和响应措施；4）确认信息系统是否定期更换密钥，并核实密钥更换处理流程中是否采取有效措施保证密钥更换时的安全性。

2.6 密钥更新：a）检查目的：密钥是否会根据相应的更新策略进行更新。b）检查对象：密钥、密钥管理制度及策略类文档，以及信息系统中的密码产品、密码服务以及密码算法实现和密码技术实现。c）检查要点：确认信息系统内部是否具有密钥的更新策略，并核实当密钥超过使用期限、已泄露或存在泄露风险时，是否会根据相应的更新策略进行密钥更新。

2.7 密钥归档：a）检查目的：密钥归档过程是否保证了密钥的安全性和正确性，并生成了审计信息。b）检查对象：密钥、密钥管理制度及策略类文档，以及信息系统中的密码产品、密码服务以及密码算法实现和密码技术实现。c）检查要点：1）确认信息系统内部密钥归档时是否采取有效的安全措施，以保证归档密钥的安全性和正确性；2）核实归档密钥是否仅用于解密该密钥加密的历史信息或验证该密钥签名的历史信息；3）确认密钥归档的审计信息是否包括归档的密钥、归档的时间等信息。

2.8 密钥撤销：a）检查目的：公钥证书是否具备撤销机制。b）检查对象：密钥、密钥管理制度及策略类文档，以及信息系统中的密码产品、密码服务以及密码算法实现和密码技术实现。c）检查要点：1）若信息系统内部使用公钥证书，则确认是否有公钥证书撤销机制和撤销机制的触发条件，并确认是否有效执行；2）核实撤销后的密钥是否已不具备使用效力。

适用范围	第四级等级保护系统
2.9 密钥备份：a）检查目的：密钥备份过程是否保证了密钥的机密性和完整性，并生成了审计信息。b）检查对象：密钥、密钥管理制度及策略类文档，以及信息系统中的密码产品、密码服务以及密码算法实现和密码技术实现。c）检查要点：1）若信息系统内部存在需要归档的密钥，则确认是否具有密钥备份机制并有效执行；2）确认密钥备份过程中系统使用了哪些密码技术对密钥进行处理以保护其机密性、完整性；3）确认密钥备份的审计信息是否包括备份的主体、时间等信息。	
2.10 密钥恢复：a）检查目的：密钥是否具备恢复机制，并生成审计信息。b）检查对象：密钥、密钥管理制度及策略类文档，以及信息系统中的密码产品、密码服务以及密码算法实现和密码技术实现。c）检查要点：1）确认系统内部是否具有密钥的恢复机制并有效执行；2）确认密钥恢复的审计信息是否包括恢复的主体、时间等信息。	
2.11 密钥销毁：a）检查目的：密钥是否具备销毁机制，销毁过程是否具备不可逆性。b）检查对象：密钥、密钥管理制度及策略类文档，以及信息系统中的密码产品、密码服务以及密码算法实现和密码技术实现。c）检查要点：1）确认系统内部是否具有密钥的销毁机制并有效执行；2）核实密钥销毁过程和销毁方式，确认是否密钥销毁后无法被恢复。	

8.7　变更管理 SO7

业绩目标

制定并执行变更管理规定、控制流程和记录表单，实现对变更需求、变更方案、变更申请、变更中止、变更恢复等环节的有效控制和书面记录。

评估准则

SO7a	应明确变更需求，在变更前根据变更需求制定变更方案，变更方案经过评审、审批后方可实施
SO7b	应建立变更的申报和审批控制程序，依据程序控制所有变更，记录变更实施过程
SO7c	应建立中止变更和变更失败后的恢复程序，明确过程控制方法和人员职责，必要时对恢复过程进行演练

使用指引

SO7a 应明确变更需求，在变更前根据变更需求制定变更方案，变更方案经过评审、审批后方可实施

适用范围	第二级及以上等级保护系统
访谈对象	各专业负责人
评估对象	记录表单类文档

续表

适用范围	第二级及以上等级保护系统
评估内容	1）应核查变更方案是否包含变更类型、变更原因、变更过程、变更前评估等内容。 2）应核查相关单位和组织是否有变更方案评审记录和变更过程记录文档
FOP 描述	变更管理制度缺失
评估场景	1）缺少相关变更管理制度，或在变更管理制度中缺少变更管理流程、变更内容分析与论证、变更方案审批流程等相关内容。 2）实际变更过程中无任何流程、人员、方案等审核环节及记录
补偿因素	无
整改建议	建议系统的任何变更均需要经过必要的管理流程，必须组织相关人员（业务部门人员与系统运维人员等）进行分析与论证，在确定必须变更后，制定详细的变更方案，在经过审批后，先对系统进行备份，再实施变更

评估参考：

1）应核查变更方案是否要求变更前做好系统和数据的备份；应核查是否具有数据备份记录和跟踪记录文档。（金融 L4-MMS1-71）

2）应核查对于生产环境重大变更是否制订了详细的系统变更方案、系统及数据备份恢复措施和应急处置方案；应核查对于生产环境重大变更是否在测试环境进行稳妥测试并通过；应核查对于生产环境重大变更是否具有系统用户和主管领导审批记录。（金融 L4-MMS1-72）

3）应核查变更管理制度是否要求当生产中心发生变更时，应同步分析灾备系统变更需求并进行相应的变更；应核查变更管理制度是否要求尽量减少紧急变更；应核查变更记录与变更管理制度要求是否一致。（金融 L4-MMS1-73）

4）与播出直接相关的信息系统中，重要配置修改、操作系统升级、应用软件升级、恶意代码库更新等重要变更应先在测试环境中测试通过，确认所升级内容对安全播出没有影响方可应用。（广电 12.1.5.10 d）

SO7b 应建立变更的申报和审批控制程序，依据程序控制所有变更，记录变更实施过程

适用范围	第三级及以上等级保护系统
访谈对象	各专业负责人
评估对象	记录表单类文档
评估内容	1）应核查在变更控制的申报、审批程序中是否规定了需要申报的变更类型、申报流程、审批部门、批准人等相关内容。 2）应核查相关单位和组织是否具有变更实施过程的记录文档

评估参考：

1）应核查变更管理制度是否明确了变更流程、审批流程；应核查变更管理制度是否明确变更发起方、实施方的职责；应核查变更管理制度是否明确了变更方案的测试、审批流程及实施策略；应核查变更管理制度是否明确要求对有可能影响客户利益的变更应先通知客户并得到客户的确认。（金融 L4-MMS1-67）

2）应记录变更实施过程，并妥善保存所有文档和记录。（广电 12.1.5.10 b）

SO7c 应建立中止变更和变更失败后的恢复程序，明确过程控制方法和人员职责，必要时对恢复过程进行演练

适用范围	第三级及以上等级保护系统
访谈对象	各专业负责人

185

适用范围	第三级及以上等级保护系统
评估对象	记录表单类文档
评估内容	1）应就变更中止或变更失败后的恢复程序、工作方法和职责是否文档化，恢复过程是否经过演练与运维负责人进行沟通。 2）应核查相关单位和组织是否有变更恢复演练记录。 3）应核查在变更恢复程序中是否规定了变更中止或失败后的恢复流程

8.8　备份与恢复管理 SO8

业绩目标

　　制定并执行备份与恢复的策略、程序、方式、频度、存储介质、保存期限等具体规定，确保重要业务信息、系统数据和软件系统持续可用。

评估准则

SO8a	应识别需要定期备份的重要业务信息、系统数据及软件系统等
SO8b	应规定备份信息的备份方式、备份频度、存储介质、保存期限等
SO8c	应根据数据的重要性和数据对系统运行的影响，制定数据的备份策略和恢复策略、备份程序和恢复程序等

使用指引

SO8a 应识别需要定期备份的重要业务信息、系统数据及软件系统等

适用范围	第一级及以上等级保护系统
访谈对象	系统/云计算专业负责人
评估对象	系统管理员和记录表单类文档
评估内容	1）应就有哪些需定期备份的业务信息、系统数据及软件系统与系统管理员进行沟通。 2）应核查相关单位和组织是否有包含定期备份的重要业务信息、系统数据、软件系统的列表或清单

SO8b 应规定备份信息的备份方式、备份频度、存储介质、保存期限等

适用范围	第一级及以上等级保护系统
访谈对象	系统/云计算专业负责人
评估对象	管理制度类文档
评估内容	应核查在备份与恢复管理制度中是否明确了备份方式、频度、介质、保存期限等内容

适用范围	第一级及以上等级保护系统

评估参考：

1）应制定数据备份与恢复相关安全管理制度；核查是否建立数据备份与恢复相关安全管理制度。（金融 L4-MMS1-75）

2）应建立备份与恢复管理相关的安全管理制度，对备份信息的备份方式、备份频度、存储介质和保存期等进行规范。（广电 12.1.5.11b）

SO8c 应根据数据的重要性和数据对系统运行的影响，制定数据的备份策略和恢复策略、备份程序和恢复程序等

适用范围	第二级及以上等级保护系统
访谈对象	系统/云计算专业负责人
评估对象	管理制度类文档
评估内容	应核查相关单位和组织是否根据数据的重要程度制定相应备份恢复策略和程序等
FOP 描述	数据备份策略缺失
评估场景	无备份与恢复等相关的安全管理制度，或未按照相关策略落实数据备份和恢复措施
补偿因素	1）虽未建立相关数据备份与恢复制度，但在实际工作中实施了数据备份及恢复测试，且能够提供相关证据，备份与恢复措施符合业务需要，评估员可根据实际措施效果，酌情判定风险等级。 2）针对定级对象还未正式上线的情况，评估员可从已制定的备份恢复策略、计划采取的技术措施，如环境、存储等是否满足所规定的备份恢复策略要求等角度进行综合风险分析，根据分析结果，酌情判定风险等级
整改建议	建议制定备份与恢复的相关制度，明确数据备份策略和数据恢复策略，以及备份程序和恢复程序，实现重要数据的定期备份与恢复测试，保证备份数据的高可用性与可恢复性

评估参考：

1）应核查灾备切换演练制度中是否要求每年至少进行一次重要信息系统专项应急切换演练，每三年至少进行一次重要信息系统全面灾备切换演练，根据人员、信息资源等变动情况以及演练情况更新和完善应急预案；应核查是否具有灾难切换演练记录、应急预案更新和完善记录。（金融 L4-MMS1-77）

2）应核查是否每季度对备份数据的有效性进行检查，备份数据是否实行异地保存。（金融 L4-MMS1-78）

3）应核查灾难恢复相关管理制度是否要求灾难恢复的需求需定期进行再分析且再分析周期最长为三年；应核查当生产中心环境、生产系统或业务流程发生重大变更时，是否立即启动灾难恢复需求再分析工作，依据需求分析制定灾难恢复策略。（金融 L4-MMS1-79）

4）恢复及使用备份数据时需要提供相关口令密码的，应核查是否将口令密码密封后与数据备份介质一并妥善保管。（金融 L4-MMS1-80）

5）应定期开展灾难恢复培训，在条件许可的情况下，由相关部门统一部署，至少每年进行一次灾难恢复演练，包括异地备份站点切换演练和本地系统灾难恢复演练；异地备份站点切换：在异地建立热备份站点，当主站点因发生灾难导致系统不可恢复时异地备份站点能承担起主站点的功能，本地系统灾难恢复：当本地系统发生异常中断时能够在短时间恢复和保障业务数据的可运行性。（金融 L4-MMS1-81）

6）金融机构应根据信息系统的灾难恢复工作情况，确定审计频率，应每年至少组织一次内部灾难恢复工作审计。（金融 L4-MMS1-82）

7）应核查是否安排专人负责灾难恢复预案的日常维护管理。（金融 L4-MMS1-83）

8）应建立灾备系统，主备系统实际切换时间应满足实时切换，灾备系统处理能力应不低于主用系统处理能力的 50%，通信线路应分别接入主备系统。有条件时可采用主、备系统处理能力相同、轮换交替使用的双系统模式。（金融 L4-MMS1-84）

9）三级及以上网络应定期测试恢复程序，检查和测试备份介质的有效性，确保可以在恢复程序规定的时间内完成备份的恢复。（广电 12.1.5.11d）

8.9　外包运维管理 SO9

业绩目标

通过签订外包运维服务协议等措施，明确外包运维服务供应商的法律义务、安全责任、安全运维能力、信息保密和业务连续性保障等安全要求，并在履约过程中检查落实。

评估准则

SO9a	应确保外包运维服务供应商的选择符合国家有关规定
SO9b	应与选定的外包运维服务供应商签订相关协议，明确约定外包运维的范围、工作内容
SO9c	应保证选择的外包运维服务供应商在技术和管理方面均具有按照等级保护要求开展安全运维工作的能力，并将能力要求在签订的协议中进行明确
SO9d	应在与外包运维服务供应商签订的协议中明确所有相关的安全要求，如可能涉及对敏感信息的访问、处理、存储要求，对IT基础设施中断服务的应急保障要求等。

使用指引

SO9a 应确保外包运维服务供应商的选择符合国家有关规定

适用范围	第二级及以上等级保护系统
访谈对象	各专业负责人
评估对象	运维负责人
评估内容	1）应就相关单位和组织是否存在外包运维服务与运维负责人进行沟通。 2）应就包运维服务供应商的选择是否符合国家有关规定与运维负责人进行沟通

SO9b 应与选定的外包运维服务供应商签订相关协议，明确约定外包运维的范围、工作内容

适用范围	第二级及以上等级保护系统
访谈对象	各专业负责人
评估对象	记录表单类文档
评估内容	应核查在外包运维服务协议中是否明确约定了外包运维的范围和工作内容

SO9c 应保证选择的外包运维服务供应商在技术和管理方面均具有按照等级保护要求开展安全运维工作的能力,并将能力要求在签订的协议中进行明确

适用范围	第三级及以上等级保护系统
访谈对象	各专业负责人
评估对象	记录表单类文档
评估内容	应核查在与外包运维服务供应商签订的协议中是否明确了其需具有相应等级保护要求的服务能力

SO9d 应在与外包运维服务供应商签订的协议中明确所有相关的安全要求,如可能涉及对敏感信息的访问、处理、存储要求,对 IT 基础设施中断服务的应急保障要求等

适用范围	第三级及以上等级保护系统
访谈对象	各专业负责人
评估对象	记录表单类文档
评估内容	应核查在外包运维服务协议中是否包含可能涉及对敏感信息的访问、处理、存储要求,对 IT 基础设施中断服务的应急保障要求等内容

评估参考:

1)应要求外包运维服务供应商保留操作痕迹、记录完整的日志,应核查是否具有外包服务供应商的操作记录文档;应核查操作记录文档的内容和保存期限是否满足事件分析、安全取证、独立审计和监督检查需要。(金融 L4-MMS1-104)

2)应核查是否具有数据中心外包服务应急计划以应对外包服务供应商破产、不可抗力或其他潜在问题导致服务中断或服务水平下降的情形。支持数据中心连续、可靠运行。(金融 L4-MMS1-105)

8.10　物联网感知节点管理 SO10

业 绩 目 标

制定并执行物联网节点设备全过程管理规定,对其部署环境及环境的保密性等进行巡视、维护和记录,有效防范社会工程学攻击。

评 估 准 则

SO10a	应指定人员定期巡视感知节点设备、网关节点设备的部署环境,对可能影响感知节点设备、网关节点设备正常工作的环境异常进行记录和维护
SO10b	应对感知节点设备、网关节点设备入库、存储、部署、携带、维修、丢失和报废等过程做出明确规定,并进行全程管理
SO10c	应加强对感知节点设备、网关节点设备部署环境的保密性管理,包括负责检查和维护的人员调离工作岗位后应立即交还相关检查工具和检查维护记录等

SO10a 应指定人员定期巡视感知节点设备、网关节点设备的部署环境，对可能影响感知节点设备、网关节点设备正常工作的环境异常进行记录和维护

适用范围	第一级及以上等级保护系统
访谈对象	通信/物联网专业负责人
评估对象	感知节点设备的功能和系统设计文档或产品白皮书，补丁、固件更新管理制度，维护记录
评估内容	1) 应就相关单位和组织是否有专门的人员对感知节点设备、网关节点设备进行定期维护，由何部门或何人负责，维护周期多长与运维负责人进行沟通。 2) 应核查感知节点设备、网关节点设备部署环境维护记录是否包括维护日期、维护人、维护设备、故障原因、维护结果等相关内容

评估参考：

1) 针对可编程的智能设备，是否定期扫描处理逻辑、进行固件更新维护操作。（金融 L4-MMS4-01）

2) 应核查是否建立补丁、固件更新的操作规范等管理制度，明确进行补丁、固件更新前应经过充分测试评估；应核查补丁、固件更新前是否有相应的测试评估记录。（金融 L4-MMS4-04）

3) 应核查关键感知节点、感知网关节点设备是否通过安全传输通道进行固件与补丁更新并能将异常结果上报至安全管理中心。（金融 L4-MMS4-05）

4) 应核查感知节点设备是否有设置安全阈值功能（如设备长时间静默、电压过低、仓库温湿度与噪音等要素），超过安全范围是否可进行在线预警。（金融 L4-MMS4-06）

5) 应核查是否对感知节点设备状态进行监测，是否形成监测记录文档，是否组织人员对监测记录进行整理并保管；应核查发现异常时是否对监测记录进行分析、评审，形成监测数据分析报告并定位处理。（金融 L4-MMS4-07）

SO10b 应对感知节点设备、网关节点设备入库、存储、部署、携带、维修、丢失和报废等过程做出明确规定，并进行全程管理

适用范围	第二级及以上等级保护系统
访谈对象	通信/物联网专业负责人
评估对象	感知节点和网关节点设备安全管理文档
评估内容	应核查感知节点和网关节点设备安全管理文档是否覆盖感知节点设备、网关节点设备入库、存储、部署、携带、维修、丢失和报废等方面

SO10c 应加强对感知节点设备、网关节点设备部署环境的保密性管理，包括负责检查和维护的人员调离工作岗位后应立即交还相关检查工具和检查维护记录等

适用范围	第三级及以上等级保护系统
访谈对象	通信/物联网专业负责人
评估对象	感知节点设备、网关节点设备部署环境的管理制度
评估内容	1) 应核查感知节点设备、网关节点设备部署环境管理文档是否包括负责核查和维护人员调离工作岗位后应立即交还相关核查工具和核查维护记录等相关内容。 2) 应核查相关单位和组织是否有感知节点设备、网关节点设备部署环境的保密性管理记录

8.11　大数据安全运维管理 SO11

业 绩 目 标

　　制定并执行数字资产安全管理策略、数据分类分级保护策略、重要数据脱敏使用、数据类别和级别的变更等管理规定、安全要求,管理流程和记录表单,保证大数据运维和使用的安全。

评 估 准 则

SO11a	应建立数字资产安全管理策略,对数据全生命周期的操作规范、保护措施、管理人员职责等进行规定
SO11b	应制定并执行数据分类分级保护策略,针对不同类别和级别的数据制定不同的安全保护措施
SO11c	应在数据分类分级的基础上,划分重要数字资产范围,明确重要数据进行自动脱敏或去标识的使用场景和业务处理流程
SO11d	应定期评审数据的类别和级别,如需要变更数据的类别或级别,应依据变更审批流程执行变更

使 用 指 引

SO11a 应建立数字资产安全管理策略,对数据全生命周期的操作规范、保护措施、管理人员职责等进行规定

适用范围	第二级及以上等级保护系统
访谈对象	数据/大数据专业负责人
评估对象	数字资产安全管理策略
评估内容	1)应核查在大数据平台和大数据应用数字资产安全管理策略中是否明确了数字资产的安全管理目标、原则和范围。 2)应核查在大数据平台和大数据应用数字资产安全管理策略中是否明确了各类数据全生命周期(包括但不限于数据的采集、存储、处理、应用、流动、销毁等过程)的操作规范和保护措施,是否与数字资产的安全类别和级别相符。 3)应核查在大数据平台和大数据应用数字资产安全管理策略中是否明确了管理人员的职责

适用范围	第二级及以上等级保护系统
评估参考： 　1）应具备数字资产统一注册、管理和使用监控能力：核查是否具备技术手段对数字资产统一注册、管理和监控。（金融 B.3.5.1 BDS-L4-01） 　2）应维护大数据平台使用和维护的数字资产清单，资产清单应包括资产的价值、所有人、管理员、使用者和安全等级等条目，并根据安全等级制定相应的安全保护措施：访谈大数据应用建设负责人，是否知晓大数据平台具有哪些数字资产；查阅是否具备数字资产清单，清单中是否包括资产的价值、所有人、管理员、使用者和安全等级等条目；查阅数字资产清单的安全管理制度，制度中是否描述了对应等级的安全防护措施。（金融 B.3.5.2 BDS-L4-02）	

SO11b 应制定并执行数据分类分级保护策略，针对不同类别和级别的数据制定不同的安全保护措施

适用范围	第三级及以上等级保护系统
访谈对象	数据/大数据专业负责人
评估对象	数据分类分级保护策略
评估内容	1）应核查大数据平台和大数据应用数据分类分级保护策略是否针对不同类别和级别的数据制定了不同的安全保护措施。 2）应核查相关单位和组织是否按照大数据平台和大数据应用数据分类分级保护策略对数据实施保护

SO11c 应在数据分类分级的基础上，划分重要数字资产范围，明确重要数据进行自动脱敏或去标识的使用场景和业务处理流程

适用范围	第三级及以上等级保护系统
访谈对象	数据/大数据专业负责人
评估对象	数据安全管理相关要求和大数据平台建设方案
评估内容	1）应核查在数据安全管理相关要求中是否划分了重要数字资产范围，是否明确了重要数据自动脱敏或去标识的使用场景和业务处理流程。 2）应核查数据自动脱敏或去标识的使用场景和业务处理流程是否和管理要求相符

SO11d 应定期评审数据的类别和级别，如需要变更数据的类别或级别，应依据变更审批流程执行变更

适用范围	第三级及以上等级保护系统
访谈对象	数据/大数据专业负责人
评估对象	数据管理员，数据管理相关制度和数据变更记录表单
评估内容	1）应就相关单位和组织是否定期评审数据的类别和级别，当需要变更数据的类别或级别时，是否依据变更审批流程执行变更与数据管理员进行沟通。 2）应核查在数据管理相关制度中，是否要求对数据的类别和级别进行定期评审，是否提出了数据类别或级别变更的审批要求

适用范围	第三级及以上等级保护系统

评估参考：

1）应建立数据安全管理规范，对访问大数据平台的用户进行约束和规范：访谈数据管理员，是否制定大数据平台数据安全管理制度，对访问大数据平台的用户进行约束和规范。（金融 B.3.5.6 BDS-L4-06）

2）重要、敏感数据的采集、传输、存储、处理、使用环境应严格控制开源、共享软件的使用，严控开源、共享软件的来源，并对其代码进行安全审计，确保安全、可靠：访谈数据管理员，是否在重要、敏感数据的生命周期过程中使用了开源、共享等软件，并访谈软件的来源是否可靠，供应商是否符合法律法规要求；核查数据管理相关制度，是否对开源、共享等软件的使用进行了规定；核查是否具有开源、共享软件的代码审计报告（如使用 fortify 等自动化工具进行安全扫描的报告），并核查报告提及的高危漏洞是否进行了修补。（金融 B.3.5.7 BDS-L4-07）

第9章 安全监测防护评估准则及使用指引

安全监测防护领域（MP）的业绩目标，就是按照实战化要求，建立、应用和不断完善安全管理中心，以及面向实战的网络安全监测、情报、预警、通报、处置、经验反馈和持续整改提升的标准规范、防护能力和工作机制。

安全监测防护领域包括安全管理中心（MP1）、集中管控（MP2）、云计算集中管控（MP3）、安全事件处置（MP4）、应急预案管理（MP5）、情报收集与利用（MP6）、值班值守（MP7）、实战演练（MP8）和研判整改（MP9）9 个子领域。本章详细介绍了安全监测防护 9 个子领域的业绩目标、评估准则及各评估项的使用指引，如图 9-1 所示。

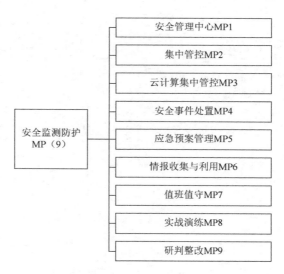

图 9-1 安全监测防护领域构成示意图

9.1　安全管理中心 MP1

业绩目标

建立安全管理中心，明确系统管理员、审计管理员和安全管理员的身份鉴别、操作规范及操作审计等安全要求，并分别通过他们完成系统管理、审计和安全管理等。

评估准则

MP1a	应对系统管理员进行身份鉴别，只允许其通过特定的命令或操作界面进行系统管理操作，并对这些操作进行审计
MP1b	应通过系统管理员对系统的资源和运行进行配置、控制和管理，包括用户身份识别、系统资源配置、系统加载和启动、系统运行的异常处理、数据和设备的备份与恢复等
MP1c	应对审计管理员进行身份鉴别，只允许其通过特定的命令或操作界面进行安全审计操作，并对这些操作进行审计
MP1d	应通过审计管理员对审计记录进行分析，并根据分析结果进行处理，包括根据安全审计策略对审计记录进行存储、管理和查询等
MP1e	应对安全管理员进行身份鉴别，只允许其通过特定的命令或操作界面进行安全管理操作，并对这些操作进行审计
MP1f	应通过安全管理员对系统中的安全策略进行配置，包括安全参数的设置，对主体、客体进行统一安全标记，对主体进行授权，配置可信验证策略等

使用指引

MP1a 应对系统管理员进行身份鉴别，只允许其通过特定的命令或操作界面进行系统管理操作，并对这些操作进行审计

适用范围	第二级及以上等级保护系统
访谈对象	安全监测专业负责人
评估对象	提供集中系统管理功能的系统
评估内容	1）应核查相关系统是否对系统管理员进行身份鉴别。 2）应核查相关系统是否只允许系统管理员通过特定的命令或操作界面进行系统管理操作。 3）应核查相关系统是否对系统管理操作进行审计

MP1b 应通过系统管理员对系统的资源和运行进行配置、控制和管理，包括用户身份识别、系统资源配置、系统加载和启动、系统运行的异常处理、数据和设备的备份与恢复等

适用范围	第二级及以上等级保护系统
访谈对象	安全监测专业负责人
评估对象	提供集中系统管理功能的系统
评估内容	应核查是否通过系统管理员对系统的资源和运行进行配置、控制和管理，包括用户身份识别、资源配置、系统加载和启动、系统运行的异常处理、数据和设备的备份与恢复等

评估参考：

1）应核查是否每月对设备的配置文件进行备份；应核查系统发生变动时是否及时备份。（金融 L4-SMC1-03）

2）应核查是否使用自动化监控平台对设备运行状况进行实时监测；应核查运维人员是否每天定期查看并记录系统运行状况。（金融 L4-SMC1-04）

3）应核查是否每月检验网络设备软件版本信息，并通过有效测试验证进行相应的升级；应核查是否具有网络设备软件版本升级测试验证相关记录。（金融 L4-SMC1-05）

4）大数据平台系统管理：大数据平台应为大数据应用提供管控其计算和存储资源使用状况的能力；大数据平台应对其提供的辅助工具或服务组件，实施有效管理；大数据平台应屏蔽计算、内存、存储资源故障，保障业务正常运行；大数据平台在系统维护、在线扩容等情况下，应保证大数据应用的正常业务处理能力。（大数据 7.5.1bcde）

MP1c 应对审计管理员进行身份鉴别，只允许其通过特定的命令或操作界面进行安全审计操作，并对这些操作进行审计

适用范围	第二级及以上等级保护系统
访谈对象	安全监测专业负责人
评估对象	综合安全审计系统、数据库审计系统等提供集中审计功能的系统
评估内容	1）应核查是相关系统否对审计管理员进行身份鉴别。 2）应核查是相关系统否只允许审计管理员通过特定的命令或操作界面进行安全审计操作。 3）应核查是相关系统否对安全审计操作进行审计

MP1d 应通过审计管理员对审计记录进行分析，并根据分析结果进行处理，包括根据安全审计策略对审计记录进行存储、管理和查询等

适用范围	第二级及以上等级保护系统
访谈对象	安全监测专业负责人
评估对象	综合安全审计系统、数据库审计系统等提供集中审计功能的系统
评估内容	应核查是否通过审计管理员对审计记录进行分析，并根据分析结果进行处理，包括根据安全审计策略对审计记录进行存储、管理和查询等

评估参考：

应核查是否严格限制审计数据的访问控制权限，限制管理用户对审计数据的访问；应核查管理用户和审计用户的权限是否分离。（金融 L4-SMC1-08）

MP1e 应对安全管理员进行身份鉴别，只允许其通过特定的命令或操作界面进行安全管理操作，并对这些操作进行审计

适用范围	第三级及以上等级保护系统
访谈对象	安全监测专业负责人
评估对象	提供集中安全管理功能的系统
评估内容	1）应核查相关系统是否对安全管理员进行身份鉴别。 2）应核查相关系统是否只允许安全管理员通过特定的命令或操作界面进行安全审计操作。 3）应核查相关系统是否对安全管理操作进行审计

MP1f 应通过安全管理员对系统中的安全策略进行配置，包括安全参数的设置，对主体、客体进行统一安全标记，对主体进行授权，配置可信验证策略等

适用范围	第三级及以上等级保护系统
访谈对象	安全监测专业负责人
评估对象	提供集中安全管理功能的系统
评估内容	应核查是否通过安全管理员对系统中的安全策略进行配置，包括安全参数的设置，对主体、客体进行统一安全标记，对主体进行授权，配置可信验证策略等

9.2　集中管控 MP2

业绩目标

实现网络安全状况的集中监测、安全事项的集中管理、审计数据的集中分析和各类安全事件的识别、报警和分析，并保证这些安全设备或安全组件的独立性和安全性。

评估准则

MP2a	应划分出特定的管理区域，对分布在网络中的安全设备或安全组件进行管控
MP2b	应能够建立一条安全的信息传输路径，对网络中的安全设备或安全组件进行管理
MP2c	**应对网络链路、安全设备、网络设备和服务器等的运行状况进行集中监测**
MP2d	**应对分散在各个设备上的审计数据进行收集汇总和集中分析，并保证审计记录的留存时间符合法律法规的要求**
MP2e	应对安全策略、恶意代码、补丁升级等安全相关事项进行集中管理
MP2f	**应能对网络中发生的各类安全事件进行识别、报警和分析**
MP2g	应保证系统范围内的时间由唯一确定的时钟产生，以保证各种数据的管理和分析在时间方面的一致性

MP2a 应划分出特定的管理区域，对分布在网络中的安全设备或安全组件进行管控

适用范围	第三级及以上等级保护系统
访谈对象	安全监测专业负责人
评估对象	网络拓扑图
评估内容	1）应核查相关单位和组织是否划分出单独的网络区域用于部署安全设备或安全组件。 2）应核查各个安全设备或安全组件是否被集中部署在单独的网络区域内

MP2b 应能够建立一条安全的信息传输路径，对网络中的安全设备或安全组件进行管理

适用范围	第三级及以上等级保护系统
访谈对象	安全监测专业负责人
评估对象	路由器、交换机和防火墙等设备或相关组件
评估内容	1）应核查相关单位和组织是否采用安全方式（如 SSH、HTTPS、IPSec VPN 等）对安全设备或安全组件进行管理。 2）应核查相关单位和组织是否使用独立的带外管理网络对安全设备或安全组件进行管理

MP2c 应对网络链路、安全设备、网络设备和服务器等的运行状况进行集中监测

适用范围	第三级及以上等级保护系统
访谈对象	安全监测专业负责人
评估对象	综合网络管理系统等提供运行状态监测功能的系统
评估内容	1）应核查相关单位和组织是否部署了具备运行状态监测功能的系统或设备，能够对网络链路、安全设备、网络设备和服务器等的运行状况进行集中监测。 2）应测试验证运行状态监测系统是否根据网络链路、安全设备、网络设备和服务器等的工作状态、依据设定的阈值（或默认阈值）进行实时报警
FOP 描述	运行监控措施缺失
评估场景	对网络链路、安全设备、网络设备和服务器等的运行状况无任何监控措施，相关设备发生故障后，相关人员无法及时对故障进行定位和处理
补偿因素	无
整改建议	建议部署统一监控平台或运维监控软件对网络链路、安全设备、网络设备和服务器等的运行状况进行集中监测

MP2d 应对分散在各个设备上的审计数据进行收集汇总和集中分析，并保证审计记录的留存时间符合法律法规的要求

适用范围	第三级及以上等级保护系统
访谈对象	安全监测专业负责人
评估对象	综合安全审计系统、数据库审计系统等提供集中审计功能的系统

适用范围	第三级及以上等级保护系统
评估内容	1）应核查各个设备是否配置并启用了相关策略，将审计数据发送到独立于设备自身的外部集中安全审计系统中。 2）应核查相关单位和组织是否部署了统一的集中安全审计系统，统一收集和存储各设备日志，并根据需要进行集中审计分析。 3）应核查审计记录的留存时间是否至少为 6 个月
FOP 描述	审计记录留存时间不符合相关规定
评估场景	关键网络设备、关键安全设备、关键主机设备（包括操作系统、数据库等）的重要操作、安全事件等的审计记录的留存时间不符合法律法规规定的相关要求
补偿因素	对于被测对象上线运行时间不足 6 个月的情况，评估员可从当前日志保存情况、日志备份策略、日志存储容量等角度进行综合风险分析，根据分析结果，酌情判定风险等级
整改建议	建议部署日志服务器，统一收集各设备的审计数据，进行集中分析，并根据法律法规的要求留存日志

评估参考：

1）应核查各个设备是否配置并启用了相关策略，将**安全事件**、审计数据发送到独立于设备自身的外部集中安全审计系统中。（金融 L4-SMC1-14）

2）大数据平台集中管控：应对大数据系统提供的各类接口的使用情况进行集中审计和监测，并在发生问题时提供报警。（大数据 7.5.4b）

MP2e 应对安全策略、恶意代码、补丁升级等安全相关事项进行集中管理

适用范围	第三级及以上等级保护系统
访谈对象	安全监测专业负责人
评估对象	提供集中安全管控功能的系统
评估内容	1）应核查相关单位和组织是否能够对安全策略（如防火墙访问控制策略、入侵保护系统防护策略、WAF 安全防护策略等）进行集中管理。 2）应核查相关单位和组织是否实现了对操作系统、防恶意代码系统及网络恶意代码防护设备的集中管理，是否实现了对防恶意代码病毒规则库的升级进行集中管理。 3）应核查相关单位和组织是否实现了对各个系统或设备的补丁升级进行集中管理

MP2f 应能对网络中发生的各类安全事件进行识别、报警和分析

适用范围	第三级及以上等级保护系统
访谈对象	安全监测专业负责人
评估对象	提供集中安全管控功能的系统、综合安全审计系统等
评估内容	1）应核查相关单位和组织是否部署了相关系统平台，对各类安全事件进行分析并通过声光等方式实时报警。 2）应核查监测范围是否能够覆盖网络所有关键路径
FOP 描述	安全事件发现处置措施缺失
评估场景	无法对网络中发生的网络攻击、恶意代码传播等安全事件进行识别、报警和分析

续表

适用范围	第三级及以上等级保护系统
补偿因素	对于与互联网完全物理隔离的系统，评估员可从网络管控措施、介质管控措施、应急措施等角度进行综合风险分析，根据分析结果，酌情判定风险等级
整改建议	建议根据系统场景需要，部署 IPS、应用防火墙、防毒墙（杀毒软件）、垃圾邮件网关、新型网络攻击防护等防护设备，对网络中发生的各类安全事件进行识别、报警和分析，确保相关安全事件能够被及时发现和处置

评估参考：

1）应核查是否部署了相关系统平台能够对各类安全事件进行分析、响应和处置，并通过声光等方式实时报警。（金融 L4-SMC1-16）

2）应核查是否具有对高频度发生的相同安全事件进行合并告警，避免出现告警风暴的能力。（金融 L4-SMC1-18）

3）应具备网络安全实时监测、态势感知、风险预警、统一展示和安全事件应急处置的能力。（广电 9.1.4.4f）

MP2g 应保证系统范围内的时间由唯一确定的时钟产生，以保证各种数据的管理和分析在时间方面的一致性

适用范围	第四级等级保护系统
访谈对象	安全监测专业负责人
评估对象	综合安全审计系统等
评估内容	应核查是否在系统范围内统一使用了唯一确定的时钟源

9.3 云计算集中管控 MP3

业绩目标

针对云计算平台实现网络安全的集中管控，包括资源统一管理调度和分配、管理流量和业务流量分离、审计数据的收集和集中审计、安全状况的集中监测等。

评估准则

MP3a	应能对物理资源和虚拟资源按照策略统一管理调度与分配
MP3b	应保证云计算平台管理流量与云服务客户业务流量分离
MP3c	应根据云服务供应商和云服务客户的职责划分，收集各自控制部分的审计数据并实现各自的集中审计
MP3d	应根据云服务供应商和云服务客户的职责划分，实现对虚拟化网络、虚拟机、虚拟化安全设备等的运行状况的集中监测

使用指引

MP3a 应能对物理资源和虚拟资源按照策略统一管理调度与分配

适用范围	第三级及以上等级保护系统
访谈对象	系统/云计算专业负责人
评估对象	资源调度平台、云管理平台或相关组件
评估内容	1）应核查是否有资源调度平台等提供资源统一管理调度与分配策略。 2）应核查资源调度平台是否能够按照上述策略对物理资源和虚拟资源进行统一管理调度与分配

MP3b 应保证云计算平台管理流量与云服务客户业务流量分离

适用范围	第三级及以上等级保护系统
访谈对象	系统/云计算专业负责人
评估对象	网络架构和云管理平台
评估内容	1）应核查能否采用带外管理或策略配置等方式实现管理流量和业务流量分离。 2）应测试验证云计算平台管理流量与业务流量是否分离

MP3c 应根据云服务供应商和云服务客户的职责划分，收集各自控制部分的审计数据并实现各自的集中审计

适用范围	第三级及以上等级保护系统
访谈对象	系统/云计算专业负责人
评估对象	云管理平台、综合审计系统或相关组件
评估内容	1）应核查是否根据云服务供应商和云服务客户的职责划分，实现各自控制部分审计数据的收集。 2）应核查云服务供应商和云服务客户是否能够实现各自的集中审计

MP3d 应根据云服务供应商和云服务客户的职责划分，实现对虚拟化网络、虚拟机、虚拟化安全设备等的运行状况的集中监测

适用范围	第三级及以上等级保护系统
访谈对象	系统/云计算专业负责人
评估对象	云管理平台或相关组件；云服务供应商、云服务客户、相关安全策略
评估内容	应核查是否根据云服务供应商和云服务客户的职责划分，实现对虚拟化网络、虚拟机、虚拟化安全设备等的运行状况的集中监测

评估参考：

1）应核查监控内容是否包括 CPU 利用率、带宽使用情况、内存利用率、存储使用情况等。（金融 L4-SMC2-04）

2）应核查云服务供应商是否对异常行为进行集中监控分析并告警；应核查是否可导出集中监控报告；应核查是否支持远程监控的可视化展示。（金融 L4-SMC2-05）

3）应核查云服务供应商是否制定相关安全策略，并持续监控设备、资源、服务以及安全措施的有效性；应核查云服务供应商是否形成相应的监控记录；应核查云服务供应商是否形成安全措施有效性的监控结果；应核查云服务供应商是否定期将监控结果提供给云服务客户，并形成记录文档。（金融 L4-MMS2-02）

9.4 安全事件处置 MP4

业 绩 目 标

　　制定并执行安全事件监测发现、通报预警、应急处置、根本原因分析和经验反馈的管理制度、工作流程和记录单，实现跨单位安全事件的联合防护和应急处置。

评 估 准 则

MP4a	应及时向安全管理部门报告所发现的安全弱点和可疑事件
MP4b	应制定安全事件报告和处置管理制度，明确不同安全事件的报告、处置和响应流程，规定安全事件的现场处理、事件报告和后期恢复等相关人员的管理职责
MP4c	应在安全事件报告和响应处理过程中，分析和鉴定事件产生的原因，收集证据，记录处理过程，总结经验教训
MP4d	对造成系统中断和造成信息泄漏的重大安全事件应采用不同的处理程序和报告程序
MP4e	应建立联合防护和应急预案管理机制，用以处置跨单位安全事件

使 用 指 引

MP4a 应及时向安全管理部门报告所发现的安全弱点和可疑事件

适用范围	第一级及以上等级保护系统
访谈对象	信息安全与保密专业负责人
评估对象	运维负责人和记录表单类文档
评估内容	1）应就相关单位和组织是否告知用户在发现安全弱点和可疑事件时及时向安全管理部门报告与运维负责人进行沟通。 2）应核查相关单位和组织是否有上报安全弱点和可疑事件的报告或相关文档

评估参考：
按照国家和行业相关规定及时上报网络安全事件和可疑事件。（广电 12.1.5.12 a）

MP4b 应制定安全事件报告和处置管理制度，明确不同安全事件的报告、处置和响应流程，规定安全事件的现场处理、事件报告和后期恢复等相关人员的管理职责

适用范围	第二级及以上等级保护系统
访谈对象	信息安全与保密专业负责人
评估对象	管理制度类文档

续表

适用范围	第二级及以上等级保护系统
评估内容	1）应核查在安全事件报告和处置管理制度中是否明确了相关人员的工作职责、不同安全事件的报告、处置和响应流程等。 2）对于第一级等级保护系统应明确安全事件的报告和处置流程，规定安全事件的现场处理、事件报告和后期恢复等相关人员的管理职责

评估参考：

运营者在关键信息基础设施发生重大网络安全事件或者发现重大网络安全威胁时，未按照有关规定向保护工作部门、公安机关报告的，由保护工作部门、公安机关依据职责责令改正，给予警告；拒不改正或者导致危害网络安全等后果的，处 10 万元以上 100 万元以下罚款，对直接负责的主管人员处 1 万元以上 10 万元以下罚款。（关基条例第四十条）

MP4c 应在安全事件报告和响应处理过程中，分析和鉴定事件产生的原因，收集证据，记录处理过程，总结经验教训

适用范围	第二级及以上等级保护系统
访谈对象	信息安全与保密专业负责人
评估对象	记录表单类文档
评估内容	应核查在安全事件报告和响应处置记录中是否记录了引发安全事件的原因、证据、处置过程、经验教训、补救措施等内容

评估参考：

1）发生网络安全事件，应当立即启动网络安全事件应急预案，对网络安全事件进行调查和评估，要求网络运营者采取技术措施和其他必要措施，消除安全隐患，防止危害扩大，并及时向社会发布与公众有关的警示信息。（网安法第五十五条）

2）应在安全事件报告和响应处理过程中，……，总结经验教训，制定防止再次发生的补救措施，过程形成的所有文件和记录均应妥善保存。（广电 12.1.5.12 c）

MP4d 对造成系统中断和造成信息泄漏的重大安全事件应采用不同的处理程序和报告程序

适用范围	第三级及以上等级保护系统
访谈对象	信息安全与保密专业负责人
评估对象	运维负责人和记录表单类文档
评估内容	1）应就不同安全事件的报告程序与运维负责人进行沟通。 2）应核查相关单位和组织针对重大安全事件是否制定了不同安全事件报告和处理流程，是否明确了具体的报告方式、报告内容、报告人等

评估参考：

发生或者可能发生个人信息泄露、篡改、丢失的，个人信息处理者应当立即采取补救措施，并通知履行个人信息保护职责的部门和个人。通知应当包括下列事项：（一）发生或者可能发生个人信息泄露、篡改、丢失的信息种类、原因和可能造成的危害；（二）个人信息处理者采取的补救措施和个人可以采取的减轻危害的措施；（三）个人信息处理者的联系方式。个人信息处理者采取措施能够有效避免信息泄露、篡改、丢失造成危害的，个人信息处理者可以不通知个人；履行个人信息保护职责的部门认为可能造成危害的，有权要求个人信息处理者通知个人。（个信法第五十七条）

MP4e 应建立联合防护和应急预案管理机制，用以处置跨单位安全事件

适用范围	第四级等级保护系统
访谈对象	信息安全与保密专业负责人
评估对象	安全管理员、管理制度类文档和记录表单类文档
评估内容	1）应就相关单位和组织是否建立了跨单位处置安全事件流程与安全管理员进行沟通。 2）应核查在跨单位安全事件报告和处置管理制度中是否包含联合防护和应急预案管理的相关内容

9.5　应急预案管理 MP5

业 绩 目 标

制定并执行统一的应急预案框架、重要事件应急预案和重大事件跨单位联合应急预案，定期开展针对应急预案的培训和应急演练，定期评估执行情况并修订完善应急预案。

评 估 准 则

MP5a	应规定统一的应急预案框架，包括启动预案的条件、应急组织构成、应急资源保障、事后教育和培训等内容
MP5b	**应制定重要事件的应急预案，包括应急处理流程、系统恢复流程等内容**
MP5c	**应定期对相关人员进行应急预案培训，开展应急预案演练**
MP5d	应定期对原有的应急预案进行重新评估、修订完善
MP5e	应建立重大安全事件的跨单位联合应急预案，并进行应急预案的演练

使 用 指 引

MP5a 应规定统一的应急预案框架，包括启动预案的条件、应急组织构成、应急资源保障、事后教育和培训等内容

适用范围	第三级及以上等级保护系统
访谈对象	信息安全与保密专业负责人
评估对象	管理制度类文档
评估内容	应核查应急预案框架是否包含启动应急预案的条件、应急组织构成、应急资源保障、事后教育和培训等内容
评估参考： 1）应核查业务处理系统应急预案的编制工作是否由相关业务部门和科技部门共同完成；应核查业务处理系统应急预案是否由预案涉及的相关机构进行签字确认。（金融 L4-MMS1-90）	

适用范围	第三级及以上等级保护系统
2）核查各电力企业应急相关制度、应急处理预案、应急演练方案、应急演练记录等应急响应相关文档，评估内容包括但不限于：应急相关制度是否合理、完整；是否制定了整体应急预案和针对各系统可行的应急预案；是否定期修订应急制度和应急预案；是否定期开展应急演练，演练记录是否详细完整。（电力 9.2.2a）	
3）应在统一的应急预案框架下制定不同事件的应急预案，包括启动应急预案的条件、应急组织构成、应急资源保障、应急处置流程、系统恢复流程、事后教育和培训等内容。（广电 12.1.5.13a）	

MP5b 应制定重要事件的应急预案，包括应急处理流程、系统恢复流程等内容

适用范围	第二级及以上等级保护系统
访谈对象	信息安全与保密专业负责人
评估对象	管理制度类文档；密码应用应急处置方案、应急处置记录类文档
评估内容	应核查相关单位和组织是否有针对重要事件的应急预案
FOP 描述	重要事件应急预案缺失
评估场景	1）未制定重要事件的应急预案。 2）应急预案内容不完整，未明确重要事件的应急处理流程、恢复流程等，一旦出现紧急事件，无法合理有序地进行应急事件处置
补偿因素	无
整改建议	建议根据系统实际情况，针对重要事件制定应急预案，明确重要事件的应急处理流程、系统恢复流程等，并开展应急预案演练

评估参考：

1）网络运营者应当制定网络安全事件应急预案，及时处置系统漏洞、计算机病毒、网络攻击、网络侵入等安全风险；在发生危害网络安全的事件时，立即启动应急预案，采取相应的补救措施，并按照规定向有关主管部门报告。（网安法第二十五条）

2）核查生产控制大区安全事件应急预案或包含相关内容的应急预案、应急操作手册、事件处理过程记录，评估内容包括但不限于：安全事件应急预案中是否包含上报上级主管部门、断开网络连接等应急技术措施、开展调查取证等相关内容，且符合相关要求；应急操作手册中操作流程和操作方法等内容是否描述详细，且具有可操作性；事件处理过程记录是否详细完整。（电力 9.2.2b）

3）应按照《广播电视网络安全事件应急预案》的要求，与本级广播电视行政主管部门建立信息通报和应急处置联动机制，制定信息通报和应急处置流程。（广电 12.1.2.4d）

4）密评指引——制定密码应用应急策略

4.1）基本要求：制定密码应用应急策略，做好应急资源准备，当密码应用安全事件发生时，立即启动应急处置措施，结合实际情况及时处置。（第三级到第四级）。（密评基 9.8a）

4.2）密评实施：核查是否根据密码应用安全事件等级制定了相应的密码应用应急策略并对应急策略进行评审，应急策略中是否明确了密码应用安全事件发生时的应急处理流程及其他管理措施，并遵照执行；若发生过密码应用安全事件，核查是否立即启动应急处置措施并具有相应的处置记录。（密评测 6.8.1）

MP5c 应定期对相关人员进行应急预案培训，并开展应急预案演练

适用范围	第二级及以上等级保护系统
访谈对象	信息安全与保密专业负责人
评估对象	运维负责人和记录表单类文档

适用范围	第二级及以上等级保护系统
评估内容	1）应就相关单位和组织是否定期对相关人员进行应急预案培训和演练与运维负责人进行沟通。 2）应核查应急预案培训记录是否包含培训对象、培训内容、培训结果等。 3）应核查应急预案演练记录是否包含演练时间、主要操作内容、演练结果等
FOP 描述	未对应急预案进行培训演练
评估场景	未定期（至少每年一次）对相关人员进行应急预案培训，未根据不同的应急预案进行演练，无法提供应急预案培训和演练记录
补偿因素	针对定级对象还未正式上线的情况，评估员可从培训演练制度、相关培训计划等角度进行综合风险分析，根据分析结果，酌情判定风险等级
整改建议	建议每年定期对相关人员进行应急预案培训与演练，并保留应急预案培训和演练记录

评估参考：

1）应**每年**对系统相关的人员进行应急预案培训，并进行应急预案的演练。（金融 L4-MMS1-92）

2）应访谈运维负责人在与第三方合作的业务中是否建立并完善了内部责任机制以及与相关机构之间的协调机制；应核查是否具有完整的应急预案及应急协调预案；应核查是否具有联合演练记录。（金融 L4-MMS1-95）

3）应访谈运维负责人是否由突发事件应急处置领导小组统一领导应急管理工作，指挥、决策重大应急处置事宜，并协调应急资源；应核查是否具有应急处置联络人名单并上报至本行业网络安全监管部门。（金融 L4-MMS1-96）

4）应核查突发事件管理相关制度是否明确要求突发事件应急处置领导小组应严格按照行业、机构的相关规定和要求对外发布信息，机构内其他部门或者个人不得随意接受新闻媒体采访或对外发表个人看法。（金融 L4-MMS1-97）

5）实施报告制度和启动应急预案的单位应当实行重大突发事件 24 小时值班制度。（金融 L4-MMS1-98）

6）应核查是否具有应急演练情况总结报告；应核查应急演练情况总结报告内容是否包括：内容、目的、总体方案、参与人员、准备工作、主要过程和关键时间点记录、存在的问题、后续改进措施及实施计划和演练结论。（金融 L4-MMS1-99）

7）应核查云服务提供商是否将应急预案提前告知云服务客户。（金融 L4-MMS2-03）

8）应组织相关的人员进行应急预案培训，应急预案的培训应至少每年举办一次；应组织相关的人员进行应急预案演练，应急预案的演练应至少每年举办一次。（广电 12.1.5.13c、d）

MP5d 应定期对原有的应急预案进行重新评估、修订完善

适用范围	第三级及以上等级保护系统
访谈对象	信息安全与保密专业负责人
评估对象	记录表单类文档
评估内容	应核查相关单位和组织是否定期评估并修订完善应急预案
评估参考	应定期对原有的应急预案重新评估和修订完善，根据系统变更、管理要求的变化等及时更新应急预案。（广电 12.1.5.13e）

MP5e 应建立重大安全事件的跨单位联合应急预案，并进行应急预案的演练

适用范围	第四级等级保护系统
访谈对象	信息安全与保密专业负责人
评估对象	运维负责人和记录表单类文档

续表

适用范围	第四级等级保护系统
评估内容	1）应就是否针对重大安全事件建立跨单位的应急预案并进行应急预案的演练与运维负责人进行沟通。 2）应核查相关单位和组织是否有针对重大安全事件跨单位的应急预案。 3）应核查跨单位应急预案演练记录是否包含演练时间、主要操作内容、演练结果等

评估参考：

　　保护工作部门应当按照国家网络安全事件应急预案的要求，建立健全本行业、本领域的网络安全事件应急预案，定期组织应急演练；指导运营者做好网络安全事件应对处置，并根据需要组织提供技术支持与协助。（关基条例第二十五条）

9.6　情报收集与利用 MP6

业 绩 目 标

　　明确网络安全情报工作负责人，建立网络安全情报收集利用工作流程，实现情报全面快速收集、威胁分析研判和行动计划部署，有效预防控制潜在的网络安全风险。

评 估 准 则

MP6a	应明确网络安全情报工作负责人，建立情报收集网络和情报员联系表
MP6b	应建立网络安全情报工作流程，包括收集、汇总、去重、相关性分析、潜在影响研判及应急行动决策和部署
MP6c	应评估和记录由情报驱动的应急行动计划的执行情况和效果，并进行经验反馈

使 用 指 引

MP6a 应明确网络安全情报工作负责人，建立情报收集网络和情报员联系表

适用范围	第二级及以上等级保护系统
访谈对象	信息安全与保密专业负责人
评估对象	工作程序、联系表等
评估内容	应就相关单位和组织是否书面明确了情报工作负责人，查看相关单位和组织是否有情报收集渠道和情报员联系表

评估参考：

　　1）国家支持网络运营者之间在网络安全信息收集、分析、通报和应急处置等方面进行合作，提高网络运营者的安全保障能力。有关行业组织建立健全本行业的网络安全保护规范和协作机制，加强对网络安全风险的分析评估，定期向会员进行风险警示，支持、协助会员应对网络安全风险。（网安法第二十九条）

　　2）国家网信部门统筹协调有关部门建立网络安全信息共享机制，及时汇总、研判、共享、发布网络安全威胁、漏洞、事件等信息，促进有关部门、保护工作部门、运营者以及网络安全服务机构之间的网络安全信息共享。（关基条例第二十三条）

MP6b 应建立网络安全情报工作流程，包括收集、汇总、去重、相关性分析、潜在影响研判及应急行动决策和部署

适用范围	第二级及以上等级保护系统
访谈对象	信息安全与保密专业负责人
评估对象	工作程序、执行记录表单等
评估内容	应就相关单位和组织是否正式发布了网络安全情报工作程序与情报工作负责人进行沟通，抽查实际执行记录，验证流程的执行有效性

MP6c 应评估和记录由情报驱动的应急行动计划的执行情况和效果，并进行经验反馈

适用范围	第二级及以上等级保护系统
访谈对象	信息安全与保密专业负责人
评估对象	评估报告、工作记录
评估内容	应就相关单位和组织是否有由情报驱动的应急行动计划的执行评估报告或记录与网络安全监测负责人进行沟通

9.7　值班值守 MP7

业 绩 目 标

　　通过建立和执行网络安全值班值守工作机制和电子化工作平台，实现对网络安全状态的实时监测、事件的即时处置、任务的按时完成、经验的反馈和能力的持续提升。

评 估 准 则

MP7a	应建立和执行网络安全值班值守工作机制，（重要敏感期）应实现 7×24 小时值班值守
MP7b	应编制值班值守监测日报，实现事件的即时处置和通报预警
MP7c	应建立值班值守情报信息和安全事件跟踪管理电子化工作平台，实现处置事件和工作任务的闭环跟踪

使 用 指 引

MP7a 应建立和执行网络安全值班值守工作机制，（重要敏感期）应实现 7×24 小时值班值守

适用范围	第三级及以上等级保护系统
访谈对象	网络安全监测专业负责人

适用范围	第三级及以上等级保护系统
评估对象	值班排班表，值班交接记录等
评估内容	1）应核查值班排班表，值班交接签字记录。 2）应抽查值班人员是否清楚值班岗位的工作责任和工作内容

评估参考：

1）应针对播出直接相关系统建立 7x24 网络安全监测制度，及时对网络安全事件进行监测和处理。（广电 12.1.5.6k）

2）安全播出重要保障期管理：在重要安全播出保障期前，应开展隐患排查，完善各项防范措施，并与相关单位部门建立协调联动机制，发生网络安全事件时，各负其责，快速处置。（广电 12.1.5.15a）

3）安全播出重要保障期管理：在重要安全播出保障期间，重点部门、重要岗位应建立 24 小时值班制度，并加强网络安全状态监测。（广电 12.1.5.15b）

4）核查各级电网调度控制中心、发电厂和变电站电力监控系统的监控措施、预警措施、人员巡视要求和记录、故障处理流程等，评估内容包括但不限于：是否部署了运行状态监控和故障预警措施；是否制定了人员巡视要求、故障处理流程等故障发现、处理、恢复相关的处理流程和管理办法，人员巡视记录是否完整。（电力 9.1.2c）

MP7b 应编制值班值守监测日报，实现事件的即时处置和通报预警

适用范围	第三级及以上等级保护系统
访谈对象	网络安全监测专业负责人
评估对象	日报处置工作流程程序文件；密码应用应急处置方案、安全事件报告、安全事件发生情况及处置情况报告
评估内容	1）应核查值班监测日报，查看出现情况时是否即时通知到相关责任人及处置情况的回复记录。 2）应核查遗留项是否明确了责任人、完成时间并持续跟踪直至处置关闭。 3）应核查相关人员是否按照网络安全信息通报工作机制进行通报和专项报告

评估参考：

1）国家建立网络安全监测预警和信息通报制度。国家网信部门应当统筹协调有关部门加强网络安全信息收集、分析和通报工作，按照规定统一发布网络安全监测预警信息。（网安法第五十一条）

2）关键信息基础设施发生重大网络安全事件或者发现重大网络安全威胁时，运营者应当按照有关规定向保护工作部门、公安机关报告。发生关键信息基础设施整体中断运行或者主要功能故障、国家基础信息以及其他重要数据泄露、较大规模个人信息泄露、造成较大经济损失、违法信息较大范围传播等特别重大网络安全事件或者发现特别重大网络安全威胁时，保护工作部门应当在收到报告后，及时向国家网信部门、国务院公安部门报告。（关基条例第十八条）

3）密评指引——密码应用事件处置

3.1）基本要求：事件发生后，及时向信息系统主管部门进行报告（第三级）；事件发生后，及时向信息系统主管部门及归属的密码管理部门进行报告（第四级）。（密评基 9.8b）

3.2）密评实施：核查密码应用安全事件发生后，是否及时向信息系统主管部门及归属的密码管理部门进行报告。（密评测 6.8.2）

4）密评指引——向有关主管部门上报密码应用事件处置情况

4.1）基本要求：事件处置完成后，及时向信息系统主管部门及归属的密码管理部门报告事件发生情况及处置情况（第三级到第四级）。（密评基 9.8c）

4.2）密评实施：核查密码应用安全事件处置完成后，是否及时向信息系统主管部门及归属的密码管理部门报告事件发生情况及处置情况，如事件处置完成后，向相关部门提交安全事件发生情况及处置情况报告。（密评测 6.8.3）

MP7c 应建立值班值守情报信息和安全事件跟踪管理电子化工作平台，实现处置事件和工作任务的闭环跟踪

适用范围	第三级及以上等级保护系统
访谈对象	网络安全监测专业负责人
评估对象	电子化跟踪系统、最新事件表
评估内容	应抽查值班人员是否使用情报信息和安全事件跟踪管理电子化工作平台，抽查情报信息和安全事件跟踪管理电子化工作平台近三天的使用情况

9.8 实战演练 MP8

业绩目标

通过邀请权威可信的网络安全专业机构，组织并管控专业攻击队伍开展全面或专项的实网实战攻击，全面深度发现网络安全弱项、隐患、风险和管理缺陷，为网络安全整改和能力提升提供针对性输入。

评估准则

MP8a	应制订年度实网实战攻防演练工作计划，包括全面的攻防演练、专项的渗透检测、攻防沙盘推演
MP8b	应与负责组织攻击或检测的安全专业机构签订实施合同和保密协议
MP8c	应开展专项复盘总结，列出问题清单、出现问题的根本原因和整改建议

使用指引

MP8a 应制订年度实网实战攻防演练工作计划，包括全面的攻防演练、专项的渗透检测、攻防沙盘推演

适用范围	第三级及以上等级防护系统
访谈对象	网络安全监测专业负责人
评估对象	工作计划表、专项报告；密码应用安全管理制度、密码应用安全性评估报告、攻防对抗演习报告、整改文档
评估内容	应查看相关单位和组织是否制订了年度攻防演练计划，演练目标是否明确，预算是否有保证

评估参考：

密评指引——定期开展密码应用安全性评估及攻防对抗演习

1）基本要求：在运行过程中，严格执行既定的密码应用安全管理制度，定期开展密码应用安全性评估及攻防对抗演习，并根据评估结果进行整改。（第三级到第四级）。（密评基 9.7e）

续表

适用范围	第三级及以上等级防护系统
2）密评实施：核查信息系统投入运行后，责任单位是否严格执行既定的密码应用安全管理制度，定期开展密码应用安全性评估及攻防对抗演习，并具有相应的密码应用安全性评估报告及攻防对抗演习报告；核查是否根据评估结果制定整改方案，并进行相应整改。（密评测 6.7.5）	

MP8b 应与负责组织攻击或检测的安全专业机构签订实施合同和保密协议

适用范围	第三级及以上等级保护系统
访谈对象	网络安全监测专业负责人
评估对象	合同、保密协议
评估内容	应核查有关实施合同和保密协议文档记录；核查参与攻击的队伍和个人的保密承诺
评估参考： 　　未经国家网信部门、国务院公安部门批准或者保护工作部门、运营者授权，任何个人和组织不得对关键信息基础设施实施漏洞探测、渗透性测试等可能影响或者危害关键信息基础设施安全的活动。对基础电信网络实施漏洞探测、渗透性测试等活动，应当事先向国务院电信主管部门报告。（关基条例第三十一条）	

MP8c 应开展专项复盘总结，列出问题清单、出现问题的根本原因和整改建议

适用范围	第三级及以上等级保护系统
访谈对象	网络安全监测专业负责人
评估对象	会议纪要、整改建议和工作报告等
评估内容	应核查攻击或检测复盘会议记录、问题清单和整改建议记录

9.9　研判整改 MP9

业绩目标

　　基于网络安全技术监测、管理巡视、检查审计和实战攻防等问题和风险，建立和执行网络安全态势研判和整改提升工作机制，实现网络安全防护能力全面持续有效的整改提升。

评估准则

MP9a	应建立和执行网络安全态势分析研判报告和例会工作机制
MP9b	应通过例行会议机制进行整改项的闭环跟踪、协调和管理，实现有效整改

使 用 指 引

MP9a 应建立和执行网络安全态势分析研判报告和例会工作机制

适用范围	第三级及以上等级保护系统
访谈对象	网络安全监测专业负责人
评估对象	会议纪要、工作程序
评估内容	1）查看网络安全监测和研判日报和周报，判断相关单位和组织是否实现了对网络安全监测的常态化研判和整改。 2）应核查相关单位和组织是否建立了网络安全态势研判例会工作机制，查看会议纪要或记录

MP9b 应通过例行会议机制进行整改项的闭环跟踪、协调和管理，实现有效整改

适用范围	第三级及以上等级保护系统
访谈对象	网络安全监测专业负责人
评估对象	工作记录、最新问题或未完成任务清单等
评估内容	1）应核查相关单位和组织是否制订了整改行动计划，抽查已完成任务的实际效果，抽查进展中任务的执行状态。 2）对于未按计划完成的任务（重大偏差），是否按照网络安全绩效考核规定进行考核

第 10 章 安全管理保障评估准则及使用指引

安全管理保障领域（SM）的业绩目标，就是按照体系化要求，建立健全网络安全策略和管理制度，明确组织机构、岗位设置和人员配备，明确网络安全授权和审批程序，加强内部和外部的沟通与协作，开展安全检查和审计监督，严格内外部人员录用、在岗和离岗管理及外部人员访问管理，开展网络安全教育和培训，从安全管理体系及其执行有效性等方面提供安全管理保障。

安全管理保障领域包括安全策略和管理制度（SM1）、岗位设置和人员配备（SM2）、授权审批和沟通合作（SM3）、安全检查和审计监督（SM4）、人员录用和离岗（SM5）、安全教育和培训（SM6）和外部人员访问管理（SM7）7 个子领域。本章详细介绍了安全管理保障 7 个子领域的业绩目标、评估准则及各评估项的使用指引，如图 10-1 所示。

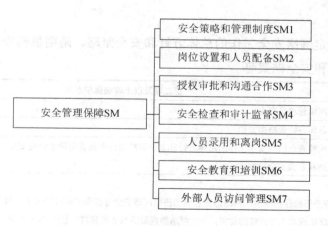

图 10-1 安全管理保障领域构成示意图

10.1 安全策略和管理制度 SM1

依据相关法律法规和业务要求，建立由安全策略、管理制度、操作规程和记录表单等构成的全面的网络安全管理制度体系，定期论证、审定、修订和正式发布安全策略和管理制度，为网络安全工作提供指导、支持和保障。

评 估 准 则

SM1a	应制定网络安全工作的总体方针和安全策略，阐明机构安全工作的总体目标、范围、原则和安全框架等
SM1b	**应针对安全管理活动中的各类管理内容建立安全管理制度**
SM1c	应针对管理人员或操作人员执行的日常管理操作建立操作规程
SM1d	应形成由安全策略、管理制度、操作规程、记录表单等构成的全面的安全管理制度体系
SM1e	应指定或授权专门的部门或人员负责安全管理制度的制定
SM1f	安全管理制度应通过正式、有效的方式发布，并进行版本控制
SM1g	应定期对安全管理制度的合理性和适用性进行论证和审定，对存在不足或需要改进的安全管理制度进行修订

使 用 指 引

SM1a 应制定网络安全工作的总体方针和安全策略，阐明机构安全工作的总体目标、范围、原则和安全框架等

适用范围	第二级及以上等级保护系统
访谈对象	网信管理负责人
评估对象	总体方针策略类文档
评估内容	应核查在网络安全工作的总体方针和安全策略文件中是否明确了机构安全工作的总体目标、范围、原则和各类安全策略

评估参考：

1）国家实行网络安全等级保护制度。网络运营者应当按照网络安全等级保护制度的要求，履行下列安全保护义务，保障网络免受干扰、破坏或者未经授权的访问，防止网络数据泄露或者被窃取、篡改：（一）制定内部安全管理制度和操作规程，确定网络安全负责人，落实网络安全保护责任；（二）采取防范计算机病毒和网络攻击、网络侵入等危害网络安全行为的技术措施；（三）采取监测、记录网络运行状态、网络安全事件的技术措施，并按照规定留存相关的网络日志不少于六个月；（四）采取数据分类、重要数据备份和加密等措施；（五）法律、行政法规规定的其他义务。（网安法第二十一条）

适用范围	第二级及以上等级保护系统

2）应制定**全机构范围网络安全工作的总体方针和安全策略，阐明机构安全工作的总体目标、范围、原则和安全框架等，并编制形成网络安全方针制度文件**。（金融 L4-PSS1-01）

3）核查各电力企业安全工作总体方针等包含安全管理工作的职能部门、主要责任人等相关内容的管理制度，包括但不限于：a）相关制度中是否明确了安全管理工作职能部门，负责安全防护工作的具体落实；b）是否确认了电力企业主要责任人是本单位信息安全第一责任人，对本单位的网络与信息安全负全面责任。（电力 10.1.2a）

4）大数据安全策略：应制定大数据安全工作的总体方针和安全策略，阐明本机构大数据安全工作的目标、范围、原则和安全框架等相关内容；大数据安全策略应覆盖数据生命周期相关的数据安全，内容至少包括目的、范围、岗位、责任、管理层承诺、内外部协调及合规性要求等。（大数据 7.6.1bc）

SM1b 应针对安全管理活动中的各类管理内容建立安全管理制度

适用范围	第二级及以上等级保护系统
访谈对象	网信管理负责人
评估对象	安全管理制度类文档
评估内容	1）应核查各项安全管理制度是否包含物理、网络、主机系统、数据、应用、建设和运维等管理内容。 2）对于第一级等级保护系统，应建立日常管理活动中常用的安全管理制度
FOP 描述	管理制度缺失
评估场景	未建立任何与安全管理活动相关的管理制度或相关管理制度无法适用于当前定级对象
补偿因素	无
整改建议	建议按照等级保护的相关要求，建立包括总体方针、安全策略在内的各类与安全管理活动相关的管理制度

评估参考：

1）个人信息处理者应当根据个人信息的处理目的、处理方式、个人信息的种类以及对个人权益的影响、可能存在的安全风险等，采取下列措施确保个人信息处理活动符合法律、行政法规的规定，并防止未经授权的访问以及个人信息泄露、篡改、丢失：（一）制定内部管理制度和操作规程；（二）对个人信息实行分类管理；（三）采取相应的加密、去标识化等安全技术措施；（四）合理确定个人信息处理的操作权限，并定期对从业人员进行安全教育和培训；（五）制定并组织实施个人信息安全事件应急预案；（六）法律、行政法规规定的其他措施。（个信法第五十一条）

2）应建立对门户网站内容发布的审核、管理和监控机制：访谈信息/网络安全主管是否建立了门户网站内容发布的审核、管理和监控机制；核查是否具有门户网站内容发布的审核记录。（金融 L4-ORS1-22）

3）核查各电力企业电力监控系统安全管理制度，包括但不限于：a）安全管理制度体系是否符合运营单位自身需求；b）是否制定了安全工作的总体方针和安全策略，落实了安全管理责任；c）日常安全生产管理制度中是否包含电力监控系统安全防护、向上级单位信息报送、所辖范围内计算机和数据网络管理的相关内容。（电力 10.1.2b）

4）应对安全管理活动中的各类管理内容建立安全管理制度，从安全组织、安全责任、访问控制、系统设计、系统建设、系统验收、系统运维、应急处置、人员管理、文件档案管理、审核检查等方面规范各项网络安全管理工作。（广电 12.1.1.2a）

5）密评指引——具备密码应用安全管理制度

5.1）基本要求：具备密码应用安全管理制度，包括密码人员管理、密钥管理、建设运行、应急处置、密码软硬件及介质管理等制度。（第一级到第四级）。（密评基 9.5a）

5.2）密评实施：核查各项安全管理制度是否包括密码人员管理、密钥管理、建设运行、应急处置、密码软硬件及介质管理等制度。（密评测 6.5.1）

适用范围	第二级及以上等级保护系统
5.3）缓解措施：无。（密评高 10.1d）	
5.4）风险评价：未建立任何与密码应用安全管理活动相关的管理制度，或相关管理制度不适用于当前被测信息系统，一旦被威胁利用后，可能会导致信息系统面临高等级安全风险。（密评高 10.1e）	

SM1c 应针对管理人员或操作人员执行的日常管理操作建立操作规程

适用范围	第二级及以上等级保护系统
访谈对象	信息安全与保密专业负责人
评估对象	安全管理制度类文档、操作规程类文档、记录表单类文档
评估内容	应核查相关单位和组织是否有日常管理操作的操作规程，如系统维护手册和用户操作规程等

评估参考：

1）核查电力监控系统及设备运维单位的安全防护管理制度、运维操作流程、设备操作规程、运维人员岗位职责、自评估报告、整改方案等文档，评估日常运维和安全防护管理情况，评估内容包括但不限于：a）是否制定了日常运维和安全防护的相关管理制度、操作规程等管理措施，并依照执行，定期修订；b）是否定期开展运行分析和自评估工作，实现隐患排查整改闭环。（电力 10.4.2e）

2）密评指引——建立操作规程

2.1）基本要求：对管理人员或操作人员执行的日常管理操作建立操作规程。（第二级到第四级）。（密评基 9.5c）

2.2）密评实施：核查是否对密码相关管理人员或操作人员的日常管理操作建立操作规程。（密评测 6.5.3）

3）密评指引--制度执行过程记录留存

3.1）基本要求：具有密码应用操作规程的相关执行记录并妥善保存。（第三级到第四级）。（密评基 9.5f）

3.2）密评实施：核查是否具有密码应用操作规程执行过程中留存的相关执行记录文件。（密评测 6.5.6）

SM1d 应形成由安全策略、管理制度、操作规程、记录表单等构成的全面的安全管理制度体系

适用范围	第三级及以上等级保护系统
访谈对象	网信管理负责人
评估对象	总体方针策略类文档、管理制度类文档、操作规程类文档和记录表单类文档
评估内容	应核查总体方针策略文件、管理制度和操作规程、记录表单是否全面且具有关联性和一致性

SM1e 应指定或授权专门的部门或人员负责安全管理制度的制定

适用范围	第二级及以上等级保护系统
访谈对象	网信管理负责人
评估对象	部门/人员职责文件等
评估内容	应核查相关单位和组织是否由专门的部门或人员负责制定安全管理制度

评估参考：

1）应核查适用全机构范围的安全管理制度是否在金融机构总部的总体负责下统一制定；应核查各分支机构是否制定了适用辖内的安全管理制度。（金融 L4-PSS1-05）

2）核查电力监控系统系统及设备的规划设计、研究开发、施工建设、安装调试、系统改造、运行管理、退役报废等全生命周期各阶段的安全管理制度、操作流程图等安全管理措施相关文档，评估是否制订了有针对性的详细可行的管理制度及相关文档，且定期修订。（电力 10.4.2a）

SM1f 安全管理制度应通过正式、有效的方式发布，并进行版本控制

适用范围	第二级及以上等级保护系统
访谈对象	网信管理负责人
评估对象	安全管理制度类文档、操作规程类文档、记录表单类文档
评估内容	1）应核查制度制定和发布要求管理文档是否包含安全管理制度的制定和发布程序、格式要求及版本编号等相关内容。 2）应核查安全管理制度的收发登记记录是否通过正式、有效的方式收发，如正式发文、领导签署和单位盖章等

评估参考：

密评指引——明确管理制度发布流程

1）基本要求：明确相关密码应用安全管理制度和操作规程的发布流程并进行版本控制。（第三级到第四级）。（密评基 9.5e）

2）密评实施：核查相关密码应用安全管理制度和操作规程是否具有相应明确的发布流程和版本控制。（密评测 6.5.5）

SM1g 应定期对安全管理制度的合理性和适用性进行论证和审定，对存在不足或需要改进的安全管理制度进行修订

适用范围	第二级及以上等级保护系统
访谈对象	网信管理负责人
评估对象	信息/网络安全负责人和记录表单类文档；安全管理制度类文档、操作规程类文档、记录表单类文档
评估内容	1）应就相关单位是否定期对安全管理制度的合理性和适用性进行审定与信息/网络安全负责人进行沟通。 2）应核查相关单位和组织是否有安全管理制度的审定或论证记录，如果对制度做过修订，核查是否有修订版本的安全管理制度

评估参考：

1）应及时更新安全管理制度和操作规程，并进行版本控制。（广电 12.1.1.4b）

2）密评指引——定期修订安全管理制度

2.1）基本要求：定期对密码应用安全管理制度和操作规程的合理性和适用性进行论证和审定，对存在不足或需要改进之处进行修订。（第三级到第四级）。（密评基 9.5d）

2.2）密评实施：核查是否定期对密码应用安全管理制度和操作规程的合理性和适用性进行论证和审定；对经论证和审定后存在不足或需要改进的密码应用安全管理制度和操作规程，核查是否具有修订记录。（密评测 6.5.4）

10.2　岗位设置和人员配备 SM2

业绩目标

建立网络安全管理组织架构，设立关键岗位，配备合适的人员，建立和执行领导有力、职责明确、分工协作的网络安全责任机制和工作机制。

评估准则

SM2a	应成立指导和管理网络安全工作的委员会或领导小组，其最高负责人由单位主管领导担任或授权
SM2b	应设立网络安全管理工作的职能部门，设立安全管理等各个方面的负责人岗位，并明确其职责
SM2c	应设立系统管理员、审计管理员和安全管理员等岗位，并明确其职责
SM2d	应配备一定数量的系统管理员、审计管理员和安全管理员等
SM2e	应配备专职安全管理员，不可兼任
SM2f	关键事务岗位应配备多人共同管理
SM2g	各级组织和人员均应有效履行自身网络安全责任，与他人高效协作开展工作

使用指引

SM2a 应成立指导和管理网络安全工作的委员会或领导小组，其最高负责人由单位主管领导担任或授权

适用范围	第三级及以上等级保护系统
访谈对象	网信管理负责人
评估对象	信息/网络安全负责人、管理制度类文档和记录表单类文档
评估内容	1）应就相关单位和组织是否成立了指导和管理网络安全工作的委员会或领导小组与信息/网络安全负责人进行沟通。 2）应核查相关文档是否明确了网络安全工作委员会或领导小组构成情况和相关职责。 3）应核查委员会或领导小组的最高负责人是否由单位主管领导担任或由其进行了授权
FOP 描述	未建立网络安全领导小组
评估场景	未成立指导和管理信息安全工作的委员会或领导小组，或其最高负责人未由单位主管领导担任或授权
补偿因素	无
整改建议	建议成立指导和管理网络安全工作的委员会或领导小组，其最高负责人由单位主管领导担任或授权

评估参考：

1）应访谈信息/网络安全主管是否建立了网络安全管理工作实行统一领导、分级管理模式；应核查相关制度文档是否明确了总部统一领导分支机构的网络安全管理，各机构负责本单位和辖内的网络安全管理。（金融 L4-ORS1-01）

2）应设立由本机构领导、业务与技术相关部门主要负责人组成的网络安全工作的委员会或领导小组，其最高领导由单位主管领导担任或授权，负责协调本机构及辖内网络安全管理工作，决策本机构及辖内网络安全重大事宜。（金融 L4-ORS1-02）

3）并通过正式文件发布。（广电 12.1.2.1a）；网络安全管理工作的职能部门负责网络安全各项工作的组织和落实。（广电 12.1.2.1b）

SM2b 应设立网络安全管理工作的职能部门，设立安全管理等各个方面的负责人岗位，并明确其职责

适用范围	第二级及以上等级保护系统
访谈对象	网信管理负责人

适用范围	第二级及以上等级保护系统
评估对象	信息/网络安全负责人和管理制度类文档
评估内容	1）应就相关单位和组织是否设立了负责网络安全管理工作的职能部门与信息/网络安全负责人进行沟通。 2）应核查部门职责文档是否明确了网络安全管理工作的职能部门和各负责人的职责。 3）应核查岗位职责文档中是否有岗位划分情况和岗位职责

评估参考：

1）关键信息基础设施的运营者还应当：设置专门安全管理机构和安全管理负责人，并对该负责人和关键岗位的人员进行安全背景审查。（网安法第三十四条）

2）处理个人信息达到国家网信部门规定数量的个人信息处理者应当指定个人信息保护负责人，负责对个人信息处理活动以及采取的保护措施等进行监督。个人信息处理者应当公开个人信息保护负责人的联系方式，并将个人信息保护负责人的姓名、联系方式等报送履行个人信息保护职责的部门。（个信法第五十二条）

3）掌握超过 100 万用户个人信息的网络平台运营者赴国外上市，必须向网络安全审查办公室申报网络安全审查。（网安审第七条）

4）运营者应当设置专门安全管理机构，并对专门安全管理机构负责人和关键岗位人员进行安全背景审查。审查时，公安机关、国家安全机关应当予以协助。（关基条例第十四条）

5）专门安全管理机构具体负责本单位的关键信息基础设施安全保护工作，履行下列职责：（一）建立健全网络安全管理、评价考核制度，拟订关键信息基础设施安全保护计划；（二）组织推动网络安全防护能力建设，开展网络安全监测、检测和风险评估；（三）按照国家及行业网络安全事件应急预案，制定本单位应急预案，定期开展应急演练，处置网络安全事件；（四）认定网络安全关键岗位，组织开展网络安全工作考核，提出奖励和惩处建议；（五）组织网络安全教育、培训；（六）履行个人信息和数据安全保护责任，建立健全个人信息和数据安全保护制度；（七）对关键信息基础设施设计、建设、运行、维护等服务实施安全管理；（八）按照规定报告网络安全事件和重要事项。（关基条例第十五条）

6）核查各电力企业安全管理职能部门组织结构、岗位职责等相关文档，包括但不限于：a）安全管理职能部门组织结构及相关文档中是否明确设立安全主管、安全管理等岗位，是否配备一定数量的安全管理员、系统管理员和安全审计员，数字证书系统等关键系统及设备配备了专门管理员，是否明确岗位职责、分工和技能要求；b）是否存在安全管理员由其他岗位人员兼任的情况。（电力 10.2.2a）

SM2c 应设立系统管理员、审计管理员和安全管理员等岗位，并明确其职责

适用范围	第二级及以上等级保护系统
访谈对象	网信管理负责人
评估对象	信息/网络安全负责人和管理制度类文档
评估内容	1）应相关单位和组织是否进行了安全管理岗位的划分与信息/网络安全负责人进行沟通。 2）应核查岗位职责文档是否明确了各部门及各岗位职责。 3）对于第一级等级保护系统，相关单位和组织应设立系统管理员等岗位，并明确各个工作岗位的职责

评估参考：

1）应访谈信息/网络安全主管是否设立了专门的网络安全审计岗位；应核查岗位职责文档是否明确了网络安全岗位的职责，包括负责网络安全审计制度和流程的实施，制订和执行网络安全审计计划，对网络安全整个生命周期和重大事件等进行审计。（金融 L4-ORS1-05）

适用范围	第二级及以上等级保护系统
2）应访谈信息/网络安全主管是否实现前后台分离、开发与操作分离、技术与业务分离；应核查岗位职责文档是否明确了信息科技人员任职要专岗专责，不得由业务人员兼任，也不得兼任业务职务。（金融 L4-ORS1-06）	
3）应访谈信息/网络安全主管，网络安全管理部门外的其他部门是否指定至少一名部门网络安全员；应核查岗位职责文档是否明确了部门网络安全员需协助网络安全管理部门开展本部门的网络安全管理工作。（金融 L4-ORS1-07）	

SM2d 应配备一定数量的系统管理员、审计管理员和安全管理员等

适用范围	第二级及以上等级保护系统
访谈对象	网信管理负责人
评估对象	信息/网络安全负责人和记录表单类文档
评估内容	1）应就相关单位和组织是否配备了系统管理员、审计管理员和安全管理员与信息/网络安全负责人进行沟通。 2）应核查人员配备文档是否明确了各岗位人员配备情况。 3）对于第一级等级保护系统，相关单位和组织应配备一定数量的系统管理员等

SM2e 应配备专职安全管理员，不可兼任

适用范围	第三级及以上等级保护系统
访谈对象	网信管理负责人
评估对象	记录表单类文档
评估内容	应核查人员配备文档是否明确了配备专职安全管理员

SM2f 关键事务岗位应配备多人共同管理

适用范围	第四级等级保护系统
访谈对象	网信管理负责人
评估对象	信息/网络安全负责人和记录表单类文档
评估内容	1）应就相关单位和组织是否在关键岗位配备了多人与信息/网络安全负责人进行沟通。 2）应核查人员配备文档中是否明确了在关键岗位配备多人

评估参考：

1）应访谈信息/网络安全主管是否定期对网络安全重要岗位人员进行轮换；应核查人员配备文档是否具有网络安全重要岗位人员轮换记录。（金融 L4-ORS1-11）

2）核查地市及以上电网调度控制中心硬件设施、包含调控人员组织结构和人员职责等内容的文档、发电厂和变电站的关键设备和备份数据等，评估是否在实时数据采集、自动化系统、调度场所、调度控制职能、调控人员等层面存在单系统、单场地、单人单岗的无备用情况。（电力 9.1.2a）

SM2g 各级组织和人员均应有效履行自身网络安全责任，与他人高效协作开展工作

适用范围	第二级及以上等级保护系统
访谈对象	网信管理负责人
评估对象	会议纪要、跟踪表、记录表单等
评估内容	应核查网络安全领导小组、专职部门、专职安全管理岗位的例行会议机制、会议记录和行动事项闭环跟踪完成情况，抽查系统管理员和审计管理员履责工作记录

10.3　授权审批和沟通合作 SM3

业绩目标

制定并执行各部门和岗位对网络安全事项的授权审批程序、管理流程和记录表单，建立和维持内部各部门之间及与外部单位的沟通与合作机制，及时发现、预测、分析和处置网络安全问题。

评估准则

SM3a	应根据各个部门和岗位的职责明确授权审批事项、审批部门和批准人等
SM3b	应针对系统变更、重要操作、物理访问和系统接入等事项建立审批程序，按照审批程序执行审批过程，针对重要活动建立逐级审批制度
SM3c	应定期审查审批事项，及时更新需授权和审批的项目、审批部门和审批人等信息
SM3d	应加强各类管理人员、组织内部机构和网络安全管理部门之间的合作与沟通，定期召开协调会议，共同协作处理网络安全问题
SM3e	应加强与网络安全职能部门、各类供应商、业界专家及安全组织的合作与沟通
SM3f	应建立外联单位联系列表，联系列表应包括外联单位名称、合作内容、联系人和联系方式等信息

使用指引

SM3a 应根据各个部门和岗位的职责明确授权审批事项、审批部门和批准人等

适用范围	第一级及以上等级保护系统
访谈对象	网信管理负责人
评估对象	管理制度类文档和记录表单类文档
评估内容	1）应核查部门职责文档中是否明确了各部门审批事项。 2）应核查岗位职责文档中是否明确了各岗位审批事项

评估参考：

大数据平台授权和审批：数据的采集应获得数据源管理者的授权,确保符合数据收集最小化原则；应建立数据导入、导出、集成、分析、交换、交易、共享及公开的授权审批控制流程，赋予数据活动主体的最小操作权限，最小数据集和权限有效时长，依据流程实施相关控制并记录过程，及时回收过期的数据访问权限；应建立跨境数据的评估、审批及监管控制流程，并依据流程实施相关控制并记录过程。（大数据 7.7.3bcd）

SM3b 应针对系统变更、重要操作、物理访问和系统接入等事项建立审批程序，按照审批程序执行审批过程，针对重要活动建立逐级审批制度

适用范围	第三级及以上等级保护系统
访谈对象	网信管理负责人
评估对象	操作规程类文档和记录表单类文档
评估内容	1）应核查系统变更、重要操作、物理访问和系统接入等事项的操作规范中是否明确了逐级审批程序。 2）应核查审批记录、操作记录是否与相关制度要求一致。 3）对于第二级等级保护系统，相关单位和组织应对系统变更、重要操作、物理访问和系统接入等事项进行审批

评估参考：
应核查系统投入运行、重要资源（如敏感数据等资源）的访问、系统变更、重要操作、物理访问和系统接入等事项的操作规范是否明确建立了逐级审批程序。（金融 L4-ORS1-13）

SM3c 应定期审查审批事项，及时更新需授权和审批的项目、审批部门和审批人等信息

适用范围	第三级及以上等级保护系统
访谈对象	网信管理负责人
评估对象	信息/网络安全负责人和记录表单类文档
评估内容	1）应就相关单位和组织是否对各类审批事项进行更新与信息/网络安全负责人进行沟通。 2）应核查相关单位和组织是否具有定期审查审批事项的记录

评估参考：
1）应访谈信息/网络安全主管是否根据最小权限原则对用户授权，重要岗位的员工之间是否形成相互制约的关系；应核查是否具有权限变更的相关审批流程和完整的变更记录。（金融 L4-ORS1-15）

2）应访谈信息/网络安全主管是否建立系统用户及权限清单并核查相关文档；应核查是否具有定期对员工权限进行检查核对的记录；对于在核查核对中发现越权用户、过期用户的，应核查是否及时调整越权用户权限或清理过期用户权限。（金融 L4-ORS1-16）

3）播出直接相关操作系统和应用系统的补丁更新应由部门负责人审批通过后方可实施。（广电 12.1.2.3d）

SM3d 应加强各类管理人员、组织内部机构和网络安全管理部门之间的合作与沟通，定期召开协调会议，共同协作处理网络安全问题

适用范围	第二级及以上等级保护系统
访谈对象	网信管理负责人
评估对象	信息/网络安全负责人和记录表单类文档
评估内容	1）应就相关单位和组织是否建立了各类管理人员、组织内部机构和网络安全管理部门之间的合作与沟通机制与信息/网络安全负责人进行沟通。 2）应核查会议记录是否明确了在各类管理人员、组织内部机构和网络安全管理部门之间开展合作与沟通

SM3e 应加强与网络安全职能部门、各类供应商、业界专家及安全组织的合作与沟通

适用范围	第二级及以上等级保护系统
访谈对象	网信管理负责人
评估对象	信息/网络安全负责人和记录表单类文档
评估内容	1) 应就相关单位和组织是否建立了与网络安全职能部门、各类供应商、业界专家及安全组织的合作与沟通机制与信息/网络安全负责人进行沟通。 　　2) 应核查相关单位和组织是否与网络安全职能部门、各类供应商、业界专家及安全组织开展了合作与沟通
评估参考：	
应加强与行业内外相关网络安全职能部门、各类供应商、业界专家及安全组织的合作与沟通（广电 12.1.2.4b）	

SM3f 应建立外联单位联系列表，联系列表应包括外联单位名称、合作内容、联系人和联系方式等信息

适用范围	第二级及以上等级保护系统
访谈对象	信息安全与保密专业负责人
评估对象	记录表单类文档
评估内容	应核查外联单位联系列表是否记录了外联单位名称、合作内容、联系人和联系方式等信息

10.4　安全检查和审计监督 SM4

业绩目标

　　定期开展常规和全面安全检查与审计监督，及时发现、报告和通报网络安全问题和网络安全风险，分析出现网络安全问题和网络安全风险的根本原因，制订整改计划，开展经验反馈，确保及时发现和有效整改网络安全问题，控制和预防网络安全风险。

评估准则

SM4a	应定期进行常规安全检查，检查内容包括系统日常运行、系统漏洞和数据备份等情况
SM4b	应定期进行全面安全检查，检查内容包括现有安全设计措施的有效性、安全配置与安全策略的一致性、安全管理制度的执行情况等
SM4c	应制定安全检查表格，实施安全检查，汇总安全检查数据，形成安全检查报告，并对安全检查结果进行通报
SM4d	应建立和执行内部和外部独立的网络安全专项审计工作机制
SM4e	应对安全检查与审计监督发现的问题或风险进行根本原因分析，开展经验反馈，对整改计划执行的有效性进行检查和监督

使 用 指 引

SM4a 应定期进行常规安全检查，检查内容包括系统日常运行、系统漏洞和数据备份等情况

适用范围	第二级及以上等级保护系统
访谈对象	信息安全与保密专业负责人
评估对象	信息/网络安全负责人和记录表单类文档
评估内容	1）应就相关单位和组织是否定期进行了常规安全检查与信息/网络安全负责人进行沟通。 2）应核查常规安全检查记录是否包含系统日常运行、系统漏洞和数据备份等信息

SM4b 应定期进行全面安全检查，检查内容包括现有安全设计措施的有效性、安全配置与安全策略的一致性、安全管理制度的执行情况等

适用范围	第三级及以上等级保护系统
访谈对象	信息安全与保密专业负责人
评估对象	信息/网络安全负责人和记录表单类文档
评估内容	1）应就相关单位和组织是否定期进行了全面安全检查与信息/网络安全负责人进行沟通。 2）应核查全面安全检查记录是否包括了现有安全设计措施的有效性、安全配置与安全策略的一致性、安全管理制度的执行情况等

评估参考：

大数据审核和检查：应定期对个人信息安全保护措施的有效性进行常规安全检查。（大数据7.7.5b）

SM4c 应制定安全检查表格实施安全检查，汇总安全检查数据，形成安全检查报告，并对安全检查结果进行通报

适用范围	第三级及以上等级保护系统
访谈对象	信息安全与保密专业负责人
评估对象	记录表单类文档
评估内容	应核查相关单位和组织是否有安全检查表格、安全检查记录、安全检查报告、安全检查结果通报记录

评估参考：

要求限期整改的需要对相关整改情况进行后续跟踪，并将每次安全检查报告和整改落实情况整理汇总后，对安全检查结果进行通报并报上一级机构科技部门备案；核查是否具有安全检查表格、安全检查记录、安全检查报告、安全检查结果通报记录和报上一级机构科技部门备案的记录；对于安全检查后要求限期整改的，核查是否具有整改落实情况相关记录文档。（金融L4-ORS1-23）

SM4d 应建立和执行内部和外部独立的网络安全专项审计工作机制

适用范围	第二级及以上等级保护系统
访谈对象	网信管理负责人
评估对象	审计记录文档
评估内容	应检查相关单位和组织是否开展了年度例行的内部和外部独立的网络安全专项审计，是否有审计通知、审计方案、审计记录、审计报告和审计结果及整改措施等

SM4e 应对安全检查与审计监督发现的问题或风险进行根本原因分析，开展经验反馈，对整改计划执行的有效性进行检查和监督

适用范围	第二级及以上等级保护系统
访谈对象	网信管理负责人
评估对象	相关方案、报告和会议记录
评估内容	应核查相关单位和组织是否针对已发现的网络安全问题或风险进行了专门的根本原因分析并制订了整改计划

10.5　人员录用和离岗 SM5

业 绩 目 标

制定并执行人员录用和离岗的安全要求、管理流程和记录表单，通过人员录用、审查和考核，签署保密协议、岗位责任协议，关键岗位人员选拔，管控调离和离岗权限及保密承诺等，有效控制人员录用和离岗产生的网络安全风险。

评 估 准 则

SM5a	应指定或授权专门的部门或人员负责人员录用
SM5b	应对被录用人员的身份、安全背景、专业资格或资质等进行审查，对其所具有的技术技能进行考核
SM5c	应与被录用人员签署保密协议，与关键岗位人员签署岗位责任协议
SM5d	应从内部人员中选拔在关键岗位任职的人员
SM5e	应及时终止离岗人员的所有访问权限，取回各种身份证件、钥匙、徽章等，以及机构提供的软硬件设备
SM5f	应严格调离手续的审批流程，调离人员在承诺履行调离后的保密义务后方可离开

使 用 指 引

SM5a 应指定或授权专门的部门或人员负责人员录用

适用范围	第一级及以上等级保护系统
访谈对象	网信管理负责人
评估对象	信息/网络安全负责人
评估内容	应就相关单位和组织是否由专门的部门或人员负责人员的录用与信息/网络安全负责人进行沟通

SM5b 应对被录用人员的身份、安全背景、专业资格或资质等进行审查，对其所具有的技术技能进行考核

适用范围	第三级及以上等级保护系统
访谈对象	网信管理负责人
评估对象	管理制度类文档和记录表单类文档
评估内容	1）应核查人员安全管理文档是否说明了录用人员应具备的条件（如学历、学位要求，技术人员应具备的专业技术水平，管理人员应具备的安全管理知识等）。 2）应核查相关单位和组织是否有对录用人员的身份、安全背景、专业资格或资质等进行审查的相关文档或记录等，相关文档和包含中是否包含审查内容和审查结果等。 3）应核查人员录用时的技能考核文档或记录中是否记录了考核内容和考核结果等。 4）对于二级等级保护系统。相关单位和组织应对被录用人员的身份、安全背景、专业资格或资质等进行审查

评估参考：

1）应核查是否有网络安全管理人员的备案制度；应核查相关备案记录，网络安全管理人员的配备变更情况是否报上一级科技部门备案，金融机构总部网络安全管理人员是否在总部科技部门备案。（金融 L4-HRS1-05）

2）应核查网络安全管理人员是否无因违反国家法律法规和金融机构有关规定而受到处罚或处分的记录。（金融 L4-HRS1-06）

3）核查电力监控系统安全防护的管理、运行、维护、使用等人员录用时的审查记录、保密协议、人员离岗管理制度、人员离岗后取消访问权限和回收软硬件设备的记录、各岗位人员安全技能及安全认知考核记录、安全培训教育记录、厂家维护及评估检测等第三方人员访问管理制度和访问受控区域记录等，包括但不限于：a）在人员录用时是否进行身份、背景、专业资格等方面的审查；b）是否与安全管理员、系统管理员、网络管理员等关键岗位的人员签署保密协议；c）是否取消离岗人员访问权限和回收软硬件设备，关键岗位人员离岗前是否签订了保密协议；d）是否对各岗位人员定期开展安全意识教育和安全技术培训；e）是否制定了厂家维护、评估检测等第三方人员访问管理制度或相关规范。（电力 10.2.2b）

4）应规范人员录用过程，对被录用人员的身份、安全背景、专业资格或资质等进行审查，对其所具有的技术技能进行考核。（广电 12.1.3.1b）

SM5c 应与被录用人员签署保密协议，与关键岗位人员签署岗位责任协议

适用范围	第三级及以上等级保护系统
访谈对象	网信管理负责人
评估对象	记录表单类文档、安全管理制度类文档、系统相关人员（包括系统负责人、安全主管、密钥管理员、密码审计员、密码操作员等）
评估内容	1）应核查保密协议中是否有保密范围、保密责任、违约责任、协议的有效期限和责任人的签字等内容。 2）应核查岗位安全协议中是否有岗位安全责任定义、协议的有效期限和责任人签字等内容

评估参考：

密评指引——建立密码应用岗位责任制度

1）基本要求：建立密码应用岗位责任制度，明确各岗位在安全系统中的职责和权限（第四级）：a）根据密码应用的实际情况，设置密钥管理员、密码安全审计员、密码操作员等关键安全岗位；b）对关键岗位建立多人共管机制；c）密钥管理、密码安全审计、密码操作人员职责互相制约互相监督，其中密码安全审计员岗位不可与密钥管理员、密码操作员兼任；d）相关设备与系统的管理和使用账号不得多人共用；e）密钥管理员、密码安全审计员、密码操作员应由本机构的内部员工担任，并应在任前对其进行背景调查。（密评基 9.6b）

续表

适用范围	第三级及以上等级保护系统
2）密评实施：核查安全管理制度类文档是否根据密码应用的实际情况，设置密钥管理员、密码审计员、密码操作员等关键安全岗位并定义岗位职责；核查是否对关键岗位建立多人共管机制，并确认密钥管理员岗位人员是否不兼任密码审计员、密码操作员等关键安全岗位；核查相关设备与系统的管理和使用账号是否有多人共用情况；核查密钥管理员和密码操作员是否由本机构的正式人员担任，是否具有人员录用时对录用人身份、背景、专业资格和资质等进行审查的相关文档或记录等。（密评测 6.6.2）	

SM5d 应从内部人员中选拔在关键岗位任职的人员

适用范围	第四级等级保护系统
访谈对象	网信管理负责人
评估对象	人事负责人
评估内容	应就在关键岗位的人员是否是从内部人员中选拔的与人事负责人进行沟通

SM5e 应及时终止离岗人员的所有访问权限，取回各种身份证件、钥匙、徽章等，以及机构提供的软硬件设备

适用范围	第一级及以上等级保护系统
访谈对象	信息安全与保密专业负责人
评估对象	记录表单类文档
评估内容	应核查相关单位和组织是否有终止离岗人员访问权限、交还身份证件、软硬件设备等的登记记录

评估参考：

应规范人员离岗过程，及时终止离岗员工的所有访问权限；应取回配发给离岗员工的各种身份证件、钥匙、徽章等以及单位提供的软硬件设备。（广电 12.1.3.2a、b）

SM5f 应严格调离手续的审批流程，并在调离人员承诺履行调离后的保密义务后方可离开

适用范围	第三级及以上等级保护系统
访谈对象	信息安全与保密专业负责人
评估对象	安全管理制度类文档和记录表单类文档、系统相关人员（包括系统负责人、安全主管、密钥管理员、密码审计员、密码操作员等）
评估内容	1）应核查在人员离岗的管理文档中是否规定了人员调离手续和离岗要求等。 2）应核查相关单位和组织是否有按照离岗程序办理调离手续的记录。 3）应核查保密承诺文档是否有调离人员的签字

评估参考：

1）应核查人员离岗的管理文档是否规定了人员调离手续和离岗要求等；应核查关键岗位人员离岗是否具有按照离岗程序办理调离手续和承诺的保密义务的记录；应核查保密承诺文档是否有调离人员的签字；应核查离岗人员负责的信息技术系统的口令是否立即更换。（金融 L4-HRS1-08）

续表

适用范围	第三级及以上等级保护系统
2）密评指引——建立关键岗位人员保密制度和调离制度	
2.1）基本要求：及时终止离岗人员的所有密码应用相关的访问权限、操作权限（第一级）；建立关键人员保密制度和调离制度，签订保密合同，承担保密义务（第二级到第四级）。（密评基 9.6e）	
2.2）密评实施：第一级：核查人员离岗时是否具有及时终止其所有密码应用相关的访问权限、操作权限的记录。第二级到第四级：核查人员离岗的管理文档是否规定了关键岗位人员保密制度和调离制度等；核查保密协议是否有保密范围、保密责任、违约责任、协议的有效期限和责任人的签字等内容。（密评测 6.6.5）	

10.6　安全教育和培训 SM6

业 绩 目 标

明确各类人员的网络安全意识教育和岗位技能培训大纲与执行计划，按计划组织开展培训、考核和授权上岗，促进各类人员理解、掌握和执行相关单位网络安全方针、制度、技术标准和工作程序。

评 估 准 则

SM6a	应对各类人员进行安全意识教育和岗位技能培训，并告知其相关的安全责任和惩戒措施
SM6b	应针对不同岗位制订不同的培训计划，对相关人员进行安全基础知识、岗位操作规程的培训
SM6c	应定期对不同岗位的人员进行技术技能考核

使 用 指 引

SM6a 应对各类人员进行安全意识教育和岗位技能培训，并告知其相关的安全责任和惩戒措施

适用范围	第一级及以上等级保护系统
访谈对象	信息安全/保密专业负责人
评估对象	管理制度类文档；系统相关人员（包括系统负责人、安全主管、密钥管理员、密码审计员、密码操作员等）
评估内容	1）应核查在安全意识教育及岗位技能培训文档中是否明确了培训周期、培训方式、培训内容和考核方式等相关内容。 2）应核查安全责任和惩戒措施管理文档或培训文档是否包含具体的安全责任和惩戒措施
FOP 描述	未开展安全意识和安全技能培训
评估场景	未定期组织开展与安全意识、安全技能相关的培训

续表

适用范围	第一级及以上等级保护系统
补偿因素	无
整改建议	建议制订与安全意识、安全技能相关的教育培训计划，并按计划开展相关培训，增强员工的安全意识及安全技能，有效支撑业务系统的安全稳定运行

评估参考：

1）应对安全教育和培训的情况和结果进行记录并归档保存；核查是否具有针对安全教育和培训的情况和结果的记录。（金融 L4-HRS1-17）

2）密评指引——了解并遵守密码相关法律法规和密码管理制度

2.1）基本要求：相关人员了解并遵守密码相关法律法规、密码应用安全管理制度。（第一级到第四级）。（密评基 9.6a）

2.2）密评实施：核查系统相关人员是否了解遵守密码相关法律法规和密码应用安全管理制度。（密评测 6.6.1）

3）密评指引--建立上岗人员培训制度

3.1）基本要求：建立上岗人员培训制度，对于涉及密码的操作和管理的人员进行专门培训，确保其具备岗位所需专业技能。（第二级到第四级）。（密评基 9.6c）

3.2）密评实施：核查安全教育和培训计划文档是否具有针对涉及密码的操作和管理的人员的培训计划；核查安全教育和培训记录是否有密码培训人员、密码培训内容、密码培训结果等的描述。（密评测 6.6.3）

SM6b 应针对不同岗位制订不同的培训计划，对相关人员进行安全基础知识、岗位操作规程等的培训

适用范围	第三级及以上等级保护系统
访谈对象	信息安全/保密专业负责人
评估对象	记录表单类文档
评估内容	1）应核查在安全教育和培训计划文档中是否明确了不同岗位的培训计划。 2）应核查培训内容是否包含安全基础知识、岗位操作规程等。 3）应核查在安全教育和培训记录中是否包含培训人员、培训内容、培训结果等

评估参考：

应核查是否具有对网络安全管理人员进行年度网络安全培训的记录。（金融 L4-HRS1-15）

SM6c 应定期对不同岗位的人员进行技术技能考核

适用范围	第三级及以上等级保护系统
访谈对象	信息安全/保密专业负责人
评估对象	安全管理制度类文档和记录表单类文档、系统相关人员（包括系统负责人、安全主管、密钥管理员、密码审计员、密码操作员等）
评估内容	应核查相关单位和组织是否有对各岗位人员进行技能考核的记录

评估参考：

1）应核查人员考核的管理文档是否明确要求定期对各个岗位的人员进行安全技能及安全认知的；应核查是否具有安全技能及安全认知考核记录。（金融 L4-HRS1-09）

2）应访谈信息/网络安全主管是否对关键岗位的人员进行全面、严格的安全审查和技能考核，并核查是否具有审查和考核记录。（金融 L4-HRS1-10）

续表

适用范围	第三级及以上等级保护系统
3）应核查是否具有保密制度；应核查是否具有定期或不定期对保密制度执行情况进行检查或考核的记录。（金融 L4-HRS1-11）	

4）应核查考核记录，考核人员是否包括各个岗位的人员，考核内容是否包括安全知识、安全技能、安全认知等，记录日期与考核周期是否一致。（金融 L4-HRS1-12）

5）应定期对网络安全各相关岗位的人员进行安全技能、政策及安全意识的考核，通过后方可上岗。（广电 12.1.3.3c）

6）密评指引——定期进行安全岗位人员考核

6.1）基本要求：定期对密码应用安全岗位人员进行考核。（第三级到第四级）。（密评基 9.6d）

6.2）密评实施：核查安全管理制度文档是否包含具体的人员考核制度和惩戒措施；核查人员考核记录内容是否包括安全意识、密码操作管理技能及相关法律法规；核查记录表单类文档确认是否定期进行岗位人员考核。（密评测 6.6.4）

10.7　外部人员访问管理 SM7

业绩目标

制定并执行外部人员访问的安全要求、管理流程和记录表单，通过明确外部人员物理访问受控区域、接入受控网络访问系统、离场后访问权限清除、明确相关人员的信息安全责任和保密义务等，有效控制因外部人员访问产生的网络安全风险。

评估准则

SM7a	外部人员物理访问受控区域前应先提出书面申请，获得批准后由专人全程陪同，并登记备案
SM7b	**外部人员接入受控网络访问系统前应先提出书面申请，获得批准后由专人开设账户、分配权限，并登记备案**
SM7c	外部人员离场后应及时清除其所拥有的访问权限
SM7d	获得系统访问授权的外部人员应签署保密协议，不得进行非授权操作，不得复制和泄露任何敏感信息
SM7e	不允许外部人员对关键区域或关键系统进行访问

使用指引

SM7a 外部人员物理访问受控区域前应先提出书面申请，获得批准后由专人全程陪同，登记备案

适用范围	第二级及以上等级保护系统
访谈对象	信息安全与保密专业负责人

适用范围	第二级及以上等级保护系统
评估对象	管理制度类文档和记录表单类文档
评估内容	1）应核查在外部人员访问管理文档中是否明确了允许外部人员访问的范围、外部人员进入的条件、针对外部人员的访问控制措施。 2）应核查外部人员访问重要区域的书面申请文档是否有批准人的签字等。 3）应核查外部人员访问重要区域的登记记录是否包含外部人员进入重要区域的时间、离开重要区域的时间、访问区域及陪同人员等。 4）对于第一级等级保护系统，应保证外部人员在访问受控区域前得到授权或审批

评估参考：

应确保在外部人员物理访问受控区域前先提出申请，批准后由专人全程陪同或监督，并登记备案。（广电 12.1.3.4a）

SM7b 外部人员接入受控网络访问系统前应先提出书面申请，获得批准后由专人开设账户、分配权限，并登记备案

适用范围	第二级及以上等级保护系统
访谈对象	信息安全与保密专业负责人
评估对象	管理制度类文档和记录表单类文档
评估内容	1）应核查在外部人员访问管理文档中是否明确了外部人员接入受控网络前的申请审批流程。 2）应核查在外部人员访问系统的书面申请文档中是否明确了外部人员的访问权限，是否有允许访问的批准签字等。 3）应核查外部人员访问系统的登记记录是否包含外部人员的访问权限、时限、账户等
FOP 描述	外部人员接入网络管理措施缺失
评估场景	1）管理制度中未明确外部人员接入受控网络访问系统的申请、审批流程，以及相关安全控制要求。 2）无法提供外部人员接入受控网络访问系统的申请、审批等相关记录
补偿因素	无
整改建议	建议在外部人员管理制度中明确接入受控网络访问系统的申请、审批流程，并对外部人员接入设备、可访问资源范围、账号回收、保密责任等做出明确规定，避免因管理缺失给受控网络、系统带来安全隐患

评估参考：

1）应核查对允许被外部人员访问的金融机构计算机系统和网络资源，是否建立存取控制机制、认证机制；应核查外部人员权限表单是否包括所有外部人员及其权限；应核查外部人员访问活动是否受到监控。（金融 L4-HRS1-20）

2）应对外部人员允许访问的区域、系统、设备、信息等内容进行书面的规定，并按照规定执行。（广电 12.1.3.4f）

SM7c 外部人员离场后应及时清除其所拥有的访问权限

适用范围	第二级及以上等级保护系统
访谈对象	信息安全与保密专业负责人
评估对象	管理制度类文档和记录表单类文档
评估内容	1）应核查在外部人员访问管理文档中是否明确了外部人员离开后及时清除其所有访问权限。 2）应核查外部人员访问系统的登记记录是否包含访问权限清除时间

SM7d 获得系统访问授权的外部人员应签署保密协议，不得进行非授权操作，不得复制和泄露任何敏感信息

适用范围	第三级及以上等级保护系统
访谈对象	信息安全与保密专业负责人
评估对象	记录表单类文档
评估内容	应核查在外部人员访问保密协议中是否明确了相关人员的保密义务（如不得进行非授权操作，不得复制信息等）

评估参考：

1) 应核查是否与获得系统访问授权的外部人员签署了保密协议；应核查保密协议中是否有禁止进行未授权的增加、删除、修改、查询数据操作，禁止复制和泄露金融机构的任何信息等相关要求。（金融 L4-HRS1-22）

2) 应制定外部人员（如服务组织、合同商、系统开发商、集成商等相关人员）安全管理要求，包括安全角色和责任。（广电 12.1.3.4e）

SM7e 不允许外部人员对关键区域或关键系统进行访问

适用范围	第四级等级保护系统
访谈对象	信息安全与保密专业负责人
评估对象	管理制度类文档
评估内容	应核查在外部人员访问管理文档中是否明确了不允许外部人员访问关键区域或关键业务系统

附录 A 网络安全评估领域代码对照表

序号	缩写	中文名称	英文全称
1	SL	安全领导力	Security Leadership
2	PE	安全物理环境	Physical Environment
3	SN	安全通信网络	Security Network
4	RB	安全区域边界	Region Boundary
5	CE	安全计算环境	Computing Environment
6	SC	安全建设管理	Security Construction
7	SO	安全运维管理	Security Operation
8	MP	安全监测防护	Monitoring Protection
9	SM	安全管理保障	Security Management

附录 B 网络安全评估领域及各子领域业绩目标汇总表

编码	名称	业绩目标	业绩目标负责人
SL	安全领导力	构建高绩效的网络安全整体领导力，就相关单位的网络安全观和安全承诺达成共识，明确网络安全组织与责任，建立网络安全综合防御体系，将网络安全纳入生产安全管理体系，加强网络安全专项规划与能力建设，保障网络安全目标的实现	网信管理部门负责人
SL1	网络安全观和承诺	以总体国家安全观为指导，准确认识和把握网络安全的特点和规律，研究确定相关单位的网络安全观，针对相关单位的网络安全工作目标和方针做出承诺	网信管理部门负责人（主要负责人）
SL2	网络安全组织与责任	按照《中华人民共和国网络安全法》和上级主管部门的要求，结合相关单位自身安全管控需要，明确网络安全领导、管理和专业技术组织；按照"谁主管谁负责、谁建设谁负责、谁运营谁负责、谁使用谁负责"的原则，落实网络安全责任制，层层分解落实责任	网信管理部门负责人（主要负责人）
SL3	网络安全综合防御体系	构建全面有效的网络安全管理、技术、运维和监督四位一体综合防御体系，推动网络安全综合防御体系有效执行和不断完善	网信管理部门负责人（分管领导）
SL4	网络安全支持和促进	为支持和促进网络安全目标的实现，保障必要和持续的网络安全资金和人力投入，协调和促进网络安全纳入生产安全管理工作体系，支持网络安全等级保护和关键信息基础设施保护工作	网信管理部门负责人（分管领导）
SL5	网络安全文化	推动网络安全文化纳入相关单位安全文化工作体系，强化网络安全工作中"严""慎""细""实"的工作作风，促进与网络安全相关职能和业务工作的融合、分工与协作	网信管理部门负责人（分管领导）
SL6	网络安全能力建设	通过指导、推进和协调网络安全专项规划制定与实施，支持网络安全人才培养，建立网络安全实验室和测试验证平台，加快核心技术和关键产品的自主可控研发或升级改造等措施，持续提升网络安全保障能力	网信管理部门负责人（分管领导）
PE	安全物理环境	制定并执行物理位置选择、物理访问控制、防盗窃防破坏、机房物理防护和电力供应等方面的安全要求和技术规范，从设计源头保证物理环境的安全可靠，有效防范社会工程学攻击	机房设施专业负责人

续表

编码	名称	业绩目标	业绩目标负责人
PE1	物理位置选择	制定并执行机房场地、无线接入设备、物联网感知节点设备、室外控制设备等的物理位置的安全要求，确保云计算基础设施和大数据设备机房位于中国境内，从防震、防风、防雨、防水、防潮、防火、防强热源、防盗、防电磁干扰及电力供应等方面采取合适的措施，保证机房设备设施的物理安全	机房设施设计和管理负责人
PE2	物理访问控制	制定并执行机房物理访问与防盗窃防破坏的安全要求、管理流程和记录表单，通过电子门禁系统、防盗报警系统、视频监控系统、专人值守等措施，实现机房出入安全控制，保证设备设施物理安全	机房设施日常管理负责人
PE3	机房物理防护	制定并执行机房物理安全防护要求、管理流程和记录表单，通过防雷击、防火、防水、防潮、防静电、温湿度控制和电磁防护等措施，保证机房设备设施物理安全	机房设施日常管理负责人
PE4	电力供应	通过配置稳压器和过电压防护设备、短期备用电力供应、设置冗余或并行供电线路和应急供电设施等措施，保证机房电力供应安全	机房供配电专业工程师
SN	安全通信网络	制定并执行网络架构、通信传输、可信验证等方面的安全要求，以及云计算、工业控制系统、大数据等通信网络的安全扩展要求，从设计源头保证通信网络的安全	网络专业负责人/通信物联网专业负责人
SN1	网络架构	制定并执行网络架构设计安全要求、管理流程和记录表单，从网络架构设计、网络区域间隔离、设备、线路、IP 地址和带宽管理等方面采取措施，保证网络整体性能和网络安全可控	网络架构师，网络专业负责人
SN2	云计算网络架构	制定并执行云计算网络架构安全要求、管理流程和记录表单，通过虚拟网络隔离，提供通信传输、边界防范和入侵防范等安全机制，自主设置安全策略，提供开发接口或开放性服务，设置安全标记和强制访问控制规则，通信协议转换或隔离制作及独立资源池等措施，保证云计算网络架构的使用安全	网络架构师，网络专业负责人
SN3	工业控制系统网络架构	制定并执行工业控制系统网络架构安全要求、管理流程和记录表单，通过落实"安全分区、网络专用、横向隔离、纵向认证"设计原则，采用独立组网、物理断开或单向隔离等措施，保证工业控制系统网络架构安全	网络架构师，工业控制系统专业负责人
SN4	通信传输	制定并执行通信传输安全要求、管理流程和记录表单，通过应用密码技术，保证通信传输过程中数据的完整性和保密性	网络专业负责人
SN5	可信验证	根据等级保护系统的定级选择不同级别的可信验证安全机制	网络架构师，网络专业负责人
SN6	大数据安全通信网络	通过分离大数据平台管理流量和系统业务流量、保证大数据平台不承载高于其安全保护等级的大数据应用等措施，保证大数据通信网络的安全	数据/系统/网络专业负责人

编码	名称	业绩目标	业绩目标负责人
RB	安全区域边界	制定并执行边界防护、访问控制、入侵和恶意代码防范、垃圾邮件防范、安全审计和可信验证等方面的安全要求，以及云计算、移动互联、物联网和工业控制系统等边界防护的扩展要求，从设计源头保证区域边界的安全	网络专业负责人
RB1	边界防护	制定并执行边界防护安全要求、管理流程和记录表单，通过部署访问控制设备、非授权设备接入控制、用户非授权外联控制、无线网络管控和入网可信验证等措施，增强边界防护能力	网络专业负责人
RB2	边界访问控制	制定并执行边界访问控制安全要求、管理流程和记录表单，通过设置和优化访问控制规则、访问控制规则最小化、数据流进出控制、边界数据交换控制、接入认证和监控预警等措施，保证云计算、移动互联和工业控制等系统的网络边界访问控制安全	网络专业负责人
RB3	入侵、恶意代码和垃圾邮件防范	制定并执行防范入侵、恶意代码和垃圾邮件的安全要求、管理流程和记录表单，通过抗 APT 攻击、网络回溯、威胁情报检测、抗 DDoS 攻击和入侵保护、病毒网关和防垃圾邮件网关等措施，有效防范和控制内外部入侵、恶意代码和垃圾邮件等安全危害	网络专业负责人
RB4	边界安全审计和可信验证	制定并执行网络边界安全审计和可信验证技术要求、管理流程和记录表单，通过应用综合安全审计系统、堡垒机等，以及审计记录保护和备份，实现边界安全审计和可信验证	网络/安全监测专业负责人
RB5	云计算边界入侵防范	制定并执行云计算边界入侵防范安全扩展要求、管理流程和记录表单，通过对网络攻击行为和异常流量的检测、记录和告警等方式，增强云计算边界入侵防范能力	网络/系统专业负责人
RB6	移动互联边界防护和入侵防范	制定并执行移动互联边界防护和入侵防范安全扩展要求、管理流程和记录表单，通过无线接入网关、终端准入控制、移动终端管理、抗 APT/DDos 攻击、网络回溯和威胁情报检测等措施，增强移动互联边界防护和入侵防范能力	网络专业负责人
RB7	物联网边界入侵防范和接入控制	制定并执行物联网边界入侵防范和接入控制安全扩展要求、管理流程和记录表单，通过通信目标地址限制、渗透测试、设备接入控制等措施，增强物联网感知和网关节点设备的边界入侵防范能力	通信/物联网专业负责人
RB8	工业控制系统边界防护	制定并执行工业控制系统边界防护安全扩展要求、管理流程和记录表单，通过对拨号服务类设备、无线通信用户身份鉴别和授权、未经授权的无线设备的安全管理与控制，增强工业控制系统边界防护能力	工业控制系统专业负责人
CE	安全计算环境	制定并执行身份鉴别、访问控制、安全审计和可信验证、入侵和恶意代码防范、数据完整性和保密性、数据备份恢复、剩余信息和个人信息保护等方面的安全要求，以及云计算、移动应用、物联网、工业控制系统和大数据等计算环境的扩展要求，从设计源头保证计算环境的数据、信息和系统安全	数据/应用/系统/云计算专业负责人

续表

编码	名称	业绩目标	业绩目标负责人
CE1	身份鉴别	制定并启用用户身份标识、身份鉴别、登录失败管理、远程管理、鉴别信息加密传输、密码技术组合鉴别、双向身份验证机制等安全控制措施，确保只有授权用户才能登录授权系统	应用/系统/云计算专业负责人
CE2	访问控制	制定并执行用户账户和权限分配、默认账户及口令管理、多余/过期/共享账户管控、管理用户权限分离、访问控制策略、主体对客体的访问控制规划等安全要求、管理流程和记录表单保证访问控制措施的有效性	系统/云计算专业负责人
CE3	安全审计和可信验证	对每个用户启用安全审计，对重要的用户行为和安全事件进行审计，防止审计进程中断，确保审计记录完整并备份保护；根据等级保护对象的安全保护等级启用相应级别的可信验证措施	安全监测/系统/云计算专业负责人
CE4	入侵和恶意代码防范	推行最小安装原则，关闭不需要的系统服务、默认共享和高危端口，限制管理终端接入方式或网络地址范围，对人机接口或通信接口输入内容进行有效性检验，核查和修补高风险漏洞，防范入侵重要节点和虚拟机，增强入侵防范能力和恶意代码防范能力	系统/云计算专业负责人
CE5	数据完整性和保密性	推进（国产）密码技术应用，保证鉴别数据、重要的业务/审计/配置/视频/个人等重要信息在传输、存储和应用及云服务模式下的完整性和保密性	数据/系统/云计算专业负责人
CE6	数据备份恢复	制定并执行数据中心（包括云服务）数据备份恢复安全要求、管理流程和记录表单，实现重要系统热冗余及重要数据的本地备份和恢复、异地实时备份、异地灾备等，保证系统和数据的高可用性及业务的连续性	数据/系统/云计算专业负责人
CE7	剩余信息和个人信息保护	制定并执行剩余信息和个人信息保护的安全要求、管理流程和记录表单，保护鉴别信息、敏感数据和用户个人信息在存储、备份或删除全生命周期中的信息安全	数据/应用/系统/云计算专业负责人
CE8	云计算环境镜像和快照保护	制定并执行虚拟机镜像和快照的安全要求、管理流程和记录表单，采取操作系统安全加固、完整性校验和密码技术等手段，防止镜像或快照被恶意篡改或非法访问	系统/云计算专业负责人
CE9	移动终端和应用管控	制定并执行移动终端和应用管控安全策略、管理流程和记录表单，通过移动终端管理系统、证书签名和设置白名单等方式对移动终端和应用软件实施安全管控，有效防范针对移动终端和应用的社会工程学攻击	客服/系统/云计算专业负责人
CE10	物联网设备和数据安全	制定并执行物联网感知和网关等节点设备及应用系统的安全策略、管理流程和记录制定并执行表单，通过软件应用配置控制、身份标识和鉴别、关键密钥和配置参数在线更新、抗数据重放攻击等措施，保证物联网设备和数据的安全	物联网/系统/云计算专业负责人
CE11	工业控制系统控制设备安全	制定并执行不同等级工业控制系统控制设备的安全要求、安全策略、控制措施和记录表单，通过身份鉴别、访问控制、安全审计、外设和端口最少化、上线前或维修中安全性测试等方式，保证工业控制系统控制设备的安全运行和维护管理	工业控制系统/系统专业负责人

续表

编码	名称	业绩目标	业绩目标负责人
CE12	大数据安全计算环境	依据行业相关数据分类分级规则，制定分级分类安全保护策略；制定并执行大数据平台、大数据应用和数据管理系统的安全要求、管理流程和记录表单，通过身份鉴别、访问控制、安全标识、数据脱敏、数据溯源、清洗转换控制、隔离存放、故障屏蔽、区分处置和集中监控等措施，保证大数据计算环境及其应用的安全	数据/系统/云计算专业负责人
SC	安全建设管理	按照《中华人民共和国网络安全法》"三同步"原则，开展网络安全等级保护，明确并落实在方案设计、产品采购、软件开发、工程实施、测试交付和服务供应商选择等关键环节，以及移动应用、工业控制系统、大数据平台建设等重要业务的网络安全要求，从建设源头提升本质安全能力	网信管理专业负责人/项目建设负责人
SC1	定级备案和等级测评	按照国家、行业网络安全等级保护管理要求和技术标准，规范专业地开展网络与信息系统安全定级、论证审定、审批备案和测评整改，确保合规，促进设计、建设和运维等关键环节的安全水平提升	网信管理/信息安全与保密专业负责人
SC2	方案设计和产品采购	编制、论证和审定安全整体规划、安全专项方案和安全措施，审核验证拟采购网络安全产品、密码产品与服务的合规性，从方案设计和产品造型测试和专项测试等关键环节提升网络结构和系统本体安全能力	信息安全与保密专业负责人/项目建设负责人
SC3	软件开发	制定并执行软件开发安全要求、控制流程和记录表单，通过开发和运行环境、测试数据、开发过程控制、开发人员行为准则、代码编写安全规范、安全性测试、程序资源库管控、外包软件开发管理等措施，有效提升软件本体质量和抗攻击能力	网信管理/软件专业负责人
SC4	工程实施与测试交付	制定并执行工程实施与测试交付安全要求、控制流程和记录表单，通过第三方监理，开展上线前安全性测试和运维人员技能培训，按要求完成设备、软件和文档交付等措施，有效夯实工程实施与测试交付环节的安全基础	网信管理/项目建设负责人
SC5	服务供应商选择	制定并执行服务供应商选择和使用的安全要求、管理流程和记录表单，通过服务协议、保密协议、定期审核、服务水平评价等措施，有效控制安全服务、云服务、数据服务等相关安全风险，提升供应链攻击防范能力	网信管理/项目建设负责人
SC6	移动应用安全建设扩展要求	制定并执行移动应用软件开发和安装使用安全技术要求，加强开发者或外包服务供应商的资格审查和安全监督，保证分发渠道或证书签名的安全可靠，有效控制移动应用成为攻击入口所带来的安全风险	网信管理/项目建设/应用专业负责人
SC7	工业控制系统安全建设扩展要求	制定并执行工业控制系统重要设备、开发单位和供应商相关安全和保密要求，开展安全性检测和供应商履责评估，有效控制重要设备供应、关键技术扩散设备行业专用等方面的安全风险	工业控制系统/项目建设专业负责人
SC8	大数据安全建设扩展要求	制定并执行选择大数据平台及服务的安全要求，通过服务合同、服务水平协议和安全声明等，保证数据、数据应用与服务的安全	数据/系统/项目建设专业负责人

续表

编码	名称	业绩目标	业绩目标负责人
SO	安全运维管理	按照常态化要求，建立、应用和不断完善安全运维工作体系，将 IT 环境、资产和配置、设备维护和介质、网络和系统安全、漏洞和恶意代码防范、密码、变更、备份和恢复、外包运维等安全管理和技术要求纳入日常 IT 运维工作，保证常态化运维工作的安全有效	系统/网络/数据/应用/通信/客服等各专业负责人
SO1	环境管理	建立和执行机房安全管理制度，明确安全管理责任人、人员和物品出入控制要求及机房设施维护作业规程，落实信息安全保密和实时监视等安全措施，确保各类机房和云计算平台的环境安全	机房设施专业负责人
SO2	资产和配置管理	制定并执行设备、软件和信息等 IT 资产管理规定，建立资产清单，采取分类管理措施，明确资产管理、系统管理和配置管理等关键责任人，记录、变更和维护基本配置信息，确保资产和配置信息的完整和准确	安全监测负责人/各专业资产管理员
SO3	设备维护和介质管理	制定并执行设备维护和介质及存储信息的安全要求、管理流程和记录表单，明确设备维护和介质管理责任人，实现对设备维护过程与质量、介质及其存储信息的安全管理	各专业负责人
SO4	网络和系统安全管理	制定并执行网络和系统安全管理规定，明确各管理角色及其责任和权限，制定重要设备的操作手册并严格执行，严格控制变更性运维、运维工具的使用、开通远程运维及与外部的连接，通过对日志、监测记录和报警数据的分析研判及时发现可疑行为，有效管控网络管理和系统管理安全风险	网络/系统/安全监测专业负责人
SO5	漏洞和恶意代码防范	制定并执行漏洞、隐患、恶意代码防范等安全要求、管理流程和记录制作流程表单，定期开展安全测评，验证防范技术、措施流程的有效性，及时采取改进措施	网络/系统/安全监测专业负责人
SO6	密码管理	按照国家标准和行业标准，使用国家密码主管部门认证的密码技术和产品，保证密码管理与应用工作合规且有效	信息安全与保密专业负责人
SO7	变更管理	制定并执行变更管理规定、管理流程和记录表单，实现对变更需求、变更方案、变更申请、变更中止、变更恢复等环节的有效控制和书面记录	安全监测/各专业负责人
SO8	备份与恢复管理	制定并执行备份与恢复的策略、程序、方式、频度、存储介质、保存期等具体规定，确保重要业务信息、系统数据和软件系统持续可用	数据/系统专业负责人
SO9	外包运维管理	通过签订外包运维服务协议等措施，明确外包运维服务供应商的法律义务、安全责任、安全运维能力、信息保密和业务连续性保障等安全要求，并在履约过程中检查落实	网信管理/外包管理负责人
SO10	物联网感知节点管理	制定并执行物联网节点设备全过程管理规定，对其部署环境及环境的保密性等进行巡视、维护和记录，有效防范社会工程学攻击	通信物联网专业负责人
SO11	大数据安全运维管理	制定并执行数字资产安全管理策略、数据分类分级保护策略、重要数据脱敏使用、数据类别和级别的变更等管理规定、安全要求，管理流程和记录表单，保证大数据运维和使用的安全	数据/系统专业负责人

续表

编码	名称	业绩目标	业绩目标负责人
MP	安全监测防护	按照实战化要求，建立、应用和不断完善安全管理中心，以及面向实战的网络安全监测、情报、预警、通报、处置、经验反馈和持续整改提升的标准规范、防护能力和工作机制	安全监测专业负责人
MP1	安全管理中心	建立安全管理中心，明确系统管理员、审计管理员和安全管理员的身份鉴别、操作规范及操作审计等安全要求，并分别通过他们完成与系统管理、审计和安全管理等	安全监测/系统专业负责人
MP2	集中管控	实现网络安全状况的集中监测、安全事项的集中管理、审计数据的集中分析和各类安全事件的识别、报警和分析，并保证这些安全设备或安全组件的独立性和安全性	安全监测/系统专业负责人
MP3	云计算集中管控	针对云计算平台实现网络安全的集中管控，包括资源统一管理调度和分配、管理流量和业务流量分离、审计数据的收集和集中审计、安全状况的集中监测等	安全监测/云计算专业负责人
MP4	安全事件处置	制定并执行安全事件监测发现、通报预警、应急处置、根本原因分析和经验反馈的管理制度、工作流程和记录表单，实现跨单位安全事件的联合防护和应急处置	安全监测专业负责人
MP5	应急预案管理	制定并执行统一的应急预案框架、重要事件应急预案和重大事件跨单位联合应急预案，定期开展应急预案的培训和应急演练，定期评估执行情况并修订完善应急预案。	信息安全与保密/安全监测专业负责人
MP6	情报收集与利用	明确网络安全情报工作负责人，建立网络安全情报收集利用工作流程，实现情报全面快速收集、威胁分析研判和行动计划部署，有效预防控制潜在的网络安全风险。	安全监测专业负责人
MP7	值班值守	通过建立和执行网络安全值班值守工作机制和电子化工作平台，实现对网络安全状态的实时监测、事件的即时处置、任务的按时完成、经验的反馈和能力的持续提升	安全监测专业负责人
MP8	实战演练	通过邀请权威可信的网络安全专业机构，组织并管控专业攻击队伍开展全面或专项的实网实战攻击，全面深度发现网络安全弱项、隐患、风险和管理缺陷，为网络安全整改和能力提升提供针对性输入	安全监测专业负责人
MP9	研判整改	基于网络安全技术监测、管理巡视、检查审计和实战攻防等问题和风险，建立和执行网络安全态势研判和整改提升工作机制，实现网络安全防护能力跨单位的全面持续有效的整改提升	安全监测专业负责人
SM	安全管理保障	按照体系化要求，建立健全网络安全策略和管理制度，明确组织机构、岗位设置和人员配备，明确网络安全授权和审批程序，加强内部和外部的沟通与协作，开展安全检查和审计监督，严格内外部人员录用、在岗和离岗管理及外部人员访问管理，开展网络安全教育和培训，从安全管理体系及其执行有效性等方面提供安全管理保障	信息安全与保密专业负责人
SM1	安全策略和管理制度	依据相关法律法规和业务要求，建立由安全策略、管理制度、操作规程和记录表单等构成的全面的网络安全管理制度体系，定期论证、审定、修订和正式发布，为网络安全工作提供指导、支持和保障	网信分管领导/网信管理专业负责人

续表

编码	名称	业绩目标	业绩目标负责人
SM2	岗位设置和人员配备	建立网络安全管理组织架构,设立关键岗位,配备合适的人员,建立和执行领导有力、职责明确和分工协作的网络安全责任机制和工作机制	网信分管领导/信息安全与保密专业负责人
SM3	授权审批和沟通合作	制定并执行各部门和岗位对网络安全事项的授权审批程序、管理流程和记录表单,建立和维持内部各部门之间及与外部单位的沟通与合作机制,及时发现、预测、分析和处置网络安全问题	网信管理/信息安全与保密专业负责人
SM4	安全检查和审计监督	定期开展常规和全面安全检查与审计监督,及时发现、报告和通报网络安全问题和网络安全风险,分析出现网络安全问题和网络安全风险的根本原因,制订整改计划,开展经验反馈,确保及时发现和有效整改网络安全问题,控制和预防网络安全风险。	内部审计/信息安全与保密专业负责人
SM5	人员录用和离岗	制定并执行人员录用和离岗的安全要求、管理流程和记录表单,通过人员录用、审查和考核,签署保密协议、岗位责任协议,关键岗位人员选拔,管控调离和离岗权限及保密承诺等,有效控制人员录用和离岗产生的网络安全风险	网信管理/信息安全与保密专业负责人
SM6	安全教育和培训	明确各类人员的网络安全意识教育和岗位技能培训大纲与执行计划,按计划组织开展培训、考核和授权上岗,促进各类人员理解、掌握和执行相关单位网络安全方针、制度、技术标准和工作程序	信息安全与保密/各用户部门负责人
SM7	外部人员访问管理	制定并执行外部人员访问的安全要求、管理流程和记录表单,通过明确外部人员物理访问受控区域、接入受控网络访问系统、离场后访问权限清除、明确相关人员的信息安全责任和保密义务等,有效控制因外部人员访问产生的网络安全风险	网信管理/信息安全与保密专业负责人

附录 C 网络安全评估准则评估项与等级保护基本要求条款详细对照表

评估项	GB/T 22239 第四级章节号
SL、安全领导力（新增）	
SL1 网络安全观和承诺	
SL1a	新增
SL1b	新增
SL1c	新增
SL2 网络安全组织与责任	
SL2a	新增
SL2b	新增
SL2c	新增
SL3 网络安全防御体系	
SL3a	新增
SL3b	新增
SL3c	新增
SL4 网络安全支持和促进	
SL4a	新增
SL4b	新增
SL4c	新增
SL5 网络安全文化	
SL5a	新增
SL5b	新增
SL5c	新增
SL6 网络安全能力建设	
SL6a	新增
SL6b	新增
SL6c	新增
PE、安全物理环境（9.1.1 安全物理环境）	

评估项	GB/T 22239 第四级章节号
PE1 物理位置选择（9.1.1.1 物理位置选择/9.2.1.1 云计算基础设施位置/9.3.1.1 移动互联无线接入点物理位置/9.4.1.1 物联网感知节点设备物理防护/9.5.1.1 工业控制系统室外控制设备物理防护/H.5.1 大数据物理位置选择）	
PE1a	安全物理环境/物理位置选择:9.1.1.1.a)
PE1b	安全物理环境/物理位置选择:9.1.1.1.b)
PE1c	安全设计/安全物理环境/物理位置选择:9.2.1.1 云计算基础设施位置
PE1d	安全设计/安全物理环境/物理位置选择:9.3.1.1 移动互联无线接入点物理位置
PE1e	物联网感知节点设备物理防护：9.4.1.1.a)
PE1f	物联网感知节点设备物理防护：9.4.1.1.b)
PE1g	物联网感知节点设备物理防护：9.4.1.1.c)
PE1h	物联网感知节点设备物理防护：9.4.1.1.d)
PE1i	工业控制系统室外控制设备物理防护：9.5.1.1.a)
PE1j	工业控制系统室外控制设备物理防护：9.5.1.1.b)
PE1k	H.5.1 大数据物理位置选择
PE2 物理访问控制（9.1.1.2 物理访问控制/9.1.1.3 防盗窃和防破坏）	
PE2a	9.1.1.2.a）物理访问控制
PE2b	9.1.1.2.b）物理访问控制
PE2c	9.1.1.3.a）防盗窃和防破坏
PE2d	9.1.1.3.b）防盗窃和防破坏
PE2e	9.1.1.3.c）防盗窃和防破坏
PE3 机房物理防护（9.1.1.4 防雷击/9.1.1.5 防火/9.1.1.6 防水和防潮/9.1.1.7 防静电/9.1.1.8 温湿度控制/9.1.1.10 电磁防护）	
PE3a	9.1.1.4.a)

PE3b	9.1.1.4.b)
PE3c	9.1.1.5.a)
PE3d	9.1.1.5.b)
PE3e	9.1.1.5.c)
PE3f	防水和防潮：9.1.1.6.a)
PE3g	防水和防潮：9.1.1.6.b)
PE3h	防水和防潮：9.1.1.6.c)
PE3i	防静电：9.1.1.7.a)
PE3j	防静电：9.1.1.7.b)
PE3k	9.1.1.8
PE3l	9.1.1.10.a)
PE3m	9.1.1.10.b)
PE4 电力供应（9.1.1.9 电力供应）	
PE4a	9.1.1.9.a)
PE4b	9.1.1.9.b)
PE4c	9.1.1.9.c)
PE4d	9.1.1.9.d)
SN、安全通信网络（9.1.2 安全通信网络）	
SN1 网络架构（9.1.2.1 网络架构）	
SN1a	9.1.2.1.a) 网络架构
SN1b	9.1.2.1.b) 网络架构
SN1c	9.1.2.1.c) 网络架构
SN1d	9.1.2.1.d) 网络架构
SN1e	9.1.2.1.e) 网络架构
SN1f	9.1.2.1.f) 网络架构
SN2 云计算网络架构（9.2.2.1 云计算网络架构）	
SN2a	9.2.2.1.a) 云计算网络架构
SN2b	9.2.2.1.b) 云计算网络架构
SN2c	9.2.2.1.c) 云计算网络架构
SN2d	9.2.2.1.d) 云计算网络架构
SN2e	9.2.2.1.e) 云计算网络架构
SN2f	9.2.2.1.f) 云计算网络架构
SN2g	9.2.2.1.g 云计算网络架构
SN2h	9.2.2.1.h) 云计算网络架构
SN3 工业控制系统网络架构（9.5.2.1 工业控制系统网络架构）	
SN3a	9.5.2.1.a) 工业控制系统网络架构
SN3b	9.5.2.1.b) 工业控制系统网络架构
SN3c	9.5.2.1.c) 工业控制系统网络架构

SN4 通信传输（9.1.2.2 通信传输/9.5.2.2 工业控制系统通信传输）	
SN4a	9.1.2.2.a) 通信传输
SN4b	9.1.2.2.b) 通信传输
SN4c	9.1.2.2.c) 通信传输
SN4d	9.1.2.2.d) 通信传输
SN4e	9.5.2.2 工业控制系统通信传输
SN5 可信验证（9.1.2.3 可信验证）	
SN5a	9.1.2.3 可信验证
SN6 大数据安全通信网络（H.5.2 大数据安全通信网络）	
SN6a	H.5.2.a) 大数据安全通信网络
SN6b	H.5.2.b) 大数据安全通信网络
RB、安全区域边界（9.1.3 安全区域边界）	
RB1 边界防护（9.1.3.1 边界防护）	
RB1a	9.1.3.1.a) 边界防护
RB1b	9.1.3.1.b) 边界防护
RB1c	9.1.3.1.c) 边界防护
RB1d	9.1.3.1.d) 边界防护
RB1e	9.1.3.1.e) 边界防护
RB1f	9.1.3.1.f) 边界防护
RB2 边界访问控制（9.1.3.2 访问控制/9.2.3.1 云计算边界访问控制/9.3.2.2 移动互联边界访问控制/9.5.3.1 工业控制系统边界访问控制）	
RB2a	9.1.3.2.a) 访问控制
RB2b	9.1.3.2.b) 访问控制
RB2c	9.1.3.2.c) 访问控制
RB2d	9.1.3.2.d) 访问控制
RB2e	9.1.3.2.e) 访问控制
RB2f	9.2.3.1.a) 云计算边界访问控制
RB2g	9.2.3.1.b) 云计算边界访问控制
RB2h	9.3.2.2 移动互联边界访问控制
RB2i	9.5.3.1.a) 工业控制系统边界访问控制
RB2j	9.5.3.1.b) 工业控制系统边界访问控制
RB3 入侵、恶意代码和垃圾邮件防范（9.1.3.3 入侵防范/9.1.3.4 恶意代码和垃圾邮件防范）	
RB3a	9.1.3.3.a) 入侵防范
RB3b	9.1.3.3.b) 入侵防范
RB3c	9.1.3.3.c) 入侵防范
RB3d	9.1.3.3.d) 入侵防范
RB3e	恶意代码和垃圾邮件防范：9.1.3.4.a)

RB3f	恶意代码和垃圾邮件防范：9.1.3.4.b)
RB4 边界安全审计和可信验证（9.1.3.5 安全审计/9.2.3.3 云计算边界安全审计/9.1.3.6 可信验证）	
RB4a	安全审计：9.1.3.5.a)
RB4b	安全审计：9.1.3.5.b)
RB4c	安全审计：9.1.3.5.c)
RB4d	云计算边界安全审计：9.2.3.3.a)
RB4e	云计算边界安全审计：9.2.3.3.b)
RB4f	可信验证：9.1.3.6
RB5 云计算边界入侵防范（9.2.3.2 云计算边界入侵防范）	
RB5a	9.2.3.2.a）云计算边界入侵防范
RB5b	9.2.3.2.b）云计算边界入侵防范
RB5c	9.2.3.2.c）云计算边界入侵防范
RB5d	9.2.3.2.d）云计算边界入侵防范
RB6 移动互联边界防护和入侵防范（9.3.2.3 移动互联边界入侵防范/9.3.2.1 移动互联边界防护）	
RB6a	移动互联边界防护：9.3.2.1
RB6b	9.3.2.3.a）移动互联边界入侵防范
RB6c	9.3.2.3.b）移动互联边界入侵防范
RB6d	9.3.2.3.c）移动互联边界入侵防范
RB6e	9.3.2.3.d）移动互联边界入侵防范
RB6f	9.3.2.3.e）移动互联边界入侵防范
RB6g	9.3.2.3.f）移动互联边界入侵防范
RB7 物联网边界入侵防范和接入控制（9.4.2.2 物联网边界入侵防范/9.4.2.1 物联网接入控制）	
RB7a	9.4.2.2.a）物联网边界入侵防范
RB7b	9.4.2.2.b）物联网边界入侵防范
RB7c	物联网接入控制：9.4.2.1
RB8 工业控制系统边界防护（9.5.3.2 拨号使用控制/9.5.3.3 工业控制系统无线使用控制）	
RB8a	工业控制系统拨号使用控制：9.5.3.2.a)
RB8b	工业控制系统拨号使用控制：9.5.3.2.b)
RB8c	工业控制系统拨号使用控制：9.5.3.2.c)
RB8d	工业控制系统无线使用控制：9.5.3.3.a)
RB8e	工业控制系统无线使用控制：9.5.3.3.b)
RB8f	工业控制系统无线使用控制：9.5.3.3.c)
RB8g	工业控制系统无线使用控制：9.5.3.3.d)
CE、安全计算环境（9.1.4 安全计算环境）	
CE1 身份鉴别（9.1.4.1 身份鉴别/9.2.4.1 云计算环境身份鉴别）	

CE1a	身份鉴别：9.1.4.1.a)
CE1b	身份鉴别：9.1.4.1.b)
CE1c	身份鉴别：9.1.4.1.c)
CE1d	身份鉴别：9.1.4.1.d)
CE1e	云计算环境身份鉴别：9.2.4.1
CE2 访问控制（9.1.4.2 访问控制/9.2.4.2 云计算环境访问控制）	
CE2a	访问控制：9.1.4.2.a)
CE2b	访问控制：9.1.4.2.b)
CE2c	访问控制：9.1.4.2.c)
CE2d	访问控制：9.1.4.2.d)
CE2e	访问控制：9.1.4.2.e)
CE2f	访问控制：9.1.4.2.f)
CE2g	访问控制：9.1.4.2.g)
CE2h	9.2.4.2.a）云计算环境访问控制
CE2i	9.2.4.2.b）云计算环境访问控制
CE3 安全审计和可信验证（9.1.4.3 安全审计/9.1.4.6 可信验证）	
CE3a	安全审计：9.1.4.3.a)
CE3b	安全审计：9.1.4.3.b)
CE3c	安全审计：9.1.4.3.c)
CE3d	安全审计：9.1.4.3.d)
CE3e	可信验证：9.1.4.6
CE4 入侵和恶意代码防范（9.1.4.4 入侵防范/9.2.4.3 云计算环境入侵防范/9.1.4.5 恶意代码防范）	
CE4a	入侵防范：9.1.4.4.a)
CE4b	入侵防范：9.1.4.4.b)
CE4c	入侵防范：9.1.4.4.c)
CE4d	入侵防范：9.1.4.4.d)
CE4e	入侵防范：9.1.4.4.e)
CE4f	入侵防范：9.1.4.4.f)
CE4g	云计算环境入侵防范：9.2.4.3.a)
CE4h	云计算环境入侵防范：9.2.4.3.b)
CE4i	云计算环境入侵防范：9.2.4.3.c)
CE4j	恶意代码防范：9.1.4.5
CE5 数据完整性和保密性（9.1.4.7 数据完整性/9.1.4.8 数据保密性/9.2.4.5 云计算环境数据完整性和保密性）	
CE5a	数据完整性：9.1.4.7.a)
CE5b	数据完整性：9.1.4.7.b)
CE5c	数据完整性：9.1.4.7.c)

CE5d	数据保密性：9.1.4.8.a)
CE5e	数据保密性：9.1.4.8.b)
CE5f	云计算环境数据完整性和保密 9.2.4.5.a)
CE5g	云计算环境数据完整性和保密 9.2.4.5.b)
CE5h	云计算环境数据完整性和保密 9.2.4.5.c)
CE5i	云计算环境数据完整性和保密 9.2.4.5.d)
CE6　数据备份恢复（9.1.4.9 数据备份恢复/9.2.4.6 云计算环境数据备份恢复）	
CE6a	数据备份恢复：9.1.4.9.a)
CE6b	数据备份恢复：9.1.4.9.b)
CE6c	数据备份恢复：9.1.4.9.c)
CE6d	数据备份恢复：9.1.4.9.d)
CE6e	云计算环境数据备份恢复：9.2.4.6.a)
CE6f	云计算环境数据备份恢复：9.2.4.6.b)
CE6g	云计算环境数据备份恢复：9.2.4.6.c)
CE6h	云计算环境数据备份恢复：9.2.4.6.d)
CE7　剩余信息和个人信息保护（9.1.4.10 剩余信息保护/9.2.4.7 云计算环境剩余信息保护/9.1.4.11 个人信息保护）	
CE7a	剩余信息保护：9.1.4.10.a)
CE7b	剩余信息保护：9.1.4.10.b)
CE7c	云计算环境剩余信息保护：9.2.4.7.a)
CE7d	云计算环境剩余信息保护：9.2.4.7.b)
CE7e	个人信息保护：9.1.4.11.a)
CE7f	个人信息保护：9.1.4.11.b)
CE8　云计算环境镜像和快照保护（9.2.4.4 云计算环境镜像和快照保护）	
CE8a	9.2.4.4.a) 云计算环境镜像和快照保护
CE8b	9.2.4.4.b) 云计算环境镜像和快照保护
CE8c	9.2.4.4.c) 云计算环境镜像和快照保护
CE9　移动终端和应用管控（9.3.3.1 移动终端管控/9.3.3.2 移动应用管控）	
CE9a	移动终端管控：9.3.3.1.a)
CE9b	移动终端管控：9.3.3.1.b)
CE9c	移动终端管控：9.3.3.1.c)
CE9d	移动应用管控：9.3.3.2.a)
CE9e	移动应用管控：9.3.3.2.b)
CE9f	移动应用管控：9.3.3.2.c)
CE9g	移动应用管控：9.3.3.2.d)
CE10　物联网设备和数据安全（9.4.3.1 感知节点设备安全/9.4.3.2 物联网网关节点设备安全/9.4.3.3 物联网抗数据重放/9.4.3.4 物联网数据融合处理）	

CE10a	感知节点设备安全：9.4.3.1.a)
CE10b	感知节点设备安全：9.4.3.1.b)
CE10c	感知节点设备安全：9.4.3.1.c)
CE10d	网关节点设备安全：9.4.3.2.a)
CE10e	网关节点设备安全：9.4.3.2.b)
CE10f	网关节点设备安全：9.4.3.2.c)
CE10g	网关节点设备安全：9.4.3.2.d)
CE10h	物联网抗数据重放：9.4.3.3.a)
CE10i	物联网抗数据重放：9.4.3.3.b)
CE10j	物联网数据融合处理：9.4.3.4.a)
CE10k	物联网数据融合处理：9.4.3.4.b)
CE11　工业控制系统控制设备安全（9.5.4.1 工业控制系统控制设备安全）	
CE11a	9.5.4.1.a) 工业控制系统控制设备安全
CE11b	9.5.4.1.b) 工业控制系统控制设备安全
CE11c	9.5.4.1.c) 工业控制系统控制设备安全
CE11d	9.5.4.1.d) 工业控制系统控制设备安全
CE11e	9.5.4.1.e) 工业控制系统控制设备安全
CE12　大数据安全计算环境（H.5.3 大数据安全计算环境）	
CE12a	H.5.3.a) 大数据安全计算环境
CE12b	H.5.3.b) 大数据安全计算环境
CE12c	H.5.3.c) 大数据安全计算环境
CE12d	H.5.3.d) 大数据安全计算环境
CE12e	H.5.3.e) 大数据安全计算环境
CE12f	H.5.3.f) 大数据安全计算环境
CE12g	H.5.3.g) 大数据安全计算环境
CE12h	H.5.3.h) 大数据安全计算环境
CE12i	H.5.3.i) 大数据安全计算环境
CE12j	H.5.3.j) 大数据安全计算环境
CE12k	H.5.3.k) 大数据安全计算环境
CE12l	H.5.3.l) 大数据安全计算环境
CE12m	H.5.3.m) 大数据安全计算环境
CE12n	H.5.3.n) 大数据安全计算环境
CE12o	H.5.3.o) 大数据安全计算环境
SC、安全建设管理（9.1.9 安全建设管理）	
SC1　定级备案和等级测评（9.1.9.1 定级和备案/9.1.9.9 等级测评）	
SC1a	安全建设管理/定级和备案:9.1.9.1.a)
SC1b	安全建设管理/定级和备案:9.1.9.1.b)
SC1c	安全建设管理/定级和备案:9.1.9.1.c)

SC1d	安全建设管理/定级和备案:9.1.9.1.d)
SC1e	安全建设管理/等级测评:9.1.9.9.a)
SC1f	安全建设管理/等级测评:9.1.9.9.b)
SC1g	安全建设管理/等级测评:9.1.9.9.c)
SC2 方案设计和产品采购（9.1.9.2 安全方案设计/9.1.9.3 产品采购和使用）	
SC2a	安全方案设计:9.1.9.2.a)
SC2b	安全方案设计:9.1.9.2.b)
SC2c	安全方案设计:9.1.9.2.c)
SC2d	产品采购和使用:9.1.9.3.a)
SC2e	产品采购和使用:9.1.9.3.b)
SC2f	产品采购和使用:9.1.9.3.c)
SC2g	产品采购和使用:9.1.9.3.d)
SC3 软件开发（9.1.9.4 自行软件开发/9.1.9.5 外包软件开发）	
SC3a	自行软件开发:9.1.9.4.a)
SC3b	自行软件开发:9.1.9.4.b)
SC3c	自行软件开发:9.1.9.4.c)
SC3d	自行软件开发:9.1.9.4.d)
SC3e	自行软件开发:9.1.9.4.e)
SC3f	自行软件开发:9.1.9.4.f)
SC3g	自行软件开发:9.1.9.4.g)
SC3h	外包软件开发:9.1.9.5.a)
SC3i	外包软件开发:9.1.9.5.b)
SC3j	外包软件开发:9.1.9.5.c)
SC4 工程实施与测试交付（9.1.9.6 工程实施/9.1.9.7 测试验收/9.1.9.8 系统交付）	
SC4a	工程实施:9.1.9.6.a)
SC4b	工程实施:9.1.9.6.b)
SC4c	工程实施:9.1.9.6.c)
SC4d	测试验收:9.1.9.7.a)
SC4e	测试验收:9.1.9.7.b)
SC4f	系统交付:9.1.9.8.a)
SC4g	系统交付:9.1.9.8.b)
SC4h	系统交付:9.1.9.8.c)
SC5 服务供应商选择（9.1.9.10 服务供应商选择/9.2.6.1 云服务供应商选择/9.2.6.2 云计算供应链管理）	
SC5a	服务供应商选择:9.1.9.10.a) 云计算供应链管理:9.2.6.2.a)
SC5b	服务供应商选择:9.1.9.10.b)

SC5c	服务供应商选择:9.1.9.10.c)
SC5d	云服务供应商选择:9.2.6.1.a)
SC5e	云服务供应商选择:9.2.6.1.b)
SC5f	云服务供应商选择:9.2.6.1.c)
SC5g	云服务供应商选择:9.2.6.1.d)
SC5h	云服务供应商选择:9.2.6.1.e)
SC5i	云计算供应链管理:9.2.6.2.b)
SC5j	云计算供应链管理:9.2.6.2.c)
SC6 移动应用安全建设扩展要求(9.3.4.1 移动应用软件采购/9.3.4.2 移动应用软件开发)	
SC6a	移动应用软件采购:9.3.4.1.a)
SC6b	移动应用软件采购:9.3.4.1.b)
SC6c	移动应用软件开发:9.3.4.2.a)
SC6d	移动应用软件开发:9.3.4.2.b)
SC7 工业控制系统安全建设扩展要求(9.5.5.1 工业控制系统产品采购和使用/9.5.5.2 工业控制系统外包软件开发)	
SC7a	工业控制系统产品采购和使用：9.5.5.1
SC7b	工业控制系统外包软件开发：9.5.5.2
SC8 大数据安全建设扩展要求（H.5.4 大数据安全建设管理）	
SC8a	大数据安全建设管理：H.5.4.a)
SC8b	大数据安全建设管理：H.5.4.b)
SC8c	大数据安全建设管理：H.5.4.c)
SO、安全运维管理（9.1.10 安全运维管理）	
SO1 环境管理（9.1.10.1 环境管理/9.2.7.1 云计算环境管理）	
SO1a	安全运维管理/环境管理：9.1.10.1.a)
SO1b	安全运维管理/环境管理：9.1.10.1.b)
SO1c	安全运维管理/环境管理：9.1.10.1.c)
SO1d	安全运维管理/环境管理：9.1.10.1.d)
SO1e	安全运维管理/云计算环境管理：9.2.7.1
SO2 资产和配置管理（9.1.10.2 资产管理/9.1.10.8 配置管理/9.3.5.1 移动互联配置管理）	
SO2a	安全运维管理/资产管理：9.1.10.2.a)
SO2b	安全运维管理/资产管理：9.1.10.2.b)
SO2c	安全运维管理/资产管理：9.1.10.2.c)
SO2d	安全运维管理/配置管理：9.1.10.8.a)
SO2e	安全运维管理/配置管理：9.1.10.8.b)
SO2f	安全运维管理/移动互联配置管理：9.3.5.1

SO3 设备维护和介质管理（9.1.10.3 介质管理/9.1.10.4 设备维护管理）

SO3a	安全运维管理/设备维护管理：9.1.10.4.a)
SO3b	安全运维管理/设备维护管理：9.1.10.4.b)
SO3c	安全运维管理/设备维护管理：9.1.10.4.c)
SO3d	安全运维管理/介质管理：9.1.10.3.a)
SO3e	安全运维管理/介质管理：9.1.10.3.b)
SO3f	安全运维管理/设备维护管理：9.1.10.4.d)

SO4 网络和系统安全管理（9.1.10.6 网络和系统安全管理）

SO4a	网络和系统安全管理：9.1.10.6.a)
SO4b	网络和系统安全管理：9.1.10.6.b)
SO4c	网络和系统安全管理：9.1.10.6.c)
SO4d	网络和系统安全管理：9.1.10.6.d)
SO4e	网络和系统安全管理：9.1.10.6.e)
SO4f	网络和系统安全管理：9.1.10.6.f)
SO4g	网络和系统安全管理：9.1.10.6.g)
SO4h	网络和系统安全管理：9.1.10.6.h)
SO4i	网络和系统安全管理：9.1.10.6.i)
SO4j	网络和系统安全管理：9.1.10.6.j)

SO5 漏洞和恶意代码防范（9.1.10.5 漏洞和风险管理/9.1.10.7 恶意代码防范管理）

SO5a	漏洞和风险管理：9.1.10.5.a)
SO5b	漏洞和风险管理：9.1.10.5.b)
SO5c	恶意代码防范管理：9.1.10.7.a)
SO5d	恶意代码防范管理：9.1.10.7.b)

SO6 密码管理（9.1.10.9 密码管理）

SO6a	安全运维管理/密码管理：9.1.10.9.a)
SO6b	安全运维管理/密码管理：9.1.10.9.b)
SO6c	安全运维管理/密码管理：9.1.10.9.c)

SO7 变更管理（9.1.10.10 变更管理）

SO7a	安全运维管理/变更管理：9.1.10.10.a)
SO7b	安全运维管理/密码管理：9.1.10.10.b)
SO7c	安全运维管理/密码管理：9.1.10.10.c)

SO8 备份与恢复管理（9.1.10.11 备份与恢复管理）

SO8a	安全运维/备份与恢复管理：9.1.10.11.a)
SO8b	安全运维/备份与恢复管理：9.1.10.11.b)
SO8c	安全运维/备份与恢复管理：9.1.10.11.c)

SO9 外包运维管理（9.1.10.14 外包运维管理）

SO9a	外包运维管理：9.1.10.14.a)
SO9b	外包运维管理：9.1.10.14.b)
SO9c	外包运维管理：9.1.10.14.c)
SO9d	外包运维管理：9.1.10.14.d)

SO10 物联网感知节点管理（9.4.4.1 感知节点管理）

SO10a	物联网感知节点管理：9.4.4.1.a)
SO10b	物联网感知节点管理：9.4.4.1.b)
SO10c	物联网感知节点管理：9.4.4.1.c)

SO11 大数据安全运维管理（H.5.5 大数据安全运维管理）

SO11a	安全运维/大数据安全运维管理：H.5.5.a)
SO11b	安全运维/大数据安全运维管理：H.5.5.b)
SO11c	安全运维/大数据安全运维管理：H.5.5.c)
SO11d	安全运维/大数据安全运维管理：H.5.5.d)

MP、安全监测防护（9.1.5 安全管理中心 +新增监测防护）

MP1 安全管理中心（9.1.5 安全管理中心/9.1.5.1 系统管理/9.1.5.2 审计管理/9.1.5.3 安全管理）

MP1a	安全管理中心/系统管理：9.1.5.1.a)
MP1b	安全管理中心/系统管理：9.1.5.1.b)
MP1c	安全管理中心/审计管理：9.1.5.2.a)
MP1d	安全管理中心/审计管理：9.1.5.2.b)
MP1e	安全管理中心/安全管理：9.1.5.3.a)
MP1f	安全管理中心/安全管理：9.1.5.3.b)

MP2 集中管控（9.1.5.4 集中管控）

MP2a	安全管理中心/集中管控：9.1.5.4.a)
MP2b	安全管理中心/集中管控：9.1.5.4.b)
MP2c	安全管理中心/集中管控：9.1.5.4.c)
MP2d	安全管理中心/集中管控：9.1.5.4.d)
MP2e	安全管理中心/集中管控：9.1.5.4.e)
MP2f	安全管理中心/集中管控：9.1.5.4.f)
MP2g	安全管理中心/集中管控：9.1.5.4.g)

MP3 云计算集中管控（9.2.5.1 云计算安全管理中心集中管控）

MP3a	云计算安全管理中心集中管控：9.2.5.1.a)
MP3b	云计算安全管理中心集中管控：9.2.5.1.b)
MP3c	云计算安全管理中心集中管控：9.2.5.1.c)
MP3d	云计算安全管理中心集中管控：9.2.5.1.d)

MP4 安全事件处置（9.1.10.12 安全事件处置）

MP4a	安全事件处置：9.1.10.12.a)
MP4b	安全事件处置：9.1.10.12.b)
MP4c	安全事件处置：9.1.10.12.c)
MP4d	安全事件处置：9.1.10.12.d)

MP4e	安全事件处置：9.1.10.12.e)
MP5 应急预案管理（9.1.10.13 应急预案管理）	
MP5a	应急预案管理：9.1.10.13.a)
MP5b	应急预案管理：9.1.10.13.b)
MP5c	应急预案管理：9.1.10.13.c)
MP5d	应急预案管理：9.1.10.13.d)
MP5e	应急预案管理：9.1.10.13.e)
MP6 情报收集与利用（工作实践总结）	
MP6a	新增
MP6b	新增
MP6c	新增
MP7 值班值守（工作实践总结）	
MP7a	新增
MP7b	新增
MP7c	新增
MP8 实战演练（工作实践总结）	
MP8a	新增
MP8b	新增
MP8c	新增
MP9 研判整改（工作实践总结）	
MP9a	新增
MP9b	新增
SM、安全管理保障（9.1.6/7/8 安全管理（制度、机构、人员））	
SM1 安全策略和管理制度（9.1.6.1 安全策略/9.1.6.2 管理制度/9.1.6.3 制定和发布/9.1.6.4 评审和修订）	
SM1a	安全管理/制度/安全策略：9.1.6.1
SM1b	安全管理/制度/管理制度：9.1.6.2.a)
SM1c	安全管理/制度/管理制度：9.1.6.2.b)
SM1d	安全管理/制度/管理制度：9.1.6.2.c)
SM1e	安全管理/制度/制定和发布：9.1.6.3.a)
SM1f	安全管理/制度/制定和发布：9.1.6.3.b)
SM1g	安全管理/制度/评审和修订：9.1.6.4
SM2 岗位设置和人员配备（9.1.7.1 岗位设置/9.1.7.2 人员配备）	
SM2a	安全管理/机构/岗位设置：9.1.7.1.a)
SM2b	安全管理/机构/岗位设置：9.1.7.1.b)

SM2c	安全管理/机构/岗位设置：9.1.7.1.c)
SM2d	安全管理/机构/人员配备：9.1.7.2.a)
SM2e	安全管理/机构/人员配备：9.1.7.2.b)
SM2f	安全管理/机构/人员配备：9.1.7.2.c)
SM2g	工作实践反馈，评估履职尽责有效性
SM3 授权审批和沟通合作（9.1.7.3 授权和审批/9.1.7.4 沟通和合作）	
SM3a	安全管理/机构/授权和审批：9.1.7.3.a)
SM3b	安全管理/机构/授权和审批：9.1.7.3.b)
SM3c	安全管理/机构/授权和审批：9.1.7.3.c)
SM3d	安全管理/机构/沟通和合作：9.1.7.4.a)
SM3e	安全管理/机构/沟通和合作：9.1.7.4.b)
SM3f	安全管理/机构/沟通和合作：9.1.7.4.c)
SM4 安全检查和审计监督（9.1.7.5 审核和检查）	
SM4a	安全管理/机构/审核和检查：9.1.7.5.a)
SM4b	安全管理/机构/审核和检查：9.1.7.5.b)
SM4c	安全管理/机构/审核和检查：9.1.7.5.c)
SM4d	工作实践反馈，检查履职尽责有效性
SM4e	工作实践反馈，检查履职尽责有效性
SM5 人员录用和离岗（9.1.8.1 人员录用/9.1.8.2 人员离岗）	
SM5a	安全管理/人员/人员录用：9.1.8.1.a)
SM5b	安全管理/人员/人员录用：9.1.8.1.b)
SM5c	安全管理/人员/人员录用：9.1.8.1.c)
SM5d	安全管理/人员/人员录用：9.1.8.1.d)
SM5e	安全管理/人员/人员离岗：9.1.8.2.a)
SM5f	安全管理/人员/人员离岗：9.1.8.2.b)
SM6 安全教育和培训（9.1.8.3 安全意识教育和培训）	
SM6a	人员/安全意识教育和培训：9.1.8.3.a)
SM6b	人员/安全意识教育和培训：9.1.8.3.b)
SM6c	人员/安全意识教育和培训：9.1.8.3.c)
SM7 外部人员访问管理（9.1.8.4 外部人员访问管理）	
SM7a	人员/外部人员访问管理：9.1.8.4.a)
SM7b	人员/外部人员访问管理：9.1.8.4.b)
SM7c	人员/外部人员访问管理：9.1.8.4.c)
SM7d	人员/外部人员访问管理：9.1.8.4.d)
SM7e	人员/外部人员访问管理：9.1.8.4.e)

参考文献

[1] 国家市场监督管理总局 中国国家标准化管理委员会. GB/T 22239—2019.信息安全技术 网络安全等级保护基本要求[S]. 北京：中国标准出版社，2019.

[2] 国家市场监督管理总局 中国国家标准化管理委员会. GB/T 28448—2019. 信息安全技术 网络安全等级保护测评要求[S]. 北京：中国标准出版社，2019.

[3] 国家市场监督管理总局 中国国家标准化管理委员会. GB/T 25058—2019. 信息安全技术 网络安全等级保护安全实施指南[S]. 北京：中国标准出版社，2019.

[4] 国家市场监督管理总局 中国国家标准化管理委员会. GB/T 22240—2020.信息安全技术 网络安全等级保护定级指南[S]. 北京：中国标准出版社，2020.

[5] 国家市场监督管理总局 中国国家标准化管理委员会. GB/T 37138—2018. 电力信息系统安全等级保护实施指南[S]. 北京：中国标准出版社，2018.

[6] 国家市场监督管理总局 中国国家标准化管理委员会.GB/T 36572—2018.电力监控系统网络安全防护导则[S]. 北京：中国标准出版社，2018.

[7] 国家市场监督管理总局 中国国家标准化管理委员会.GB/T 38318—2019.电力监控系统网络安全评估指南[S]. 北京：中国标准出版社，2019.

[8] 国家市场监督管理总局 中国国家标准化管理委员会. GB/T 37980—2019.工业控制系统安全检查指南[S]. 北京：中国标准出版社，2019.

[9] 国家市场监督管理总局 中国国家标准化管理委员会. GB/T 32919—2016. 工业控制系统安全控制应用指南[S]. 北京：中国标准出版社，2016.

[10] 国家市场监督管理总局 中国国家标准化管理委员会. GB/T 25070—2019. 信息安全技术 网络安全等级保护安全设计技术要求[S]. 北京：中国标准出版社，2019.

[11] 国家市场监督管理总局 中国国家标准化管理委员会. GB/T 25058—2019. 信息安全技术 网络安全等级保护安全实施指南[S]. 北京：中国标准出版社，2019.

[12] 国家市场监督管理总局 中国国家标准化管理委员会. GB/T 36958—2018. 信息安全技术 网络

安全等级保护安全管理中心技术要求[S]．北京：中国标准出版社，2018．

[13] 国家市场监督管理总局 中国国家标准化管理委员会．GB/T 36627—2018．信息安全技术 网络安全等级保护测试评估技术指南[S]．北京：中国标准出版社，2018．

[14] 国家市场监督管理总局 中国国家标准化管理委员会．GB/T 28449—2018．信息安全技术 网络安全等级保护测评过程指南[S]．北京：中国标准出版社，2018．

[15] 国家市场监督管理总局 中国国家标准化管理委员会．GB/T 36959—2018．网络安全等级保护测评机构能力要求和评估规范[S]．北京：中国标准出版社，2018．

[16] 国家市场监督管理总局 中国国家标准化管理委员会．GB/T 39786—2021．信息系统密码应用基本要求[S]．北京：中国标准出版社，2021．

[17] 国家市场监督管理总局 中国国家标准化管理委员会．GB/T 35273—2020．信息安全技术 个人信息安全规范[S]．北京：中国标准出版社，2020．

[18] 中国人民银行．JR/T 0071.2-2020．金融行业网络安全等级保护实施指引 第 2 部分：基本要求[S]．2020-11-11 发布．

[19] 中国人民银行．JR/T 0072-2020．金融行业网络安全等级保护测评指南[S]．2020-11-11 发布．

[20] 国家广播电视总局．GY/T 352-2021．广播电视网络安全等级保护基本要求[S]．2021-07-14 发布．

[21] 中关村信息安全测评联盟．T/ISEAA 001-2020．网络安全等级保护测评高风险判定指引[S]．2020-11-05 发布．

[22] 中关村信息安全测评联盟．T/ISEAA 002-2021．网络安全等级保护大数据基本要求[S]．2021-04-29 发布．

致　谢

　　本书是笔者在近些年网络安全工作实践中，为有效应对日益复杂严峻的网络安全挑战，坚持向同事、同行和专家持续学习、深入思考、系统提炼和全面总结的实战成果。借此机会，对以下人员表示感谢。

- 中国工程院沈昌祥院士，特别重视核电网络安全，设立院士工作站，带领孙瑜/王琦研发团队，深入开展可信计算技术在核电网络安全保障中的应用，使作者受益匪浅。

- 中国广核集团网络安全和数字技术研发中心杨晓晨、春增军、颜振宇、李若兰、徐力争等，中广核智能科技公司柳明、朱旭东、张华、李海涛、徐康等，与作者一起日夜鏖战在实网实战第一线，源于实际问题的发现整改，不断总结形成了许多实战经验。

- 公安部一所胡光俊、李海威、薛正、吴文武、陈莹等，在历次网络安全实战演习中，指导和协助笔者团队，全面系统地查找和发现网络安全隐患、风险和管理缺陷，提出了许多有效的防护措施，全面指导和协助笔者团队开展整改提升工作。

- 中国核能行业协会龙茂雄、肖心民、刘强、沙睿、赵高峰，中广核研究院汪德伟等，引领笔者跨入国际核能行业同行评估的大门，不仅系统地介绍了国内外开展核安全同行评估的理念、框架、工具、方法和最佳实践，而且与作者一起参加网络安全现场评估实战，对建立和完善网络安全业绩目标与评估准则，贡献了诸多智慧和心血。

- 国家信息技术安全研究中心李冰、张芝军等，工业控制系统产业联盟辛耀中，公安部三所毕马宁，国家工业信息安全发展研究中心陈雪鸿，国家核安保技术中心杨志民、刘小君，华北电力大学刘韧，核与辐射安全中心王忠秋，清华大学李江海，上海交通大学李建华，国家能源局信息中心温红子，中国电科院信通所朱朝阳，北京广利核公司刘元，中能融合智慧科技有限公司王海、黄仁亮，北京金源动力胡建生、张启杰，中国融通集团科技智能部李旸照，中交集团科学技术与数字化部刘学忠，中信集团信息部伍东，中化能源股份有限公司信息部胡斌，深圳网安吴安南等，协助笔者深入学习和理解国家网络安全法律、法规、条例和指导意见，以及网络安全等级保护等技术标准和国内外有关行业最新实践，并提供了专业的建议。

- 生态环境部核与辐射安全中心张云波，大亚湾核电运营管理有限公司李实，上海中广核工程科技有限公司褚瑞，中核武汉核电运行技术股份有限公司高汉军，江苏核电有限公司韩小振，深圳中广核工程设计有限公司刘高俊，华能核电开发有限公司郭云，上海核工程研究设计院有限公司毛磊，中核核电运行管理有限公司刘晓红，华能集团信息中心郭森，山东核电有限公司马仁贵，华能山东石岛湾核电有限公司侯曰永，中核控制系统工程有限公司崔泽朋，三门核电有限公司刘帝勇，江苏核电有限公司赵磊等，在核能行业网络安全同行评估实战中，与笔者一起现场研讨、切磋和实战应用，验证并贡献了很多实用的评估技术和经验。

- 奇安信集团吴云坤、张翀斌、白健、刘进、刘俊、周培源、李振、李蕾、陶继高，知道创宇赵伟、张磊、欧阳谦，长亭科技有限公司张念东、何超频、贾长顺，科来网络技术有限公司罗鹰、钟超，升鑫网络科技有限公司张福、易娟，中国电子科技网络信息安全有限公司饶志宏、林楠、魏颖君，腾讯云方斌、孙虎，神州绿盟科技有限公司胡忠华、王磊，杭州安恒信息技术股份有限公司麦景超，启明星辰信息技术集团股份有限公司严望佳、李春燕、姜卫峰，深信服科技股份有限公司何朝曦、谢全锋、洪国庆，天融信科技集团股份有限公司夏东爽，杭州木链物联网科技有限公司雷濛、康剑锋，吉大正元信息技术股份有限公司高剑峰、海兰、李杰，芯盾时代科技有限公司郭晓鹏、蔡向真，默安科技有限公司彭戈、欧文等技术专家，为笔者团队介绍了许多领先的网络安全产品、技术解决方案和实战防护经验。

还有其他许多同行专家，他们都是笔者知识的源泉和学习的榜样。此外，电子工业出版社李冰、田学清、曹雪和张梦菲等，一直悉心指导和支持本书的出版；我的同行蔡文海、唐凌遥及书享界创始人邓斌和同事孙永滨、李柯、杨婷婷等，提供了许多建议和帮助。特别是我的家人，始终给予我关心和鼓励。在此一并拱手致谢。